全国建设行业中等职业教育推荐教材

流体力学与热工学

（供热通风与空调专业）

主　编　余　宁
主　审　刘晓勤

中国建筑工业出版社

图书在版编目（CIP）数据

流体力学与热工学/余宁主编．—北京：中国建筑工业出版社，2005

全国建设行业中等职业教育推荐教材．供热通风与空调专业

ISBN 978-7-112-07591-1

Ⅰ．流…　Ⅱ．余…　Ⅲ．①流体力学-专业学校-教材②热工学-专业学校-教材

Ⅳ．①O35②TK122

中国版本图书馆 CIP 数据核字（2005）第 118876 号

全国建设行业中等职业教育推荐教材
流体力学与热工学
（供热通风与空调专业）

主　编　余　宁

主　审　刘晓勤

*

中国建筑工业出版社出版、发行（北京西郊百万庄）
各地新华书店、建筑书店经销
北京华艺制版公司制版
廊坊市海涛印刷有限公司印刷

*

开本：787×1092 毫米　1/16　印张：12½　插页：1　字数：300 千字
2006 年 1 月第一版　2015 年 1 月第四次印刷
定价：18.00 元
ISBN 978-7-112-07591-1
（13545）

版权所有　翻印必究
如有印装质量问题，可寄本社退换
（邮政编码 100037）

本书共分三个单元。单元1为流体力学，主要讲述：流体的主要物理性质，流体静力学基础与流体动力学基础，流体沿程损失和局部损失的计算，减少流动阻力的措施及简单管路的水力计算。单元2为工程热力学，主要介绍：工程热力学的基本概念，理想气体状态方程，理想气体基本热力过程，热力学第一定律、热力学第二定律，水蒸气、湿空气等。单元3为传热学，主要介绍：传热的基本概念，稳定导热、对流换热、辐射换热和稳定传热的基本定律与基本计算分析，换热器的换热原理、基本形式。

本书具有中等职业教育特色，内容突出实用性、针对性，除可作为建筑类中职中专学校供热通风与空调工程技术专业和建筑设备专业的教材使用外，也可作为从事通风空调、供热采暖及锅炉设备工作的中等技术管理施工人员学习的参考书。

* * *

责任编辑：王美玲　齐庆梅
责任设计：郑秋菊
责任校对：刘　梅　李志瑛

前　言

　　《流体力学与热工学》是建筑类中职中专学校供热通风与空调工程技术专业和建筑设备专业的主要技术基础课之一，是从事通风空调、供热采暖及锅炉设备管理和施工安装技术人员必须掌握的基础知识。其任务是通过本教材的学习，掌握流体的主要物理性质，流体静力学与动力学的基本理论知识，了解流体沿程损失和局部损失的计算和减少流动阻力的措施，并能进行简单管路的水力计算；掌握热力学的基本定律、工质的状态参数及其变化规律等基础理论知识；掌握导热、对流、辐射换热的基本定律以及稳定传热的基本计算；了解换热器的换热原理、类型与主要结构形式。为学习专业知识奠定必要的热力分析与热工计算的理论基础和基本技能。

　　本教材是根据2004年7月建设部中等学校供热通风与空调专业指导委员会第四届二次会议讨论制定的专业教育标准、专业培养方案和《流体力学与热工学》课程指导性教学大纲进制来编写的。

　　《流体力学与热工学》计划教学70学时，共分三个单元。单元1为流体力学，主要讲述：流体的主要物理性质，流体静力学基础与流体动力学基础，流体沿程损失和局部损失的计算，减少流动阻力的措施及简单管路的水力计算。单元2为工程热力学，主要介绍：工程热力学的基本概念，理想气体状态方程，理想气体基本热力过程，热力学第一定律、热力学第二定律，水蒸气、湿空气等。单元3为传热学，主要介绍：传热的基本概念，稳定导热、对流换热、辐射换热和稳定传热的基本定律与基本计算分析，换热器的换热原理和基本结构形式。

　　本教材在符合专业教育标准，专业培养方案和教学大纲中规定要求的知识点、能力点条件下，论述上尽量删繁就简，突出专业需要，实用性与针对性强，力求较快地切入主题，考虑适当的深度，做到层次分明，重点突出，使知识易于学习、掌握；在内容和内容安排上与同类教材相比有较大的变动和删减；文字上力求简练、准确、通畅，便于学习；所用名词、符号和计量单位符合国家技术标准规定。章节的内容安排上尽量考虑知识主次先后的照应关系；论述上考虑适当的深度，做到层次分明，重点突出，使知识易于学习掌握。为了加深理解，培养学生分析问题、解决问题以及归纳问题的能力，本书各单元都有相应的实用例题、习题和小结。

　　本教材由江苏广播电视大学建筑工程学院余宁副教授担任主编，新疆建设职业技术学院刘晓勤副教授担任主审。江苏广播电视大学余宁编写传热学，北京城市建设学校谢时虹编写工程热力学，江苏省常州建设高等职业技术学院孔祥敏编写流体力学。

　　由于编者水平所限，教材中难免有许多不妥或错误之处，恳请读者提出宝贵意见与指正。

目 录

单元1 流体力学 ... 1
- 课题1 流体的基本概念 ... 1
- 课题2 流体静力学基础 ... 5
- 课题3 流体动力学基础 ... 17
- 课题4 流动阻力和能量损失 ... 30
- 课题5 管路的水力计算 ... 39
- 小结 ... 49
- 思考题与习题 ... 52

单元2 工程热力学 ... 56
- 课题1 基本概念和气态方程 ... 56
- 课题2 热力学第一定律和第二定律 ... 65
- 课题3 水蒸气 ... 74
- 课题4 湿空气 ... 83
- 课题5 喷管流动和节流流动 ... 97
- 小结 ... 101
- 思考题与习题 ... 103

单元3 传热学 ... 105
- 课题1 概述 ... 105
- 课题2 稳定导热 ... 107
- 课题3 对流换热 ... 118
- 课题4 辐射换热 ... 135
- 课题5 传热过程与传热的增强与削弱 ... 144
- 课题6 换热器 ... 155
- 小结 ... 161
- 思考题与习题 ... 162

附录 ... 166
- 附录2-1 饱和水与饱和蒸汽性质表（按温度排列） ... 166
- 附录2-2 饱和水与饱和蒸汽性质表（按压力排列） ... 167
- 附录2-3 未饱和水与过热蒸汽性质表 ... 169
- 附录2-4 水蒸气焓-熵图 ... 插页
- 附录2-5 0.1MPa时的饱和空气状态参数表 ... 181
- 附录2-6 湿空气的焓-湿图 ... 插页
- 附录3-1 $B=0.1013MPa$ 干空气的热物理性质 ... 183

附录3-2　饱和水的热物理性质 …………………………………………… 184
　　附录3-3　各种不同材料的总正常辐射黑度 …………………………… 185
　　附录3-4　热辐射角系数图 ………………………………………………… 186
　　附录3-5　容积式换热器技术参数 ………………………………………… 186
　　附录3-6　螺旋板换热器技术参数 ………………………………………… 188
　　附录3-7　板式换热器技术参数 …………………………………………… 189
　　附录3-8　浮动盘管换热器技术参数 ……………………………………… 190
参考文献 ……………………………………………………………………………… 192

单元1 流 体 力 学

知识点： 流体的主要物理性质，流体静力学基础与流体动力学基础，流体沿程损失和局部损失的计算，减少流动阻力的措施及简单管路的水力计算。

教学目标： 掌握流体的基本概念和流体的主要物理性质；理解作用在流体上的力；掌握流体静压强及特性；掌握流体静压强基本方程式及简单应用；理解流体静压强的分布规律；理解流体动力学基本概念；掌握恒定流连续性方程式、能量方程式及简单应用；理解沿程损失、局部损失以及层流、紊流、雷诺数等基本概念；理解管中层流、紊流运动的沿程损失的计算，理解局部损失的计算；掌握减少阻力的措施；初步掌握简单管路的水力计算，了解管网水力计算的基础知识。

课题1 流体的基本概念

1.1 流体力学研究的对象、内容及其应用

液体和气体，统称为流体。流体力学是力学的一个分支，它研究流体静止和运动的力学规律，及其在工程技术中的应用。

本单元主要讲述流体的主要物理性质，流体静力学基础与流体动力学基础，流体沿程损失和局部损失的计算，减少流动阻力的措施及简单管路的水力计算。

流体最基本的特性就是流动性，例如我们日常生活中所见到的水、空气、水蒸气、油等，它们都有一个共同的特征就是易于流动。因此，在供热通风和空调工程中，就是利用流体的这一特性，使流体在外力的作用下，通过管道连续不断地输送到指定地点。如热的供应，空气的调节，除尘排湿降温等，都是以流体作为工作介质，通过流体的各种物理作用，对流体的流动有效地加以组织来实现的。

1.2 流体的主要物理性质

流体区别于固体的基本特征就在于它的流动性，这是液体与气体的共同特征。

此外，液体与气体还具有一些不同特征。液体虽然没有固定的形状，但有固定的体积，能形成自由表面，难以压缩；气体既没有固定的形状，也没有固定的体积，总是完全充满它所能达到的全部空间，不能形成自由表面，易于压缩。

流体在不同的外力作用下，为什么具有一定的平衡和运动规律呢？主要是流体本身具有的特性所决定的。因此研究流体的平衡和运动规律时，必须对流体的物理性质有所了解。

1.2.1 流体的密度和重度

流体和固体一样都具有惯性，惯性是物体维持原有运动状态的性质。要改变物体的运

动状态，必须克服惯性作用。惯性的大小是用质量来衡量的，质量愈大，惯性就愈大，运动状态就越难改变。对于均质流体，密度等于单位体积的质量，即

$$\rho = \frac{M}{V} \tag{1-1}$$

式中　ρ——流体的密度，kg/m^3；
　　　M——流体的质量，kg；
　　　V——流体的体积，m^3。

流体也和固体一样具有重量（即重力），这是物质受地球引力而产生的。对于均质流体，重度等于单位体积的重量，即

$$\gamma = \frac{G}{V} \tag{1-2}$$

式中　γ——流体的重度，N/m^3；
　　　G——流体的重量，N。

因为
$$G = gM$$

将等式两边同除以体积 V，则

$$\frac{G}{V} = \frac{gM}{V}$$

所以

$$\gamma = \rho g \tag{1-3}$$

式中　g——重力加速度，采用 $g = 9.81 m/s^2$。

公式（1-3）表明：流体的重度等于流体的密度和重力加速度的乘积。

流体的密度和重度受外界温度和压力的影响，因此，当指出某种流体的密度或重度值时，必须指明其所处外界的压力和温度条件。

工程中常用的几种流体，如水、水银和空气的密度和重度如下：

（1）在标准大气压和温度为4℃时，水的密度和重度分别是：

$$\rho = 1000 kg/m^3$$
$$\gamma = 9810 N/m^3$$

（2）在标准大气压和温度为0℃时，水银的密度和重度分别是：

$$\rho_{Hg} = 13590 kg/m^3$$
$$\gamma_{Hg} = 133318 N/m^3$$

（3）在标准大气压和温度为20℃时，干空气的密度和重度分别是：

$$\rho_g = 1.2 kg/m^3$$
$$\gamma_g = 11.77 N/m^3$$

【**例1-1**】4℃时1L水的质量是多少？

【**解**】$1L = 0.001 m^3$，4℃时水的密度 $\rho = 1000 kg/m^3$，根据公式（1-1）得

$$M = \rho V = 1000 \times 0.001 = 1 kg$$

【**例1-2**】已知水的重度 $\gamma = 9810 N/m^3$，求水的密度。

【**解**】根据公式（1-3）水的密度

$$\rho = \frac{\gamma}{g} = \frac{9.81 \times 1000}{9.81} = 1000 kg/m^3$$

表1-1列举了水在一个标准大气压下,不同温度时的密度。表1-2列举了空气在一个标准大气压下,不同温度时的密度。

水在一个标准大气压下,不同温度时的密度值　　　　　　　表1-1

温度 t（℃）	密度 ρ（kg/m³）	温度 t（℃）	密度 ρ（kg/m³）
0	999.87	30	995.67
2	999.97	40	992.24
4	1000.00	50	998.07
6	999.97	60	983.24
8	999.88	70	977.81
10	999.73	80	977.83
15	999.10	90	965.34
20	998.23	100	958.38

空气在一个标准大气压下,不同温度时的密度值　　　　　　表1-2

温度 t（℃）	密度 ρ（kg/m³）	温度 t（℃）	密度 ρ（kg/m³）
0	1.293	40	1.128
5	1.270	50	1.093
10	1.248	60	1.060
15	1.226	70	1.029
20	1.205	80	1.000
25	1.185	90	0.973
30	1.165	100	0.947
35	1.146		

1.2.2　流体的黏滞性

（1）黏滞性的概念

流体内部质点间或流层间因相对运动而产生内摩擦力（内力）以反抗相对运动的性质,叫做黏滞性。此内摩擦力称为黏滞力。

在日常生活中,我们可以看到这样的现象：从瓶里向外倒水或倒油,油比水流得慢,说明油的黏滞性比水大。当流体静止时,其黏滞性就显示不出来。黏滞性是流体本身固有的物理性质,是内因,流动是使流体表现出黏滞性的外因。由此可见,流体的黏滞性与流体运动有密切关系,它对流体的流动做了负功,因此为了维持流体的运动状态,就必须消耗一定的能量,来克服由于内摩擦力（黏滞力）所产生的能量损失,这是流体运动时产生能量损失的原因之一。

（2）黏滞系数——μ

黏滞系数 μ 的单位为 (N·s)/m²,或 Pa·s,是反映黏滞性动力性质的物理量,也称为动力黏滞系数。

在流体力学中,经常出现 $\dfrac{\mu}{\rho}$ 的比值,用 ν 表示,即

$$\nu = \frac{\mu}{\rho} \tag{1-4}$$

式中，ρ 为流体的密度；ν 的单位为 m^2/s，具有运动学的单位，故称为运动黏滞系数。流体流动性是运动学的概念，所以，衡量流体流动性常用 ν 而不用 μ。

黏滞性的强弱与流体的种类有关，同一种流体的黏滞性也会因温度不同有所变化。液体的黏滞性随温度升高而减弱，气体的黏滞性随温度升高而增强。表 1-3 为不同温度时水和空气的运动黏度。

水与空气的运动黏度（一个标准大气压下） 表 1-3

温度 t (℃)	水		空气	
	μ (Pa·s)	ν (m²/s)	μ (Pa·s)	ν (m²/s)
0	1.792×10^{-3}	1.792×10^{-6}	0.0172×10^{-3}	13.7×10^{-6}
10	1.308×10^{-3}	1.308×10^{-6}	0.0178×10^{-3}	14.7×10^{-6}
20	1.005×10^{-3}	1.007×10^{-6}	0.0183×10^{-3}	15.7×10^{-6}
30	0.801×10^{-3}	0.804×10^{-6}	0.0187×10^{-3}	16.6×10^{-6}
40	0.656×10^{-3}	0.661×10^{-6}	0.0192×10^{-3}	17.6×10^{-6}
50	0.549×10^{-3}	0.556×10^{-6}	0.0196×10^{-3}	18.6×10^{-6}
60	0.469×10^{-3}	0.477×10^{-6}	0.0201×10^{-3}	19.6×10^{-6}
70	0.406×10^{-3}	0.415×10^{-6}	0.0204×10^{-3}	20.5×10^{-6}
80	0.357×10^{-3}	0.367×10^{-6}	0.0210×10^{-3}	21.7×10^{-6}
90	0.317×10^{-3}	0.328×10^{-6}	0.0216×10^{-3}	22.9×10^{-6}
100	0.284×10^{-3}	0.296×10^{-6}	0.0218×10^{-3}	23.6×10^{-6}

（3）理想流体

实际存在的流体都是有黏性的。由于黏滞性的存在，往往使得对流体的分析变得极为困难，有时甚至无法进行。为了简化分析，在流体力学中引入了理想流体的概念。所谓理想流体是一种假想的无黏性流体。而自然界中所有实际存在的具有黏性的流体称为实际流体。在流体力学研究中，当流体的黏性不起作用或不起主要作用时，可将其视为理想流体；当流体的黏性不能忽略，必须给予考虑时，可先按理想流体分析，得出主要结论，然后再通过实验方法考虑黏性影响，对分析结果加以补充或修正，使问题得到解决。

1.2.3 流体的压缩性和热胀性

流体受压，体积缩小，密度增大的性质，称为流体的压缩性。流体受热，体积膨胀，密度减小的性质，称为流体的热胀性。

（1）液体的压缩性和热胀性

液体压缩性的大小用压缩系数 β 来表示，它是指当温度不变时，每增加一个单位压强所引起的液体体积相对减少量，即

$$\beta = -\frac{1}{V} \frac{\Delta V}{\Delta p} \tag{1-5}$$

式中　β——液体体积压缩系数，m^2/N；

　　　V——压缩前液体的体积，m^3；

　　　ΔV——体积的变化量，m^3；

Δp——压强的增加量,N/m²。

液体热胀性的大小用体积热膨胀系数α来表示,它是指当压强不变时,每增加一个单位温度,液体体积的相对增加量,即

$$\alpha = \frac{1}{V}\frac{\Delta V}{\Delta T} \tag{1-6}$$

式中　　α——液体体积热膨胀系数,1/K;

　　　　V——热胀前液体的体积,m³;

　　　　ΔV——体积的变化量,m³;

　　　　ΔT——温度的增加量,K。

(2) 气体的压缩性和热胀性

气体与液体不同,具有显著的压缩性和热胀性。温度与压强的变化对气体重度的影响很大。在温度不过低,压强不过高时,气体的密度、压强和温度之间的关系,服从理想气体状态方程式。这一部分内容将在单元2作详细介绍。

根据流体的体积或密度随温度或压强而变化的程度,常把流体分为不可压缩流体和可压缩流体。实验表明液体的等温压缩率非常小,其密度可视为常数,所以可认为液体是不可压缩流体。而气体的压缩性和热胀性较大,密度不能看成常数,故认为气体是可压缩流体。但是,当气体的流速较低,密度变化不大时,仍可把气体当作不可压缩流体对待。

在供热、通风、空调工程中,虽然整个系统气体密度变化较大,但系统内各管段气体流速较低,密度变化不大,所以对每一管段气体仍可按不可压缩流体处理。

1.3　作用在流体上的力

作用在流体上的力,是使流体运动状态发生变化的外因。根据力作用方式的不同,可以分为表面力和质量力。

1.3.1　表面力

表面力是作用在流体的表面上,并与作用的表面积大小成正比的力。假设作用在某流体表面上的表面力方向是倾斜的,则可以将此力分解为表面法线方向的压力和表面切向方向的切力。另外流体内部几乎不能承受拉力,所以在表面上不存在外法线方向的拉力。对于静止流体,切向方向的表面力不存在,只有法线方向的表面力,即压力。

1.3.2　质量力

质量力是作用于流体内部每一个质点上,并与质量成正比的力。质量力有两种:一种是重力;另一种是惯性力,如作直线加速运动时的直线惯性力和作曲线运动时的离心惯性力。对于静止流体,只存在重力,惯性力等于零。

课题2　流体静力学基础

流体静力学是研究流体在静止状态下的力学规律以及这些规律在工程上的应用。所谓静止状态,是指在宏观范围内,对地球不作相对运动的状态。

上节提到,流体几乎不能承受拉力,静止时没有剪切力,而只能承受压力。流体在静止状态下的力学规律,指的是压力在空间的分布规律以及这些规律在工程上的应用。

2.1 流体静压强及其特性

2.1.1 流体静压强的概念和单位

一个盛满水的水箱,如果在侧壁开有孔口,水立即会从孔口流出;人在江湖中游泳,当水没过胸部时,就会感到呼吸有些困难(因为胸部受到水的压力),这两个现象都说明静止流体内部有压力存在。

设想用一个倾斜的平面 A 将水箱中的水分割为 Ⅰ、Ⅱ 两部分,如图 1-1(a)所示。若把右边的水体移去,就应以等效的力代替 Ⅱ 部分对 Ⅰ 部分的作用,使 Ⅰ 部分维持原有的平衡状态。这个等效力就是原来水体 Ⅱ 对水体 Ⅰ 的作用力,称为流体静压力,以符号 P 表示,A 为流体静压力 P 的作用面积,如图 1-1(b)所示。

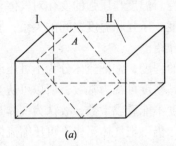

图 1-1 静止水体受力分析图

单位面积上的静压力称为静压强,以符号 p 表示,即

$$p = \frac{P}{A} \tag{1-7}$$

式中 p——作用面上的流体静压强,N/m^2 或 Pa;
　　　P——作用面上的流体总静压力,N;
　　　A——受压面积,m^2。

在工程单位制中,压强常用的单位是 kgf/m^2 或 kgf/cm^2。

压强单位还可以用巴(bar)表示,1 巴 = 10^5 帕 = 1000 毫巴(mbar)。

2.1.2 流体静压强的两个重要基本特性

流体静压强有两个重要基本特性:

(1) 流体静压强的方向垂直于作用面,并指向作用面。

这一特性可以从理论上用反证法加以证明。从静止流体中取一个正方体,设作用在正方体上表面任意流体质点 A 的静压强为 p,如果 p 不垂直于作用面,就可以分解为一个法向应力 P_1 和一个切向应力 τ,如图 1-2(a)所示。由于静止流体不存在相对运动,所以切应力 τ 为零,因此流体静压强必垂直于作用面。又假设作用在正方体表面任意点 B 的静压强方向是外法线方向,如图 1-2(b)所示。如前所述,静止流体是不能承受拉力的,所以静压强方向只能是作用面的内法线方向,如图 1-2(c)所示。所以流

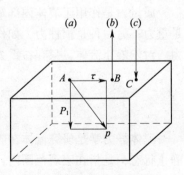

图 1-2 流体静压强方向图

体静压强的方向只能是垂直于作用面并指向作用面。

(2) 任意一点各方向的流体静压强均相等。

这一特性可以用实验来说明如图 1-3 所示，将一个 U 形管固定在有刻度的木板上，在 U 形管内注入红色液体，U 形管的一端接一根橡皮管，橡皮管的另一端装有一个蒙上橡皮薄膜的金属盒。当橡皮膜受到压强作用时，U 形管中两液面的高度就不同。我们可以从液面的高度差，测出橡皮膜上所受压强作用的大小。将金属盒放入水中量测某点的压强，如果橡皮膜受压强大，则 U 形管中的液面高度差就大。如果将金属盒放在液体的某一深处，改变盒口的方向，无论向左、向右、向上、向下或其他任何方向，只要金属盒的中心在液面下的深度不变，U 形管测得的压强均相等。这表明静止流体中任意点各方向的流体静压强均相等。

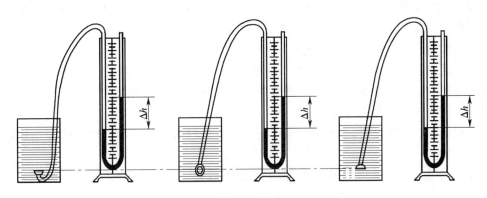

图 1-3　液体内部的压强

根据静压强的特性，在实际工程中进行受力分析时，可画出不同作用面上流体静压强的方向，如图 1-4 所示。

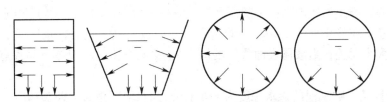

图 1-4　几种容器和管道中流体静压强的方向

2.2　流体静压强的分布规律及方程式

2.2.1　流体静压强的分布规律

由于流体本身具有重量和易流动性，使容器的底面和侧壁均受到静压强的作用。现在通过实验来分析静压强的分布规律。

如图 1-5 所示，在盛满水的容器侧壁上开深度不同的三个小孔，将容器灌满水后，把三个小孔塞头打开，水流分别从三个小孔流出，孔口位置愈低，水流喷射愈急、愈远。这个现象说明水对容器侧壁不同深处的压强是不一样的。

如图 1-6 所示，在容器侧壁同一深度处开三个小孔，可以看到从各个孔口喷射出来的水流情况都一样，这说明水对容器侧壁同一深度处的压强均相等。

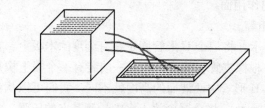
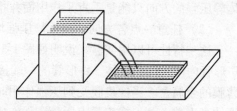

图 1-5　不同深度液体静压强　　　　图 1-6　同一深度液体静压强

通过上面两个实验，我们获得一个流体静压强分布规律的感性概念：静压强随着水深的增加而增大，而同一水深处的流体静压强均相等。

2.2.2　流体静压强基本方程式

(1) 在定量分析流体静压强的大小之前，先要明确自由表面和表面压强的概念。

所谓自由表面，是指液体与气体的交界面。在重力作用下静止液体的自由表面是水平面，如：水箱、水池的水面、蒸汽锅炉的水面等。

液体的自由表面要受其上部气体压强的作用，作用于自由表面上的气体压强称为表面压强，用符号 p_0 表示。如果自由表面上是大气，则表面压强等于大气压强，用 p_a 表示。大气压强值随海拔高度的增加而减小。

工程上为了计算方便，一般取 $p_a = 1\text{kgf/cm}^2 = 9.81\text{N/cm}^2 = 98100\text{Pa}$，称为一个工程大气压。

(2) 静止液体在重力作用下静压强基本方程式为

$$p = p_0 + \rho g h \tag{1-8}$$

式中　p——静止液体中任意一点的静压强，Pa；
　　　p_0——静止液体的表面压强，Pa；
　　　h——某点在自由表面下的深度，m。

公式表明，静止液体内部压强随深度按线性规律增加，同一深度的静压强相等。

应该注意：在静止液体中某一点的压强只与该点所处的垂直深度有关，与容器的形状、底面积大小无关；当液体表面气体的压强 p_0 发生变化时，液体内部各点的压强必将随之变化。

【例 1-3】某一贮水池的贮水深度为 1.6m，已知水面压强 $p_0 = 98.07\text{kN/m}^2$，求水面以下 1 米深的 A 点和池底 B 点的压强分别是多少？

【解】已知水面压强 $p_0 = 98.07\text{kN/m}^2$，根据公式 (1-8) 得

A 点：　　$p_A = p_0 + \rho g h = 98.07\text{kN/m}^2 + 9.81\text{m/s}^2 \times 10^3\text{kg/m}^3 \times 1\text{m} = 107.88\text{kPa}$。

B 点：　　$p_B = p_0 + \rho g h = 98.07\text{kN/m}^2 + 9.81\text{m/s}^2 \times 10^3\text{kg/m}^3 \times 1.6\text{m} = 113.8\text{kPa}$。

(3) 如图 1-7 所示，流体静压强的另外一种表达形式为

$$z + \frac{p}{\gamma} = C(\text{常数}) \tag{1-9}$$

上式表明，在同一种静止液体中，任意一点的 $(z + \frac{p}{\gamma})$ 总是一个常数。该式的意义可以从物理学、水力学、几何学三个方面来理解。

1) 物理学意义

从物理学观点讲，$z+\dfrac{p}{\gamma}=C$ 方程中各项表示的是某种能量，单位为 m。

z 表示单位重量流体具有的位置势能，简称位能；$\dfrac{p}{\gamma}$ 表示单位重量流体具有的压强势能，简称压能；$z+\dfrac{p}{\gamma}$ 表示单位重量流体位能与压能之和，称总势能。

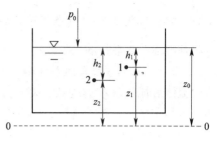

图 1-7 流体静压强基本方程式的另一种表达形式

因此 $z+\dfrac{p}{\gamma}=C$ 说明，在重力作用下的静止液体中，各点相对同一基准面的总势能相等。

2）水力学意义

在水力学中，常用"水头"代表高度。所以从水力学观点讲，$z+\dfrac{p}{\gamma}=C$ 方程式中的各项表示的是某种水头。

z 表示液体质点到基准面的位置高度，称为位置水头，简称位头；$\dfrac{p}{\gamma}$ 表示液体质点在压强作用下沿测压管上升的高度，称为压强水头，简称压头；$z+\dfrac{p}{\gamma}$ 是位置水头与压强水头之和，称测压管水头，常用 H 表示。

因此，$z+\dfrac{p}{\gamma}=C$ 表明了在重力作用下的静止液体中，各点的测压管水头均相等。

3）几何学意义

由于通过 $z+\dfrac{p}{\gamma}=C$ 方程式的各项均可用长度单位度量，其大小又可通过高度来表示，所以方程式中的各项就可以通过几何图形表示出来，如图 1-8 所示。将图中各点的测

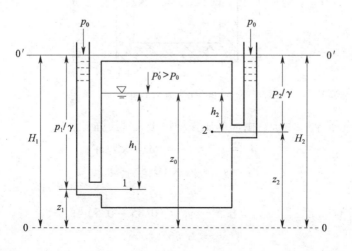

图 1-8 静压强的几何图形表示

压管液面连成线 $0'\text{-}0'$，这条线称为测压管水头线。$z + \dfrac{p}{\gamma} = C$ 表明测压管水头线 $0'\text{-}0'$ 是一条与基准面 0-0 平行的水平线。

2.2.3 基本方程式的条件和它的基本应用

流体静压强基本方程式，对于不可压缩流体（γ = 常数），均可适用。因此对于气体，若其重度可以视为常数，则以上规律均可适用，即对于不可压缩气体也适用。

（1）等压面

由静压强基本方程式 $p = p_0 + \rho g h$ 可知，液体在同一深处各点具有相同的压强值。我们定义由压强相等的各点所组成的面叫等压面。根据这一定义可得到等压面的几个重要特性。

1）等压面与质量力相互垂直。在均质的仅受重力作用的液体中，同一深度的水平面是等压面，自由面也是等压面，不同的等压面有不同的压强值。

2）等压面不能相交。如果等压面相交，在相交处质点将同时有两个静压强值，这是不可能的。

3）两种互不掺混的液体，其分界面必为等压面。

等压面的概念对解决许多流体平衡问题很有用处，正确地选择等压面可以方便地建立静压强平衡方程，简化计算。而且我们也可以通过分析得出如下结论：在静止、同种、连续流体中，水平面就是等压面。但需指出，等压面概念是从静压强基本方程式引申得到的，因此它必须满足静压强基本方程式的适用条件，即液体必须是仅受重力作用的静止、同种、连续液体，这也是选择等压面所必须满足的三个条件。

【例 1-4】 重度为 γ_a 和 γ_b 的两种液体，装在如图 1-9 所示的容器中，各液面深度如图所示。若 $\gamma_b = 9.807 \text{kN/m}^3$，大气压强 $p_a = 98.07 \text{kN/m}^2$，求 γ_a 及 p_A。

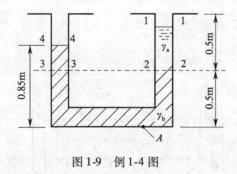

图 1-9　例 1-4 图

【解】 1）先求 γ_a，由于自由面的压强均等于大气压强，所以

$$p_1 = p_4 = p_a = 98.07 \text{kN/m}^2$$
$$p_3 = p_a + \gamma_a \times (0.85 - 0.5)$$

而
$$p_2 = p_3$$

故
$$\gamma_a \times 0.5 = \gamma_b \times (0.85 - 0.5)$$

所以
$$\gamma_a = 6.865 \text{kN/m}^3$$

2）再求 A 点压强，即

$$p_A = p_a + \gamma_a \times 0.5 + \gamma_b \times 0.5$$

$$= 98.07 + 0.5(6.865 + 9.807)$$
$$= 106.407 \text{kN/m}^2 = 106.407 \text{kPa}$$

另外，我们也可以根据容器底面水平的特点，利用水平面是等压面的规律，从容器左端一次就可求出 A 点压强。即

$$p_A = p_a + \gamma_a \times 0.85$$
$$= 106.407 \text{kPa}$$

（2）连通器

所谓连通器就是互相连通的两个或几个容器。例如 U 形管、水位计都是连通器；用管道连通的两个水桶也是连通器。

分析连通器内液体的平衡问题，可按液体密度和液面压强的不同分三种情况讨论。

1) 液体密度相同且液面压强相等。

如图 1-10 所示，连通器内液体密度为 ρ，Ⅰ、Ⅱ两容器内的液面压强均为 p_0。据静压强基本方程式可得 A 点压强

$$p_A = p_0 + \rho g h_1 = p_0 + \rho g h_2$$

所以
$$h_1 = h_2$$

此结论说明，装有同种液体且液面压强相等的连通器，其液面高度相等。工程上根据这一原理制作了广泛应用的液位计。

2) 液体密度相同，但液面压强不等。

如图 1-11 所示，液体密度为 ρ，Ⅰ、Ⅱ两容器的液面压强分别为 p_{01} 和 p_{02}，且 $p_{01} > p_{02}$，两容器液面高差为 h。过容器Ⅰ的液面取等压面 1-1，根据静压强基本方程式及等压面的性质可得

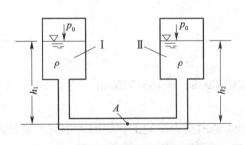

图 1-10 连通器情况 1

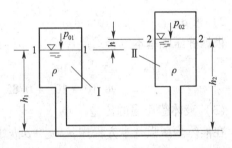

图 1-11 连通器情况 2

$$p_{01} = p_{02} + \rho g h$$

所以
$$p_{01} - p_{02} = \rho g h$$

此结论说明，装有同种液体但液面压强不等的连通器，其液面上的压强差等于液体 ρg 与液面高度差 h 的乘积。工程上根据这一原理制作了各种液柱式测压计。

3) 液体密度不同，但液面压强相等。

如图 1-12 所示，Ⅰ、Ⅱ两容器内液体的密度分别为 ρ_1 和 ρ_2，且 $\rho_1 > \rho_2$，液面上的压强均为 p_0。过容器Ⅱ的液体分界面取等压面 1-1，根据静压强基本方程式和等压面的性质可得

$$p_0 + \rho_1 g h_1 = p_0 + \rho_2 g h_2$$

所以
$$\rho_1 h_1 = \rho_2 h_2$$

或

$$\frac{\rho_1}{\rho_2} = \frac{h_2}{h_1}$$

此结论说明,装有两种互不掺混的液体连通器,在液面压强相等时,液体密度之比等于自分界面起到液面高度的反比。工程上常根据这一原理测定液体密度和进行液柱高度换算。

【例1-5】某连通器装有两种互不掺混的液体,如图1-13所示。已知 $\rho_1 = 1000\text{kg/m}^3$,大气压强 $p_a = 98.10\text{kN/m}^2$,各液面深度如图所示。求 ρ_2 和 A 点压强。

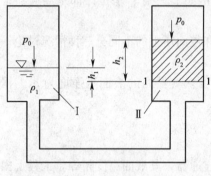

图1-12 连通器情况3　　图1-13 例1-5图

【解】1)求 ρ_2

过两种液体的分界面取等压面1-1,按连通器液体平衡的第三种情况可得

$$\rho_2 = \rho_1 \frac{h_1}{h_2} = 1000 \times \frac{0.85 - 0.4}{0.6} = 750\text{kg/m}^3$$

2)求 p_A

根据静压强基本方程式得

$$p_A = p_a + 0.85\rho_2 g$$
$$= (98.10 \times 10^3 + 0.85 \times 1000 \times 9.8) = 106430\text{N/m}^2$$

(3)液体静压强的传递

在液体静压强基本方程 $p = p_0 + \rho g h$ 中,$\rho g h$ 是由重力决定的,它的大小与所处的水深成正比,但 $\rho g h$ 与 p_0 无关,p_0 是液体表面压强。如果 p_0 值有所增加或减少,则 p 值也将相应地增加或减少。这说明静止液体表面上的压强变化将等值地传递到液体中的任意点。这就是静压强的等值传递规律,也称帕斯卡定律。

压强等值传递规律在工程上应用广泛,水压机、油压千斤顶及液压传动装置均利用这一规律。图1-14是一个水压机原理图,当小活塞上作用一个压力 P_1 时,小活塞对它的底面 A_1 所接触的液体产生的压强为 $p_1 = \frac{P_1}{A_1}$,根据压强等值传递规律,p_1 将均匀地传递到液体的任意点,因此,大活塞的底面 A_2 将得到等值的压强 p_1。大活塞底面受到向上的压力 $P_2 = p_1 A_2$,大小活塞所受到压力的比值为

$$\frac{P_2}{P_1} = \frac{p_1 A_2}{p_1 A_1} = \frac{A_2}{A_1}$$

即
$$P_2 = \frac{A_2}{A_1}P_1 \tag{1-10}$$

上式表明，如果不考虑活塞的重量及活塞与筒体间的摩擦，作用在大小活塞上的压力比等于活塞面积之比。即在一个小活塞上加一个较小的力，而在大活塞上即可以产生一个若干倍的力。利用这个力可以压榨大活塞与固定支座间的物体。

【例1-6】 有两个大小不同，互相连通的圆筒，充满水，在两个圆筒上各装一个活塞，如图1-14所示。小活塞的直径 $d_1 = 300\text{mm}$，大活塞直径 $d_2 = 900\text{mm}$，若在小活塞上施加 $P_1 = 2000\text{N}$，试求在大活塞上产生的力 P_2 为多少？

【解】
$$P_2 = \frac{A_2}{A_1}P_1 = P_1\frac{d_2^2}{d_1^2}$$
$$= 2000 \times \frac{0.9^2}{0.3^2} = 18000\text{N}$$

（4）压强差的测定

在实际工程中常用U形管压强计来测定两点间的压强差，这种仪器叫做压差计。如图1-15所示，在U形的玻璃管内，装有某种液体为指示液，其密度为 ρ_0，且大于被测液体的密度，并与被测液体互不相溶。则
$$\Delta p = p_1 - p_2 = \rho_0 g h$$

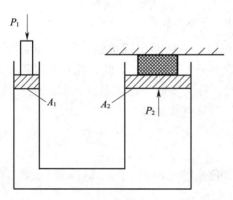
图1-14 水压机原理图

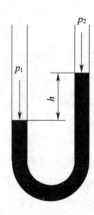
图1-15 压差计

2.3 流体静压强的测量

度量压强的大小，可以采用不同的计算基准和度量单位。

2.3.1 静压强的两种计算基准

（1）绝对压强

以完全没有气体存在的绝对真空为零点起算的压强称为绝对压强，用符号 p_j 表示。

（2）相对压强

以大气压强 p_a 为零点起算的压强称为相对压强，用符号 p_x 表示。则
$$p_x = p_j - p_a \tag{1-11}$$

图1-16表示了绝对压强和相对压强的关系。

在工程中，若不加特殊说明，压强一般指相对压强。如在管道或设备上装的压力表，压力表上的读数即为相对压强，也称表压强。

当流体中某点的绝对压强值小于大气压强 p_a 时，则该点处于真空状态。其真空的程度用真空度或真空压强表示，符号为 p_v。

从图 1-16 中可以看出，有真空存在的地区，其相对压强必为负值。所谓某点的真空度只指该点的绝对压强 p_j 不足于大气压强 p_a 的部分，即

$$p_v = p_a - p_j \tag{1-12}$$

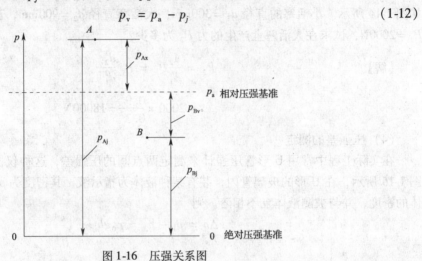

图 1-16 压强关系图

另外，任何一点的绝对压强只能是正值，不可能出现负值。但是，与大气压强相比较，绝对压强可能大于大气压强，也可能小于大气压强，因此，相对压强就可正可负。当相对压强为正值时，称为正压；为负值时，称为负压。出现负压的状态也就是真空状态，负压的绝对值等于真空度 p_v。也就是说，在真空状态时

$$p_v = |p_x| \tag{1-13}$$

2.3.2 压强的三种度量单位

（1）用单位面积上所受的力表示，单位是帕（Pa）、千帕（kPa）、兆帕（MPa）。

$$1Pa = 1N/m^2$$
$$1Mpa = 10^3 kPa = 10^6 Pa$$

（2）用大气压的倍数表示

国际上规定标准大气压是温度为 0℃时，在纬度 45°处海平面上的绝对压强，其值为 101325Pa。工程上为了计算方便，规定一个工程大气压的值为 98100Pa。即

$$1\ 标准大气压 = 101325Pa = 101.325kPa$$
$$1\ 工程大气压 = 1kgf/cm^2 = 98.1kPa = 98100Pa$$

（3）用液柱高度表示

一般用水柱或汞柱高度表示，单位是米水柱（mH_2O）、毫米水柱（mmH_2O）或毫米汞柱（mmHg）。

$$1\ 标准大气压 = 10.33mH_2O = 760mmHg$$
$$1\ 工程大气压 = 10mH_2O = 10000mmH_2O = 736mmHg$$

在通风工程中常遇到较小的压强，一般用毫米水柱表示。

$$1\text{mmH}_2\text{O} = 9.81\text{N/m}^2 = 1\text{kgf/m}^2$$

【例 1-7】 已知某密闭容器中，某点的绝对压强为 1.5kPa，大气压强 p_a 为 98.1kPa，求该点的相对压强和真空压强。

【解】 根据式（1-10），相对压强为

$$p_x = p_j - p_a$$
$$= 1.5 - 98.1$$
$$= -96.6\text{kPa}$$

根据式（1-11），真空压强为

$$p_v = p_a - p_j$$
$$= 98.1 - 1.5$$
$$= 96.6\text{kPa}$$

【例 1-8】 有一密闭水箱，如图 1-17 所示，自由表面上的绝对压强 $p_0 = 132.4\text{kPa}$，水箱内水的深度 $h = 2.8\text{m}$，试求水箱底面上的绝对压强和相对压强值（当地大气压强 $p_a = 98.1\text{kPa}$），并用工程大气压和米水柱高度表示。

【解】 由于 $p_j = p_0 + \rho g h$

所以

$$p_j = 132.4\text{kPa} + 1000 \times 9.81 \times 2.8 \times 10^3 \text{kPa}$$
$$= 159.9\text{kPa} = \frac{159.9}{98.1}\text{工程大气压}$$
$$= 1.63 \text{ 工程大气压} = 1.63 \times 10\text{mH}_2\text{O} = 16.3\text{mH}_2\text{O}$$

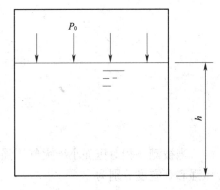

图 1-17 密闭水箱

由于 $p_x = p_j - p_a$，所以

$$p_x = 159.9 - 98.1\text{kPa}$$
$$= 61.8\text{kPa}$$
$$= \frac{61.8}{98.1}\text{工程大气压} = 0.63 \text{ 工程大气压}$$
$$= 0.63 \times 10\text{mH}_2\text{O} = 6.3\text{mH}_2\text{O}$$

2.3.3 测压计

在工程上经常需要测量流体的压强，如锅炉、水泵、风机、管路系统中某管道断面等。液柱式测压计简单、直观、经济，金属压力表携带方便，因此在工程上得到了广泛应用。下面介绍几种常用的液柱式测压计和金属压力表。

(1) 液柱式测压计

1) 测压管

测压管是一根直径不小于 5mm，两端开口的玻璃直管或 U 形管。应用时一端和需测压强处相连接，另一端开口与大气相通。如图 1-18 所示，根据管中液面上升的高度可以得到被测点的流体静压强。

如图 1-18（a）所示为最简单的测压管，通常用来测量较小的压强。图中 A 点的绝对压强和相对压强分别为

$$p_{Aj} = p_a + \rho g h$$
$$p_{Ax} = \rho g h$$

当被测点相对压强大于 0.2 大气压时采用如图 1-18（b）所示的水银测压管。图中 A 点的绝对压强和相对压强分别为

$$p_{Aj} = p_a + \rho_{Hg} g \Delta h - \rho g h$$
$$p_{Ax} = \rho_{Hg} g \Delta h - \rho g h$$

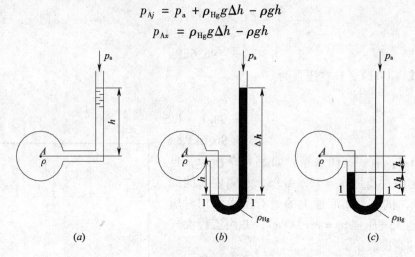

图 1-18　测压管

当被测点相对压强小于大气压强时采用图 1-18（c）所示的真空计。图中 A 点的绝对压强和真空度分别为

$$p_{Aj} = p_a + \rho_{Hg} g \Delta h - \rho g h$$
$$p_{Av} = \rho_{Hg} g \Delta h - \rho g h$$

2）压差计

压差计是测量流体两点间压强差的仪器，常用 U 形管制成，如图 1-19 所示。图中 A、B 两点的压强差为

$$p_A - p_B = (\rho_{Hg} - \rho_A) g \Delta h + (\rho_B h_2 - \rho_A h_1) g$$

3）微压计

在测量较小压强时，为了提高测量精度，可以采用斜式微压计，如图 1-20 所示。微压计一般用于测量气体压强，测量时容器 A 要与被测点处相连，测压管 B 与水平方向夹角为 α。设容器中液面与测压管液面高差为 h，测量读值为 l，则被测点的绝对压强和相对压强分别为

$$p_j = p_a + \rho g l \sin\alpha$$
$$p_x = \rho g l \sin\alpha$$

（2）金属压力表

上述液柱式测压计精度较高，但携带不方便，测量较大压强时不适用。所以工程上测量较大压强时可采用金属压力表。当压力表和大气相通时，压力表指针正好为零，所以刻度盘上的压强读数是相对压强值，一般称为表压。

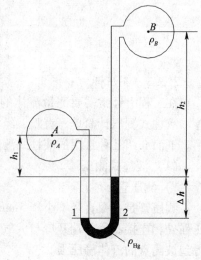

图 1-19　压差计

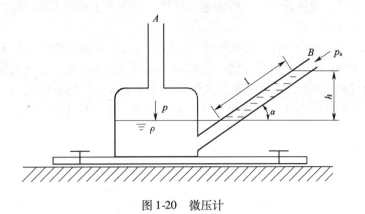

图 1-20 微压计

课题 3 流体动力学基础

在自然界或实际工程中,流体多处于运动状态。与其他物质一样,流体运动也遵守质量守恒、能量守恒等原理,流体动力学就是从这些原理出发研究流体在外力作用下的运动规律和这些规律的实际应用。

3.1 流体运动的基本概念

3.1.1 压力流与无压流

按照促使流体运动的作用力不同,可分为压力流和无压流。

当流体运动时,流体充满整个流动空间并依靠压力作用而流动的液流,称为压力流。压力流的特点是没有自由表面,对固体壁面的各处包括顶部有一定压力,如图 1-21 (a) 所示。供热通风和给排水管道中的流体运动,一般都是压力流。

当液体流动时,具有与气体相接触的自由表面,并只依靠液体本身的重力作用而流动的液流,称为无压流。无压流的特点是液体的部分周界不和固体壁面相接触,自由表面上的压强等于大气压强,如图 1-21 (b), (c) 所示。天然河流、各种排水管、渠中的液流一般都是无压流。

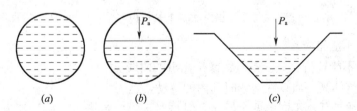

图 1-21 压力流与无压流
(a) 压力流;(b)、(c) 无压流

3.1.2 恒定流与非恒定流

按流体的运动要素是否随时间变化,可以分为恒定流和非恒定流。

当流体运动时,流体任意一点的流速、压强、密度等运动要素不随时间而发生变化的流动,称为恒定流。

当流体流动时，流体任意一点的流速、压强、密度等运动要素随时间而发生变化的流动，称为非恒定流。

如图 1-22（a）所示，当水从水箱侧孔流出时，由于水箱上部的水管不断补充水，使水箱中的水位保持不变，水流的压强、流速均不随时间发生变化，这就是恒定流。

如图 1-22（b）所示，当水箱无充水管时，随着水从孔口的不断流出，水箱中的水位逐渐下降，导致水流的压强、流速均随时间发生变化，这就是非恒定流。

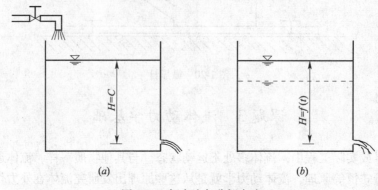

图 1-22　恒定流与非恒定流
(a) 恒定流；(b) 非恒定流

3.1.3　流线与迹线

流线是指某一瞬时流体连续质点的流动方向线。是针对同一瞬时的流场而绘制的。流线具有以下性质：

（1）流线上各流体质点的流速方向都与该流线相切，流体质点只能沿着流线方向运动。如图 1-23 所示。

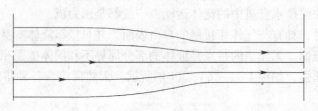

图 1-23　管流流线

（2）流线不能相交。
（3）流线不能转折，只能是直线或是光滑的曲线。

迹线是指流体某一质点在连续时间内的运动轨迹。

流线和迹线是截然不同的两个概念，但是对于恒定流来说，由于流速不随时间变化，则流线与迹线是完全重合的，因此，可以用迹线来反映流线。

3.1.4　均匀流与非均匀流

按照流速沿程变化的情况，可以分为均匀流与非均匀流。

流体运动中，质点流速的大小和方向沿程不变的流动，称为均匀流。其特点是流线为彼此平行的直线。例如，流体在管径不变的直管段中的流动，即为均匀流。

流体运动中,质点流速的大小和方向沿程变化的流动,称为非均匀流。其特点是流线为彼此不平行的直线或曲线。例如,流体在变径的管道中的流动,即为非均匀流。

3.1.5 过流断面、流量和断面平均流速

与流线处相垂直的横断面称为过流断面,如图1-24所示。其面积用符号 A 表示,单位为 m^2。

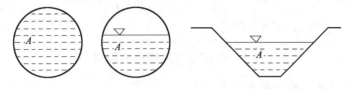

图1-24 过流断面

流体在单位时间内通过某一过流断面的体积或质量,分别称为体积流量和质量流量。体积流量用符号 q_v 表示,单位是 m^3/s 或 L/s。质量流量用符号 q_m 表示,单位是 kg/s。体积流量与质量流量之间的关系为

$$q_m = \rho q_v \tag{1-14}$$

断面平均流速等于流体的体积流量除以断面面积,用符号 v 表示,单位是 m/s。即

$$v = \frac{q_v}{A} \tag{1-15}$$

工程上所说的管道中流体的流速就是指某断面上的平均流速。

【例1-9】 有一矩形通风管道,其断面尺寸为:高 $h=0.3m$,宽 $b=0.5m$,若管道内断面平均流速 $v=7m/s$,试求空气的体积流量。

【解】 根据式(1-15),空气的体积流量

$$q_v = vA = 7 \times 0.3 \times 0.5 = 1.05 m^3/s$$

【例1-10】 有一直径为100mm的给水管道,管内平均流速为1.2m/s,求管内体积流量和质量流量(水的密度为 $1000kg/m^3$)。

【解】 根据式(1-15),体积流量为

$$\begin{aligned} q_v &= vA \\ &= v\frac{\pi}{4}d^2 = 1.2 \times \frac{3.14 \times 0.1^2}{4} \\ &= 0.00942 m^3/s \end{aligned}$$

质量流量为

$$\begin{aligned} q_m &= \rho q_v \\ &= 1000 \times 0.00942 \\ &= 9.42 kg/s \end{aligned}$$

其实,工程中经常会用到流量公式的另外一种形式,即

$$d = \sqrt{\frac{4q_v}{\pi v}} \tag{1-16}$$

【例1-11】 某给水管道流量为12L/s,经济流速为1.0m/s,试确定该管道的规格(注:经济流速是按照节省投资、噪声小等原则,经过经济比较后确定的)。

【解】 根据式（1-16）

$$d = \sqrt{\frac{4q_v}{\pi v}}$$

$$= \sqrt{\frac{4 \times 12 \times 10^{-3}}{3.14 \times 1.0}}$$

$$= 0.124\text{m} = 124\text{mm}$$

则可选用公称直径为 125mm 的管子。

3.2 恒定流的连续性方程式

3.2.1 恒定流连续性方程式

恒定流连续性方程是质量守恒定律在流体流动中的具体表现形式，它反映了流体各断面平均流速沿流向的变化规律。条件是流体为恒定流，而且是不可压缩的连续介质。

如图 1-25 所示，在管道上任意取两个过流断面 $a\text{-}a$、$b\text{-}b$，流体从断面 $a\text{-}a$ 流入，从断面 $b\text{-}b$ 流出，两个过流断面的横断面积分别是 A_1、A_2，流体密度分别是 ρ_1、ρ_2，断面平均流速分别为 v_1、v_2，流量分别是 q_{m1}、q_{m2}。

根据前述条件及质量守恒定律，可知

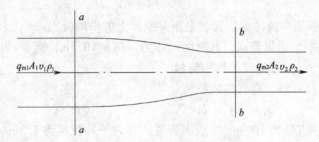

图 1-25 连续性方程示意图

$$q_{m1} = q_{m2}$$

即

$$\rho_1 v_1 A_1 = \rho_2 v_2 A_2$$

对于不可压缩流体由于 $\rho_1 = \rho_2$，则

$$v_1 A_1 = v_2 A_2 \tag{1-17}$$

即

$$q_{v1} = q_{v2} \tag{1-18}$$

上式还可以写成

$$\frac{A_1}{A_2} = \frac{v_2}{v_1} \tag{1-19}$$

以上三式都是恒定流连续性方程式，这表明不可压缩的连续介质的恒定流，其流量沿程不变，或平均流速与其过流断面的面积成反比。

3.2.2 应用时的注意点及应用举例

恒定流连续性方程是质量守恒定律在流体流动中的体现，也是水动力学的第一个基本方程式，故应用广泛。

【例 1-12】 已知变径管段如图 1-26 所示，$d_1 =$

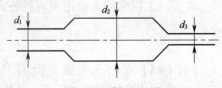

图 1-26 例 1-12 图

5cm，$d_2=10$cm，$d_3=2.5$cm。当流量为 5×10^{-3}m³/s 时，求各管段的平均流速。

【解】根据连续性方程
$$q_V = v_1 A_1 = v_2 A_2 = v_3 A_3$$

所以
$$v_1 = \frac{q_V}{A_1} = \frac{5\times10^{-3}}{\frac{3.14}{4}\times(5\times10^{-2})^2}\text{m/s} = 2.55\text{m/s}$$

$$v_2 = v_1\frac{A_1}{A_2} = v_1\left(\frac{d_1}{d_2}\right)^2 = 2.55\times\left(\frac{5}{10}\right)^2\text{m/s} = 0.64\text{m/s}$$

$$v_3 = v_1\frac{A_1}{A_3} = v_1\left(\frac{d_1}{d_3}\right)^2 = 2.55\times\left(\frac{5}{2.5}\right)^2\text{m/s} = 10.2\text{m/s}$$

在应用恒定流连续性方程式时，应注意以下几点：
1）流体必须是恒定流，对于非恒定流就不能应用连续性方程式。
2）流体必须是连续的，当流体产生汽化现象，其连续性遭到破坏时，也不能应用连续性方程式。
3）要分清是可压缩还是不可压缩流体，以便采用相应的公式进行计算。若在工程中遇到可压缩流体，一般采用重量流量的连续性方程式（重量流量等于常数）。
4）对于中途有流量输出与输入的分支管道，根据质量守恒定律，仍可应用恒定流不可压缩流体的连续性方程式，但方程式的表达形式有所不同。

当有流量流出时，如图 1-27 所示，连续性方程式可表达为
$$q_{V1} = q_{V2} + q_{V3} \tag{1-20}$$

当有流量流入时，如图 1-28 所示，连续性方程式可表达为
$$q_{V1} + q_{V2} = q_{V3} \tag{1-21}$$

【例 1-13】如图 1-29 所示，一个三通的两支管，它们的管径分别是 $d_1=150$mm，$d_2=200$mm，已知 $q_{V总}=140$L/s，两支管的流量相等，求两支管的流速 v_1 和 v_2。

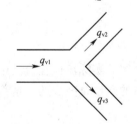
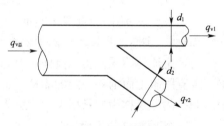

图 1-27　流动中的分流　　图 1-28　流动中的合流　　图 1-29　例 1-13 图

【解】根据公式 1-20 可知
$$q_{V总} = q_{V1} + q_{V2}$$
且
$$q_{V1} = q_{V2}$$
所以
$$q_{V总} = 2q_{V1} = 2\cdot v_1 A_1 = 2\cdot v_1\frac{\pi}{4}d_1^2$$

$$v_1 = \frac{4q_{V总}}{2\pi d_1^2} = \frac{4\times140\times10^{-3}}{2\times3.14\times0.15^2} = 3.96\text{m/s}$$

同理
$$q_{V总} = 2q_{V2} = 2v_2 A_2 = 2\times v_2\frac{\pi}{4}d_2^2$$

所以 $$v_2 = \frac{4q_{V总}}{2\pi d_2^2} = \frac{4 \times 140 \times 10^{-3}}{2 \times 3.14 \times 0.20^2} = 2.23\text{m/s}$$

3.3 恒定流能量方程式

恒定流能量方程式是能量转换与守恒定律在流体力学中的具体应用，它反映了在恒定流条件下，流体运动过程中位能、压能和动能之间的变化规律。

3.3.1 理想流体恒定流能量方程式

理想流体是指不考虑黏滞性作用的假想流体。如图1-30所示，流体从断面1-1到断面2-2，若不考虑流体流动时因黏滞力做负功的影响，那么两断面上单位质量流体总能量应该相等，即可得出理想流体的能量方程为

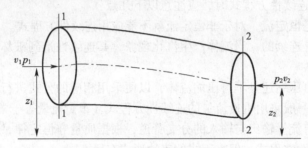

图1-30 恒定流过流断面能量分析

$$z_1 + \frac{p_1}{\gamma} + \frac{v_1^2}{2g} = z_2 + \frac{p_2}{\gamma} + \frac{v_2^2}{2g} \tag{1-22}$$

式中 z_1、z_2——断面1、2中心相对基准面的高度，m；
p_1、p_2——断面1、2处的压强，Pa；
v_1、v_2——断面1、2处的平均流速，m/s；
γ——流体的重度，N/m³。

3.3.2 实际流体恒定流能量方程式

与理想流体不同，实际流体是考虑了流体黏滞性存在的真实流体。实际流体在流动中必须要克服阻力而消耗一定的能量，也就是说，沿流动方向，流体的能量是减少的。这部分被减少的能量称为能量损失，也称为水头损失。

(1) 实际液体恒定流能量方程式

假设液体从断面1-1流到断面2-2，其间的能量损失为 h_{w1-2}，则实际液体的能量方程如下

$$z_1 + \frac{p_1}{\gamma} + \frac{\alpha_1 v_1^2}{2g} = z_2 + \frac{p_2}{\gamma} + \frac{\alpha_2 v_2^2}{2g} + h_{w1-2} \tag{1-23}$$

式中 α_1、α_2——断面1、2处的动能修正系数；
h_{w1-2}——断面1-1、2-2间的平均单位能量损失，m。

(2) 实际气体恒定流能量方程式

对于气体，若按不可压缩流体考虑，实际液体的能量方程式也完全适用。由于气体的重度较小，其重力做功可以忽略不计。而且气体在过流断面上的流速分布一般比较均匀，

动能修正系数可以采用 $\alpha=1.0$，由此可得

$$\frac{p_1}{\gamma}+\frac{v_1^2}{2g}=\frac{p_2}{\gamma}+\frac{v_2^2}{2g}+h_{w1-2} \tag{1-24}$$

或

$$p_1+\frac{v_1^2}{2g}\gamma=p_2+\frac{v_2^2}{2g}\gamma+p_{w1-2} \tag{1-25}$$

式中 $p_{w1-2}=\gamma h_{w1-2}$。

3.3.3 能量方程式的意义

（1）实际液体能量方程式中各项的意义，可以从物理学、水力学和几何学三个方面来解释。

1）物理学意义

从物理学的观点来看，能量方程式中的各项，表示流体的某种单位能量，其单位为焦耳/牛顿（J/N）或米（m）。

z 是指单位重量流体相对于某一基准面所具有的位置势能，简称单位位能。

$\dfrac{p}{\gamma}$ 是指单位重量流体所具有的压力势能，简称单位压能。

$\left(z+\dfrac{p}{\gamma}\right)$ 是指单位重量流体的位置势能与压力势能之和，简称单位势能。

$\dfrac{\alpha v^2}{2g}$ 是指单位重量流体所具有的动能，简称单位动能。

$\left(z+\dfrac{p}{\gamma}+\dfrac{\alpha v^2}{2g}\right)$ 是指单位重量流体的势能与动能之和，简称单位总机械能。

h_{w1-2} 是指单位重量流体从一断面流至另一断面，因克服各种阻力所引起的能量损失，简称单位能量损失。

2）水力学意义

从水力学的观点来看，能量方程式中的各项，表示流体的某种水头，其单位为米（m）。

z 称为过流断面上流体质点相对于某一基准面的位置水头，简称位置水头。

$\dfrac{p}{\gamma}$ 称为过流断面上流体质点的压强水头。

$\left(z+\dfrac{p}{\gamma}\right)$ 称为过流断面上流体质点的测压管水头。

$\dfrac{\alpha v^2}{2g}$ 称为过流断面上流体质点的平均流速水头。

$\left(z+\dfrac{p}{\gamma}+\dfrac{\alpha v^2}{2g}\right)$ 是指测压管水头与流速水头之和，简称总水头。

h_{w1-2} 是两断面总水头之差，称为水头损失。

3）几何学意义

从几何学的观点来看，能量方程式中的各项，表示流体的某种高度，其单位为米（m），如图 1-31 所示。

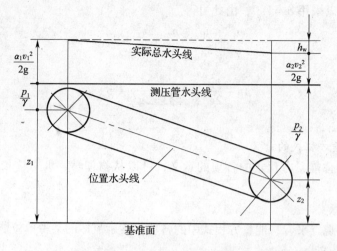

图 1-31　能量方程式的几何图示

z 表示过流断面上流体质点相对于某一基准面的位置高度,简称位置高度。

$\dfrac{p}{\gamma}$ 表示过流断面上流体质点在测压管中所能上升的高度,称为测压管高度。

$\left(z+\dfrac{p}{\gamma}\right)$ 是流体质点位置高度与测压管高度之和,表示测压管液面至基准面的垂直高度。

$\dfrac{\alpha v^2}{2g}$ 表示流体质点以 v 为初速度,铅直向上射流所能达到的理论高度的平均值。

$\left(z+\dfrac{p}{\gamma}+\dfrac{\alpha v^2}{2g}\right)$ 是上述三种高度之和,表示测速管液面到基准面的垂直高度。

h_{w1-2} 表示两断面上测速管液面的高度之差。

将恒定流实际液流的能量方程式在物理学、水力学、几何学三方面的意义列表见表 1-4 所列。

能量方程式的意义　　表 1-4

符号	物理学意义	水力学意义	几何学意义
z	单位位能	位置水头	位置高度
$\dfrac{p}{\gamma}$	单位压能	压强水头	测压管高度
$\left(z+\dfrac{p}{\gamma}\right)$	单位势能	测压管水头	测压管液面至基准面的高度
$\dfrac{\alpha v^2}{2g}$	单位动能	流速水头	铅直向上射流所达理论高度
$\left(z+\dfrac{p}{\gamma}+\dfrac{\alpha v^2}{2g}\right)$	单位总机械能	总水头	测速管液面至基准面的高度
h_{w1-2}	单位能量损失	水头损失	两断面测速管液面高差

(2) 对于恒定流实际气体能量方程式 $p_1 + \frac{v_1^2}{2g}\gamma = p_2 + \frac{v_2^2}{2g}\gamma + p_{w1-2}$，在通风与空调工程中，把 p 称为静压，$\frac{v^2}{2g}\gamma$ 称为动压，$p + \frac{v^2}{2g}\gamma$ 称为全压，$p_{w1-2} = \gamma h_{w1-2}$ 称为压头损失。它们的单位是 Pa 或 mmH_2O。

3.3.4 能量方程式的实际应用

（1）能量方程式的适用条件

1）流体的流动必须是恒定的；

2）流体是不可压缩的；

3）建立方程式的两断面必须是均匀流或渐变流断面（但两断面之间可以是急变流）；

4）建立方程式的两断面间无能量的输入与输出。

若两断面间有水泵、风机等流体机械输入机械能或有水轮机输出机械能时，能量方程式应改写为

$$z_1 + \frac{p_1}{\gamma} + \frac{\alpha_1 v_1^2}{2g} \pm H = z_2 + \frac{p_2}{\gamma} + \frac{\alpha_2 v_2^2}{2g} + h_{w1-2} \quad (1-26)$$

或

$$p_1 + \frac{v_1^2}{2g}\gamma \pm \gamma H = p_2 + \frac{v_2^2}{2g}\gamma + p_{w1-2} \quad (1-27)$$

式中，$+H$ 表示单位重量流体获得的能量，$-H$ 表示单位重量流体失去的能量。

5）建立方程式的两断面间无流量的输入与输出。如果两个断面之间有分流或汇流，理论证明，按单位重量流体考虑，仍可应用能量方程式。

（2）能量方程式各项的选取方法

1）基准面的选取，虽然可以是任意的，但是为了计算方便起见，基准面一般应选在低断面的中心或两断面之下，这样可使位置水头 z 不出现负值。如果管流是水平的，基准面应选在它的中心线上，则 $z_1 = z_2 = 0$，会使计算简化。但是对于方程式两端的不同断面，必须选取同一基准面。

2）压强基准的选取，可以是相对压强，也可以是绝对压强，但方程式的两边必须选取同一基准。工程上一般选取相对压强。但当问题涉及流体本身性质（如有相变等问题）时，则必须选取绝对压强。

3）计算断面的选取，一般应选在压强或压差已知的渐变流断面上，并使所求的未知量包含在所列方程中，这样可以简化计算。

4）在计算过流断面的测压管水头 $\left(z + \frac{p}{\gamma}\right)$ 时，可以选取过流断面上的任意一点来计算。对于管流，一般选取管轴的中心点来计算。

5）方程式中的能量损失一项，应加在末端断面即下游断面上。本节在计算中是直接给出或按理想流体处理不予考虑的。关于能量损失的具体分析和计算将在下节进行讲述。

【例1-14】 如图1-32所示，水箱中的水经底部立管恒定流出，已知水深 $H = 1.5m$，管长 $L = 2m$，管径 $d = 200mm$，

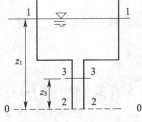

图 1-32 例 1-14 图

不计能量损失，并取动能修正系数 $\alpha = 1.0$，试求：

1）立管出口处的流速；

2）离立管出口 1m 处水的压强。

【解】1）立管出口处的流速

本题中水为恒定流，水箱水面和欲求流速的出口断面均为渐变流断面，满足能量方程式的应用条件。在立管出口处取基准面 0-0，列出水箱水面 1-1 与出口断面 2-2 的能量方程式

$$z_1 + \frac{p_1}{\gamma} + \frac{\alpha_1 v_1^2}{2g} = z_2 + \frac{p_2}{\gamma} + \frac{\alpha_2 v_2^2}{2g} + h_{w1-2}$$

式中七项依次为

$$z_1 = 1.5 + 2 = 3.5\text{m}$$
$$p_1 = p_a = 0 (\text{相对压强})$$

断面 1-1 的面积比 2-2 面积大得多，因此流速比 v_1 小 v_2 得多，故可认为

$$v_1 = 0$$
$$z_2 = 0 (\text{断面 2-2 与基准面重合})$$
$$p_2 = 0 (\text{断面与大气相通})$$
$$h_{w1-2} = 0 (\text{不计能量损失})$$

且
$$\alpha = 1.0$$

将以上已知条件代入能量方程式后，可得

$$3.5 + 0 + 0 = 0 + 0 + \frac{v_2^2}{2g} + 0$$

即
$$\frac{v_2^2}{2g} = 3.5$$

所以立管出口处的流速

$$v_2 = \sqrt{3.5 \times 2g} = \sqrt{7 \times 9.81} = 8.35 \text{m/s}$$

2）离立管出口 1m 处水的压强

在离立管出口 1m 处取断面 3-3，对断面 2-2 与 3-3 列能量方程式

$$z_3 + \frac{p_3}{\gamma} + \frac{\alpha_3 v_3^2}{2g} = z_2 + \frac{p_2}{\gamma} + \frac{\alpha_2 v_2^2}{2g} + h_{w3-2}$$

由于 $z_3 = 1\text{m}$，$z_2 = 0$，$p_2 = p_a = 0$，$\alpha = 1.0$，代入上式得

$$0 + \frac{p_3}{\gamma} + \frac{v_3^2}{2g} = 0 + 0 + \frac{v_2^2}{2g} + 0$$

已知立管直径不变，则流速水头相等，即 $\frac{v_3^2}{2g} = \frac{v_2^2}{2g}$，所以

$$1 + \frac{p_3}{\gamma} = 0 \quad \text{或} \quad \frac{p_3}{\gamma} = -1$$

因此离立管出口 1m 处水的压强

$$p_3 = -1 \times \gamma = -1 \times 98100 = -98100 \text{N/m}^2 = -98.1 \text{kN}$$

(3) 能量方程式应用实例

恒定流能量方程式作为最基本的方程之一,在实际工程中得到了广泛的应用。

1) 文丘里流量计

文丘里流量计是一种装置于管道中测量流体流量的仪器,如图 1-33 所示。文丘里流量计由进水锥体、喉管及出水锥体三段组成。其中进水锥

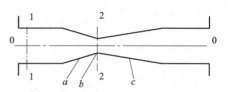

图 1-33 文丘里流量计
(a) 进水锥体;(b) 喉管;(c) 出水锥体

体和出水锥体两端管径相等,并连接在相同直径的管道上。如果在 1-1 与 2-2 断面上分别连接测压管,测得势能差,根据能量方程式,便可算出管中相应的流量。

$$Q = v_1 A_1 = \frac{1}{4}\pi d_1^2 \sqrt{\frac{\left(z_1 + \frac{p_1}{\gamma}\right) - \left(z_2 + \frac{p_2}{\gamma}\right)}{\left(\frac{d_1}{d_2}\right)^4 - 1} 2g}$$

为了简化公式,以系数 K 表示上式中的常数,令

$$K = \frac{1}{4}\pi d_1^2 \sqrt{\frac{2g}{\left(\frac{d_1}{d_2}\right)^4 - 1}} \tag{1-28}$$

因此流量计算公式为

$$Q = K\sqrt{\left(z_1 + \frac{p_1}{\gamma}\right) - \left(z_2 + \frac{p_2}{\gamma}\right)} \tag{1-29}$$

由于没有考虑能量损失,上式计算结果为理论流量,它大于实际流量。因此计算实际流量时,需要乘上一个小于 1 的系数,即流量系数——μ,一般 $\mu = 0.95 \sim 0.98$。

于是,实际流量

$$Q = \mu K \sqrt{\left(z_1 + \frac{p_1}{\gamma}\right) - \left(z_2 + \frac{p_2}{\gamma}\right)} \tag{1-30}$$

式中　　Q——通过流量计的实际流量,m^3/s;

K——流量计系数,$m^{\frac{5}{2}}/s$,对于一定管径的文丘里流量计,K 值是一个不变的常数;

μ——流量系数;

$\left(z_1 + \frac{p_1}{\gamma}\right) - \left(z_2 + \frac{p_2}{\gamma}\right)$——断面 1-1 与 2-2 的测压管水头差,m。

【例 1-15】如图 1-33 所示,利用文丘里流量计测定某水平管道中液体的流量,已知文丘里流量计管径 $d_1 = 100mm$,$d_2 = 50mm$,流量系数 $\mu = 0.98$,试求当两测压管液面高差 $\Delta h = 0.5m$ 时,管内液体的流量。

【解】根据公式 1-28,流量计系数

$$K = \frac{1}{4}\pi d_1^2 \sqrt{\frac{2g}{\left(\frac{d_1}{d_2}\right)^4 - 1}}$$

$$= \frac{1}{4} \times \pi \times (0.1)^2 \sqrt{\frac{2 \times 9.81}{\left(\frac{0.1}{0.05}\right)^4 - 1}} = 0.00905 \mathrm{m}^{\frac{5}{2}}/\mathrm{s}$$

由于 $\mu = 0.98$，且 $\left(z_1 + \frac{p_1}{\gamma}\right) - \left(z_2 + \frac{p_2}{\gamma}\right) = \Delta h = 0.5 \mathrm{m}$，所以管内液体流量

$$Q = \mu K \sqrt{\Delta h} = 0.98 \times 0.00905 \times \sqrt{0.5} = 6.25 \times 10^{-3} \mathrm{m}^3/\mathrm{s}$$
$$= 6.25 \mathrm{L/s}$$

2）毕托管

毕托管是一种测量水流或气流中任意一点流速的仪器。量测流速时，把毕托管下部的小孔正对来流方向，放入流体中的欲测点，如图 1-34 所示。

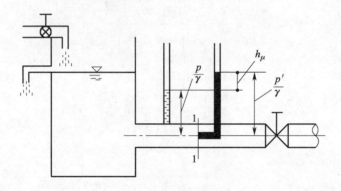

图 1-34 流速计原理

任意一点的流速为

$$u = \sqrt{\frac{\Delta p}{\gamma} 2g} \tag{1-31}$$

考虑到毕托管放入流体之中后，对流线的干扰及流动阻力等因素影响，按上式计算的流速需要乘上一个系数 ψ 加以修正，ψ 称为流速系数，一般取 $\psi = 1.0 \sim 1.04$。

因此，任意一点的实际流速

$$u = \psi \sqrt{\frac{\Delta p}{\gamma} 2g} \tag{1-32}$$

式中 u——流体中任意一点的实际流速，m/s；

ψ——流速系数；

$\dfrac{\Delta p}{\gamma}$——由比压计或微压计以压差形式显示的任意一点的流体动能，m。

当采用上式计算流体中任意一点的流速时，应注意对不同的流体以及不同种类的比压计，式中 $\dfrac{\Delta p}{\gamma}$ 的表达形式有所不同。

若被测流体为水，毕托管上接汞比压计时

$$\frac{\Delta p}{\gamma} = \left(\frac{\gamma_{\mathrm{Hg}}}{\gamma_{\mathrm{H_2O}}} - 1\right) \Delta h = 12.6 \Delta h \tag{1-33a}$$

若被测流体为空气，毕托管上接水比压计时

$$\frac{\Delta p}{\gamma} = \frac{\gamma_{H_2O}}{\gamma_{KQ}}\Delta h \tag{1-33b}$$

若被测流体为空气,毕托管上接酒精比压计时

$$\frac{\Delta p}{\gamma} = \frac{\gamma_{jQ}}{\gamma_{KQ}}\Delta h \tag{1-33c}$$

以上三式中,γ_{Hg}、γ_{H_2O}、γ_{jQ}、γ_{KQ}分别为汞、水、酒精和空气的重度,单位为N/m³;Δh为比压计或微压计中的液柱高差,单位为m。

应当指出,用毕托管所测定的流速,只是过流断面上某一点的流速,若要测定断面平均流速,可将过流断面分为若干等份,用毕托管测定每一小等份面积上的流速,然后计算各点流速的平均值,以此作为断面平均流速。

【例1-16】如图1-35所示,在毕托管上连接酒精比压计,测定风管中的某点风速,已知微压计测压斜管的倾角 $\alpha = 30℃$,读数 $l = 50$mm,酒精的重度 $\gamma_{jQ} = 7.85$kN/m³,空气的重度 $\gamma_{KQ} = 12.68$N/m³,流速系数 $\psi = 1.0$,试求管内该点的风速。

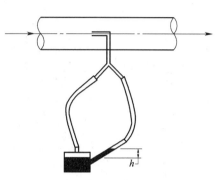

图1-35 用毕托管量风速

【解】根据已知条件

$$\frac{\Delta p}{\gamma} = \frac{\gamma_{jQ}}{\gamma_{KQ}}\Delta h$$

$$= \frac{\gamma_{jQ}}{\gamma_{KQ}}l\sin\alpha = \frac{7.85 \times 10^3}{12.68} \times 0.05 \times 0.5 = 0.15\text{m}$$

所以管内该点风速

$$u = \psi\sqrt{\frac{\Delta p}{\gamma}2g}$$

$$= 1.0\sqrt{0.15 \times 2 \times 9.81} = 1.72\text{m/s}$$

3) 确定水泵的安装高度

水泵的安装高度,通常是指水泵轴心到吸水池最低水位的垂直高度。在实际工程中,为保证水泵正常运转,水泵的安装高度往往有一定的限制,否则水泵就不能正常工作。

如图1-36所示,水泵的安装高度

$$H_g = H_v - \frac{v_2^2}{2g} - h_w \tag{1-34}$$

式中 H_g——水泵的安装高度,m;
H_v——水泵进水口的真空度,m;
v_2——水泵进水口的流速,m/s;
h_w——水泵经过吸水管的能量损失,m。

【例1-17】水流通过吸水管的能量损失 $h_w = 3$m,若水泵产品样本给出该泵的最大允许吸上高度(即真空度)$H_v = 7$m,试求水泵在此流量下的安装高度。

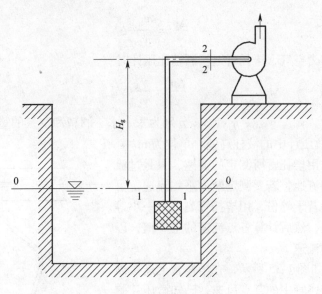

图 1-36　水泵的安装高度

【解】吸水管流速水头

$$\frac{v_2^2}{2g} = \frac{Q^2}{12.1d^4} = \frac{(0.02)^2}{12.1 \times (0.1)^2} = 0.33 \mathrm{m}$$

所以水泵的安装高度

$$H_g = H_v - \frac{v_2^2}{2g} - h_w = 7 - 0.33 - 3 = 3.67 \mathrm{m}$$

课题 4　流动阻力和能量损失

要使能量方程式在工程中得到实际应用，必须解决方程中能量损失 h_w 项的计算问题。本节主要分析能量损失的规律及计算方法。

4.1　基　本　概　念

4.1.1　流动阻力和能量损失的两种形式

流体的黏滞性和固体边壁的影响，使流体在流动过程中受到阻力，这个阻力称为流动阻力。流动阻力使流体的一部分机械能不可逆地转化为热能而散失掉，这种机械能损失称为能量损失。流动阻力是造成能量损失的根本原因，而能量损失则是流动阻力在能量消耗上的反映。影响流动阻力的主要因素，一方面是流体的黏滞性和惯性，它们是产生流动阻力的内因；另一方面是固体边壁形状及内壁面的粗糙度对流体运动的阻碍和扰动作用，它们是产生流动阻力的外因，外因通过内因起作用。

为了便于分析和计算，根据边壁条件的不同，可将流动阻力与能量损失分为以下两种形式。

（1）沿程阻力和沿程损失

在边壁条件沿程不变的区域（如直管段），作用在流体全部流程上的摩擦阻力，称为沿程阻力。为克服沿程阻力而损失的能量，称为沿程损失，用符号 h_f 表示。

（2）局部阻力和局部损失

在边壁条件急剧变化的区域（如管道的三通、弯头、阀门、断面突然扩大或突然缩小等局部位置），使流体的流动状态发生急剧变化而集中分布的流动阻力，成为局部阻力。为克服局部阻力而造成的能量损失，称为局部损失，用符号 h_j 表示。

如果整个管路中有若干段沿程损失和若干个局部损失，则整个管路的总能量损失应等于各段沿程损失与各个局部损失之和，即

$$h_w = \sum h_f + \sum h_j \tag{1-35}$$

或

$$p_w = \gamma h_w = \gamma (\sum h_w + \sum h_j) = \sum p_w + \sum p_j \tag{1-36}$$

这就是管路能量损失的叠加原则。

4.1.2 流体流动的两种形态

（1）雷诺实验及流态

1883 年英国物理学家雷诺通过试验发现，液体运动时存在两种不同的流动形态，即层流与紊流。

试验装置如图 1-37 所示，从恒定水箱中引出一根水平放置的玻璃管，在水箱上部放置一个瓶子，内装有颜色的水，并将颜色水导至玻璃管的喇叭口中心。因水箱内水面不变，保证玻璃管内水流为恒定流。玻璃管出口处装有阀门，以控制管中流速的大小。打开阀门，玻璃管中即有水流出，同时颜色水亦在管中流动。

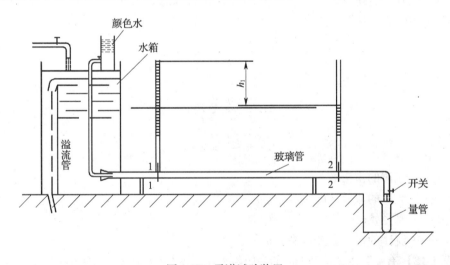

图 1-37 雷诺试验装置

当阀门开启度较小时，管中水流速度也较小，颜色水呈一直线，如图 1-38（a）所示。这说明管中水流呈层状流动，各层质点互不掺混，这种流动形态称为层流。

阀门逐渐开大，管中流速随之增大。当流速增大到一定程度时，颜色水出现摆动，直线变为曲线，如图 1-38（b）所示。

阀门继续开大，颜色水迅速与周围清水掺混，管中整个水流都染上了颜色，如图 1-38（c）所示。这说明管中水流各质点间互相掺混、碰撞，这种流动形态称为紊流。

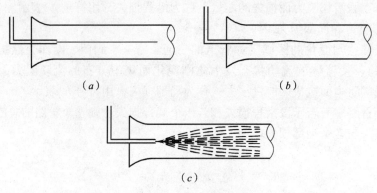

图 1-38 层流与紊流

（2）流态的判别准则——临界雷诺数

上述试验表明在管径和流动介质不变的条件下，流态与流速有关。雷诺等人进一步的实验表明：流动状态不仅和流速 v 有关，还和管径 d、流体的动力黏滞系数 μ 和密度 ρ 有关。以上四个参数可组合成一个无因次数，叫做雷诺数，用符号 Re 表示。

$$\mathrm{Re} = \frac{vd\rho}{\mu} = \frac{vd}{\nu} \tag{1-37}$$

对应于临界流速的雷诺数称为临界雷诺数，用 Re_K 表示。实验表明：尽管当管径或流动介质不同时，临界流速 v_K 不同，但对于任何管径和任何牛顿流体，判别流态的临界雷诺数却是相同的，其值约为 2000。即

$$\mathrm{Re}_K = \frac{v_K d}{\nu} = 2000 \tag{1-38}$$

工程上判别流态的条件是

层流
$$\mathrm{Re} = \frac{vd}{\nu} < 2000 \tag{1-39}$$

紊流
$$\mathrm{Re} = \frac{vd}{\nu} > 2000 \tag{1-40}$$

式中　Re——流体的雷诺数；
　　　v——流体的流速，m/s；
　　　d——管径，m；
　　　ν——流体的运动黏滞系数，$\mathrm{m^2/s}$。

【例 1-18】 有一管径 d = 25 mm 的室内给水管，如管中流速 v = 1.0 m/s，水温 t = 10℃。

1）试判别管中水的流态；

2）管内保持层流状态的最大流速为多少？

【解】1）查表 1-3，水温 t = 10℃的运动黏滞系数 ν = 1.308 × 10^{-6} $\mathrm{m^2/s}$

管内雷诺数为

$$\mathrm{Re} = \frac{vd}{\nu} = \frac{1.0 \times 0.025}{1.308 \times 10^{-6}} = 19100 > 2000$$

故管中水流为紊流。

2）管内保持层流状态的最大流速就是临界流速 v_K

由于
$$\mathrm{Re} = \frac{v_\mathrm{K} d}{\nu} = 2000$$

所以
$$v_\mathrm{K} = \frac{2000 \times 1.308 \times 10^{-6}}{0.025} = 0.105 \mathrm{m/s}$$

【例1-19】某低速送风管道，直径 $d = 200\mathrm{mm}$，风速 $v = 3.0\mathrm{m/s}$，空气温度 $t = 30℃$。

1）试判别风道内气体的流态；

2）该风道的临界流速是多少？

【解】1）查表1-3，空气温度 $t = 30℃$ 的运动黏滞系数 $\nu = 16.6 \times 10^{-6} \mathrm{m^2/s}$，管内雷诺数为

$$\mathrm{Re} = \frac{vd}{\nu} = \frac{3 \times 0.2}{16.6 \times 10^{-6}} = 36150 > 2000$$

故为紊流。

2）求临界流速 v_K

由于
$$\mathrm{Re} = \frac{v_\mathrm{K} d}{\nu} = 2000$$

所以
$$v_\mathrm{K} = \frac{2000 \times 16.6 \times 10^{-6}}{0.2} = 0.166 \mathrm{m/s}$$

由以上两例题可见，水和空气管路一般均为紊流。

【例1-20】已知冷冻机润滑油管的直径 $d = 10\mathrm{mm}$，其中通过的油量 $Q = 0.08\mathrm{L/s}$，润滑油的运动黏滞系数 $\nu = 1.93\mathrm{cm^2/s}$，试判别润滑油在管中的流型。

【解】管内润滑油的流速

$$v = \frac{Q}{A} = \frac{80}{0.25 \times 3.14 \times 1^2} = 102\mathrm{cm/s}$$

相应流速下的雷诺数

$$\mathrm{Re} = \frac{vd}{\nu} = \frac{102 \times 1}{1.93} = 52.8 < 2000$$

因此管中润滑油的流型为层流。

4.2 沿程水头损失的计算

4.2.1 沿程水头损失的基本计算公式

通过对做均匀流运动的液体进行分析，得到计算沿程能量损失的通用公式——达西公式

$$h_\mathrm{f} = \lambda \frac{L}{d} \frac{v^2}{2g} \tag{1-41}$$

$$p_\mathrm{f} = \gamma h_\mathrm{f} = \lambda \frac{L}{d} \frac{v^2}{2g} \gamma \tag{1-42}$$

式中　h_f——流段的沿程水头损失，m；

　　　p_f——流段的沿程压强损失，Pa；

　　　L——流段的长度，m；

　　　d——圆管的直径，m；

v——断面平均流速，m/s；

λ——沿程阻力系数，对于层流 $\lambda = \dfrac{64}{\mathrm{Re}}$；

γ——流体的重度，N/m³。

无论是层流还是紊流，能量损失计算公式都是式（1-41）和（1-42），两者的区别就在于沿程阻力系数值的确定。

4.2.2 沿程阻力系数的确定

沿程损失的计算，关键在于确定沿程阻力系数。对于层流 $\lambda = \dfrac{64}{\mathrm{Re}}$；对于紊流 λ 值的确定不能严格地从理论上推导出来，借助于实验研究来分析紊流沿程阻力系数的变化规律，并以此为依据，归纳和总结沿程阻力系数的经验计算公式。在整个紊流区，沿程阻力系数可以采用以下综合经验计算公式计算

（1）在供热通风空调工程中

$$\lambda = 0.11 \left(\frac{\Delta}{d} + \frac{68}{\mathrm{Re}} \right)^{0.25} \tag{1-43}$$

注：式中 Δ 为管道的绝对粗糙度。在实际工程中需要计算实际管道的 λ 值时，可以取用管道当量粗糙度。表 1-5 列出了一些常用管道的当量粗糙度 Δ。

（2）在给水工程中，当 $v < 1.2\,\mathrm{m/s}$ 时

$$\lambda = \frac{0.0179}{d^{0.3}} \left(1 + \frac{0.867}{v} \right)^{0.3} \tag{1-44}$$

当 $v \geqslant 1.2\,\mathrm{m/s}$ 时

$$\lambda = \frac{0.021}{d^{0.3}} \tag{1-45}$$

常用管道的当量粗糙度 Δ 值　　　表 1-5

管材	Δ (mm)	管材	Δ (mm)
新铜管	0.0015~0.01	新铸铁管	0.20~0.30
无缝钢管	0.04~0.17	旧铸铁管	1.0~3.0
普通钢管	0.2	普通铸铁管	0.5
新焊接钢管	0.06~0.33	橡皮软管	0.01~0.03
旧钢管	0.5~1.0	混凝土管	0.30~3.0
白铁皮管	0.15	钢板制风管	0.15

4.2.3 沿程水头损失计算举例

【例 1-21】已知某冷冻机润滑油管的直径 $d = 10\,\mathrm{mm}$，管长 $l = 5\,\mathrm{m}$，油流量 $Q = 80 \times 10^{-6}\,\mathrm{m^3/s}$，润滑油的运动黏滞系数 $\nu = 1.802 \times 10^{-4}\,\mathrm{m^2/s}$，试求润滑油管道的沿程水头损失。

【解】管内润滑油的平均流速

$$v = \frac{Q}{A} = \frac{80 \times 10^{-4}}{0.25 \times 3.14 \times 0.01^2} = 1.02\,\mathrm{m/s}$$

相应流速下的雷诺数

$$\text{Re} = \frac{vd}{\nu} = \frac{1.02 \times 0.01}{1.802 \times 10^{-4}} = 56.6 < 2000$$

故为层流，则沿程阻力系数

$$\lambda = \frac{64}{\text{Re}} = \frac{64}{56.6} = 1.13$$

沿程水头损失

$$h_f = \lambda \frac{L}{d} \frac{v^2}{2g} = 1.13 \times \frac{5}{0.01} \times \frac{(1.02)^2}{2 \times 9.8} = 30\text{m}。$$

【例1-22】某铸铁输水管路，内径 $d=300\text{mm}$，管长 $L=1200\text{m}$，流量 $Q=60\text{L/s}$，试计算管路的沿程水头损失和压强损失。

【解】管中流速

$$v = \frac{Q}{A} = \frac{4 \times 0.06}{3.14 \times 0.3^2} = 0.85\text{m/s} < 1.2\text{m/s}$$

应用公式（1-44）

$$\lambda = \frac{0.0179}{d^{0.3}}\left(1 + \frac{0.867}{v}\right)^{0.3} = \frac{0.0179}{0.3^{0.3}}\left(1 + \frac{0.867}{0.85}\right)^{0.3} = 0.0317$$

所以

$$h_f = \lambda \frac{L}{d} \frac{v^2}{2g} = 0.0317 \times \frac{1200}{0.3} \times \frac{0.85^2}{2 \times 9.8} = 4.67\text{m}$$

$$p_f = \gamma h_f = \lambda \frac{L}{d} \frac{v^2}{2g}\gamma = 0.0317 \times \frac{1200}{0.3} \times \frac{0.85^2}{2 \times 9.8} \times 9.8 \times 10^3$$
$$= 45.8\text{kPa}$$

4.3 局部水头损失的计算

4.3.1 局部水头损失的基本计算公式

各种局部管件局部水头损失的通用计算公式为

$$h_j = \xi \frac{v^2}{2g} \tag{1-46}$$

$$p_j = \gamma h_j = \xi \frac{v^2}{2g}\gamma \tag{1-47}$$

式中　h_j——局部水头损失，m；

　　　p_j——局部压头损失，Pa；

　　　ξ——局部阻力系数；

　　　γ——流体的重度，N/m³；

　　　v——与局部阻力系数对应的断面平均流速，m/s。

4.3.2 局部阻力系数的确定

由公式（1-46）和（1-47）可见，计算局部损失的关键在于确定局部阻力系数 ξ 值。各种管件的局部阻力系数 ξ 值，除了少数可用理论推导出的公式计算外，多数均通过实验测定，并编制成专用计算图表，供计算时查用。

表1-6列出了常用各种局部管件的局部阻力系数 ξ 值。

各种局部管件的局部阻力系数 表 1-6

名称	简图	局部阻力系数 ξ								
突然扩大		$\xi_1 = \left(1 - \dfrac{A_1}{A_2}\right)^2$ (应用公式 $h_j = \xi_1 \dfrac{v_1^2}{2g}$) $\xi_2 = \left(\dfrac{A_2}{A_1} - 1\right)^2$ (应用公式 $h_j = \xi_2 \dfrac{v_2^2}{2g}$)								
突然缩小		$\xi = 0.5\left(1 - \dfrac{A_2}{A_1}\right)$								
渐扩管		$\xi = \dfrac{\lambda}{8\sin\dfrac{\theta}{2}}\left[1 - \left(\dfrac{A_1}{A_2}\right)^2\right] + k\left(1 - \dfrac{A_1}{A_2}\right)$ 当 $\dfrac{A_1}{A_2} = \dfrac{1}{4}$ 时								
		$\theta/(°)$	2	4	6	8	10	12	14	16	20	25
		k	0.022	0.048	0.072	0.103	0.138	0.177	0.221	0.270	0.386	0.645
渐缩管		$\xi = \dfrac{\lambda}{8\sin\dfrac{\theta}{2}}\left[1 - \left(\dfrac{A_2}{A_1}\right)^2\right]$								
管子进口 修圆		0.05 ~ 0.10								
管子进口 稍修圆		0.20 ~ 0.25								
管子进口 锐缘		0.5								
管子出口（流入大容器）		1.0								

三通（等径）			直流	汇流	分流	转弯流
		流向	②→③ ②←③	①↓ ②→③	①↓ ②←→③	①↓ ②←③
		ξ	0.1	3.0	1.5	1.5

续表

名称	简图	局部阻力系数 ξ									
斜三通			直流		转弯流						
		流向	②→③	②←③	①→③	①←③	②→①→③				
		ξ	0.05	0.15	0.5	1.0	3.0				
分支管			分流		汇流						
		流向	①→②③		①←②③						
		ξ	1.0		1.5						
90°弯管		d/R	0.2	0.4	0.6	0.8	1.0	1.2	1.4	1.6	1.8	2.0
		ξ	0.13	0.14	0.16	0.21	0.29	0.44	0.66	0.98	1.41	1.98
折管		$\theta/(°)$	20	40	60	80	90	100	110	120	130	140
		ξ	0.046	0.139	0.364	0.741	0.985	1.260	1.560	1.861	2.150	2.431
闸阀		开度/(%)	10	20	30	40	50	60	70	80	90	100
		ξ	60	16	6.5	3.2	1.8	1.1	0.60	0.30	0.18	0.10
截止阀（全开）		4.3~6.1										
蝶阀（全开）		0.10~0.30										
滤水网 无底阀		2~3										
滤水网 有底阀		d(mm)	40	50	75	100	150	200	250	300	350	400
		ξ	12	10	8.5	7.0	6.0	5.2	4.4	3.7	3.4	3.1

4.3.3 局部水头损失计算举例

【例 1-23】 如图 1-39 所示，水由管道中的 A 点向 D 点流动，其中流量 $Q=0.02\text{m}^3/\text{s}$，各管段的沿程阻力系数 $\lambda=0.02$。B 处为阀门，$\xi=2.0$；C 处为渐缩管，$\xi=0.5$。已知管长 $L_{AB}=100\text{m}$，$L_{BC}=200\text{m}$，$L_{CD}=150\text{m}$，管径 $d_{AB}=d_{BC}=150\text{mm}$，$d_{CD}=125\text{mm}$。若 A 点总水头 $H_A=20\text{m}$，试求 D 点的总水头。

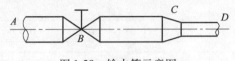

图 1-39 输水管示意图

【解】 由于整个管路直径不等，计算损失时，需要分为 AC 与 CD 两段进行

AC 段

$$h_{wAC} = h_{fAC} + h_{jAC} = \lambda \frac{L_{AC}}{d_{AC}} \times \frac{v_{AC}^2}{2g} + \sum \xi_{AC} \frac{v_{AC}^2}{2g}$$

其中

$$L_{AC} = L_{AB} + L_{BC} = 100 + 200 = 300\text{m}$$

$$d_{AC} = 150\text{mm},\ \sum \xi_{AC} = \xi_B = 2.0$$

$$v_{AC} \frac{Q}{\frac{1}{4}\pi d_{AC}^2} = \frac{0.02}{0.785 \times (0.15)^2} = 1.13\text{m/s}$$

所以

$$h_{wAC} = 0.02 \times \frac{300}{0.15} \times \frac{1.13^2}{2 \times 9.8} + 2 \times \frac{1.13^2}{2 \times 9.8} = 2.73\text{mH}_2\text{O}$$

CD 段

$$h_{wCD} = h_{fCD} + h_{jCD} = \lambda \frac{L_{CD}}{d_{CD}} \times \frac{v_{CD}^2}{2g} + \sum \xi_{CD} \frac{v_{CD}^2}{2g}$$

其中 $L_{CD}=150\text{m}$

$$d_{CD} = 125\text{mm},\ \sum \xi_{CD} = \xi_C = 0.5$$

$$v_{CD} \frac{Q}{\frac{1}{4}\pi d_{CD}^2} = \frac{0.02}{0.785 \times (0.125)^2} = 1.63\text{m/s}$$

所以

$$h_{wCD} = 0.02 \times \frac{150}{0.125} \times \frac{1.63^2}{2 \times 9.8} + 0.5 \times \frac{1.63^2}{2 \times 9.8} = 3.32\text{mH}_2\text{O}$$

于是整个管路的总水头损失

$$h_{wAD} = h_{wAC} + h_{wCD} = 2.73 + 3.32 = 6.05\text{mH}_2\text{O}$$

根据恒定流能量方程式

$$H_A = H_D + h_{wAD}$$

可得 D 点的总水头

$$H_D = H_A - h_{wAD} = 20 - 6.05 = 13.95\text{mH}_2\text{O}$$

4.4 减少阻力的措施

4.4.1 减少流动阻力的两条基本途径

减小阻力长期以来就是工程流体力学中的一个重要课题。减少管中流体运动的阻力有两条完全不同的途径：

(1) 改进流体外部的边界，改善边壁对流动的影响；
(2) 在流体内部投加极少量的添加剂，使其影响流体运动的内部结构来实现减阻。

4.4.2 常用的减少阻力的措施

(1) 常用的减少沿程阻力的措施：由于 $h_f \propto \dfrac{l}{d}$，所以在满足工程需要和安全性的前提下，一方面管路敷设的长度要尽可能缩短，另一方面适当地增大管径，也可以使沿程阻力降低，从而使经常性运行费用降低。但是，随着管径的增大，管材消耗增大，系统的初投资必然增大，因此，选择管径时要综合考虑初次投资和经常性运行费用的矛盾。另外，减小管壁的粗糙度也可以减少沿程阻力。

(2) 常用的减少局部阻力的措施：减少局部阻力在于防止或推迟流体与边壁的分离，避免旋涡区的产生或减小旋涡区的大小和强度。例如：用渐扩管件代替突然扩大管件；用流线型管子进口代替锐缘管子进口；适当增大弯管的曲率半径；在较大断面弯管内部布置导流叶片；减小支流与合流管之间的夹角等，都可以使局部损失减少，从而降低管路的总能量损失。

课题5 管路的水力计算

前面已经介绍了有关流体力学基础理论方面的内容，这里将进一步分析如何运用这些基本理论，特别是连续性方程式、能量方程式和能量损失公式来解决实际工程中的管路计算问题。

5.1 管路水力计算的常见类型

所谓解决实际工程中的管路计算问题，就是以流体力学的基本理论为基础，分析水、蒸汽、空气等流体介质在管路中流动的特性规律，从而解决管路的水力计算问题，简称管路计算。关于管路水力计算问题可具体分为下面三类：

(1) 已知流量和管道布置，确定管径和水头损失；
(2) 已知管径和允许的水头损失，确定流量；
(3) 已知流量和水头损失，确定管径。

根据管路连接的情况，可将管路分为简单管路和复杂管路，复杂管路又包括串联管路和并联管路。

5.2 管路的水力计算

5.2.1 简单管路计算

沿程管径不变，流量也不变的管路系统称为简单管路。它是组成各种复杂管路的基本单元,是一切复杂管路水力计算的基础。

对于简单管路,由于流速沿程不变,所以管道的水头损失为

$$h_w = \left(\lambda \frac{l}{d} + \Sigma \xi\right) \frac{v^2}{2g}$$

将 $v = \dfrac{q_v}{A} = \dfrac{4q_v}{\pi d^2}$ 代入上式

$$h_w = \left(\lambda \frac{l}{d} + \Sigma \xi\right) \frac{1}{2g} \left(\frac{4q_v}{\pi d^2}\right)^2 = \frac{8\left(\lambda \dfrac{l}{d} + \Sigma \xi\right)}{\pi^2 d^4 g} q_v^2$$

从上式可以看出,对于给定的流体在给定的管道系统中流动的水头损失,仅取决于流量。令 $S = \dfrac{8\left(\lambda \dfrac{l}{d} + \Sigma \xi\right)}{\pi^2 d^4 g}$,称为管道综合阻力数,单位是 s^2/m^5。则上式可写成

$$h_w = S q_v^2 \tag{1-48}$$

或

$$p_w = \gamma h_w = \gamma S q_v^2 \tag{1-49}$$

因此:

(1) 如果已知流量 q_v 和管径 d,可直接运用上面两公式计算损失 h_w(或 p_w)。

(2) 如果已知管径 d 和 h_w(或 p_w),求 q_v。工程上一般采用试算法求解。即根据流体在管道中允许的流速范围试选一个 v 值,然后核算出该条件下的水头损失 h_w。若计算出来的 h_w 与给定的水头损失相等或略低一些,则可认为试选的流速 v 值是合适的,最后按照试选合适的流速 v 计算出管路可能达到的最大流量 q_v。若计算出来的 h_w 大于给定的水头损失,说明试选流速值偏大,需要重新试选一个较低的流速重复以上计算步骤,直到计算出来的 h_w 与给定的水头损失相近为止。

(3) 如果已知 q_v 和 h_w(或 p_w),求 d。对于这类问题一般仍用试算法较为简便。可以先根据允许流速假定一个合乎管道标准规格的 d,然后核算 d,尝试求解,直到 d 值不存在大的偏差为止。

【例1-24】 有一镀锌薄钢板风道,管径 $d = 300mm$,管长 $l = 60m$,当量粗糙度 $\Delta = 0.15mm$,送风量 $q_v = 5400m^3/h$,空气温度20℃时的密度 $\rho = 1.205kg/m^3$,运动黏度 $\nu = 15.7 \times 10^{-6} m^2/s$,风道局部阻力系数总和 $\Sigma \xi = 3.5$,试求压头损失。

【解】 风道流速

$$v = \frac{q_v}{A} = \frac{4q_v}{\pi d^2} = \frac{4 \times 5400}{3.14 \times 0.3^2 \times 3600} = 21.23 m/s$$

雷诺数

$$Re = \frac{vd}{\nu} = \frac{21.23 \times 0.3}{15.7 \times 10^{-6}} = 4.06 \times 10^5$$

相对粗糙度

$$\frac{\Delta}{d} = \frac{0.15}{300} = 0.0005$$

则沿程阻力系数

$$\lambda = 0.11\left(\frac{\Delta}{d} + \frac{68}{\mathrm{Re}}\right)^{0.25} = 0.11\left(0.0005 + \frac{68}{4.06\times10^5}\right)^{0.25} = 0.01768$$

所以压头损失

$$p_\mathrm{w} = \gamma h_\mathrm{w} = \rho g\left(\lambda\frac{l}{d} + \Sigma\xi\right)\frac{v^2}{2g}$$

$$= 1.205\times9.8\left(0.01768\times\frac{60}{0.3} + 3.5\right)\frac{21.23^2}{2\times9.8}$$

$$= 1911\mathrm{N/m^2}$$

若按管道综合阻力系数 S 计算，则

$$S = \frac{8\left(\lambda\dfrac{l}{d} + \Sigma\xi\right)}{\pi^2 d^4 g} = \frac{8\left(0.01768\times\dfrac{60}{0.3} + 3.5\right)}{3.14^2\times0.3^4\times9.8}$$

$$= 71.92\mathrm{s^2/m^5}$$

$$p_\mathrm{w} = \gamma h_\mathrm{w} = \gamma S q_v^2 = 1.205\times9.8\times71.92\times\left(\frac{5400}{3600}\right)^2$$

$$= 1911\mathrm{N/m^2}$$

【例 1-25】如图 1-40 所示为锅炉给水系统，水泵将水从水池中抽上来，经吸水管、压水管往锅炉中补水。已知水的流量 $q_v = 20\mathrm{m^3/h}$，锅炉中蒸气的表压强为 $p_0 = 44\times10^5\mathrm{Pa}$，水池水面 1-1 与锅炉水面 2-2 之间的高度差 $z = 4\mathrm{m}$，水泵吸水管和排水管的长度分别为 $l_1 = 5\mathrm{m}$，$l_2 = 10\mathrm{m}$，其管径和沿程阻力系数均为 $d = 100\mathrm{mm}$ 和 $\lambda = 0.02$，管道中装有一个进水栅止回阀，两个节流阀，两个弯头。设 $\xi_\text{进} = 7.5$，$\xi_\text{阀} = 3.9$，$\xi_\text{弯} = 0.42$，$\xi_\text{出} = 1$，试求水泵的扬程。（水的密度 $\rho = 1000\mathrm{kg/m^3}$）

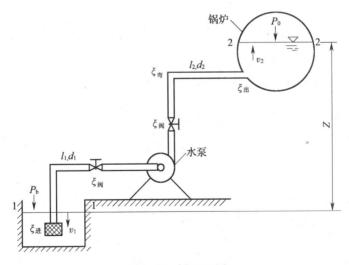

图 1-40　例 1-24 图

【解】取水池水面为基准面，则水泵的扬程

$$H = (z_2 - z_1) + \left(\frac{p_2 - p_1}{\gamma}\right) + \left(\frac{\alpha_2 v_2^2 - \alpha_1 v_1^2}{2g}\right) + h_{\mathrm{w}1-2}$$

其中

$$z_2 - z_1 = z = 4\mathrm{m}$$

$$\frac{p_2 - p_1}{\gamma} = \frac{p_0}{\gamma} = \frac{44 \times 10^5}{1000 \times 9.8} = 448.9\text{m}$$

断面 1-1 和 2-2 较大,$v_1 \approx 0$,$v_2 \approx 0$ 即

$$\left(\frac{\alpha_2 v_2^2 - \alpha_1 v_1^2}{2g}\right) = 0$$

水在管道中的流速为

$$v = \frac{4q_V}{\pi d^2} = \frac{4 \times 20}{3.14 \times 0.1^2 \times 3600} = 0.7\text{m/s}$$

两断面间的水头损失为

$$h_{w1-2} = \sum h_f + \sum h_j$$
$$= \lambda \frac{(l_1 + l_2)}{d} \frac{v^2}{2g} + \sum \xi \frac{v^2}{2g}$$
$$= 0.02 \times \frac{5+10}{0.1} \times \frac{0.7^2}{2 \times 9.8} + (7.5 + 2 \times 3.9 + 2 \times 0.42 + 1) \times \frac{0.7^2}{2 \times 9.8}$$
$$= 0.504\text{m}$$

故水泵的扬程

$$H = (4 + 448.9 + 0.504) = 453.4\text{m}$$

5.2.2 串联管路计算

由不同直径或粗糙度的管段顺次连接组合而成的管道叫串联管道,如图 1-41 所示。

串联管路的特点是:各管段流量相等,管路总水头损失等于各管段水头损失之和。对于图 1-41 应有

$$q_{v1} = q_{v2} = q_{v3} = q_v \tag{1-50}$$

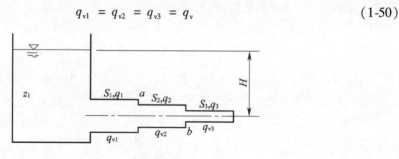

图 1-41 串联管路

$$h_w = h_{w1} + h_{w2} + h_{w3}$$
$$= \left(\lambda_1 \frac{l_1}{d_1} + \sum \xi_1\right)\frac{v_1^2}{2g} + \left(\lambda_2 \frac{l_2}{d_2} + \sum \xi_2\right)\frac{v_2^2}{2g} + \left(\lambda_3 \frac{l_3}{d_3} + \sum \xi_3\right)\frac{v_3^2}{2g}$$
$$= S_1 q_{v1}^2 + S_2 q_{v2}^2 + S_3 q_{v3}^2$$
$$= (S_1 + S_2 + S_3) q_v^2$$
$$= S q_v^2 \tag{1-51}$$

式中 S 为串联管路总的综合阻力数,它等于各管段综合阻力数之和。即

$$S = S_1 + S_2 + S_3 \tag{1-52}$$

5.2.3 并联管路计算

由两个以上简单管路的入口端及出口端分别连接在一起所组成的管道叫并联管路，如图 1-42 所示。并联管路的特点是：总管流量等各支管流量之和，各并联支路的水头损失相等。

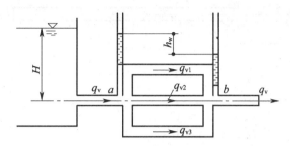

图 1-42 并联管路

在图 1-42 中，

$$q_v = q_{v1} + q_{v2} + q_{v3} \tag{1-53}$$

$$h_w = h_{w1} = h_{w2} = h_{w3}$$

或

$$\left(\lambda_1 \frac{l_1}{d_1} + \sum \xi_1\right)\frac{v_1^2}{2g} = \left(\lambda_2 \frac{l_2}{d_2} + \sum \xi_2\right)\frac{v_2^2}{2g} = \left(\lambda_3 \frac{l_3}{d_3} + \sum \xi_3\right)\frac{v_3^2}{2g}$$

$$S_1 q_{v1}^2 = S_2 q_{v2}^2 = S_3 q_{v3}^2 = S q_v^2 \tag{1-54}$$

因为 $h_w = S q_v^2$，亦即

$$q_v = \sqrt{\frac{h_w}{S}},\ q_{v1} = \sqrt{\frac{h_{w1}}{S_1}},\ q_{v2} = \sqrt{\frac{h_{w2}}{S_2}},\ q_{v3} = \sqrt{\frac{h_{w3}}{S_3}} \tag{1-55}$$

将上式代入式（1-53）得

$$\frac{1}{\sqrt{S}} = \frac{1}{\sqrt{S_1}} + \frac{1}{\sqrt{S_2}} + \frac{1}{\sqrt{S_3}} \tag{1-56}$$

上式说明，并联管路总的综合阻力数平方根倒数等于各支管综合阻力数平方根倒数之和。式（1-54）可写成连比形式

$$q_{v1} : q_{v2} : q_{v3} = \frac{1}{\sqrt{S_1}} : \frac{1}{\sqrt{S_2}} : \frac{1}{\sqrt{S_3}} \tag{1-57}$$

上式表明了并联管路流量分布规律，即综合阻力数大的支路其流量小，综合阻力数小的支路流量大。

5.2.4 均匀泄流管路

前面讲述的管路系统均为各管段流量不变的简单管路系统，在实际工程中，还会遇到沿管段不断产生流量泄出的管路，这种管路称为沿程泄流管路。如市政供水管路沿程供水、煤气管路沿程供气、送风系统沿程经送风口送风等，都属于沿程泄流管路。

对于沿程泄流管路，管段的流量包括两部分：① 沿着管长不断向外泄出的流量，称为沿程泄出流量；② 沿着本管段传输到下游管段的流量，称为传输流量。

沿程泄流管路最简单的情况是管段上各单位长度的沿程泄流量相等。这种泄流管路称为沿程均匀泄流管路，如图 1-43 所示。对于局部损失所占比例很小的管路，可按下式计算

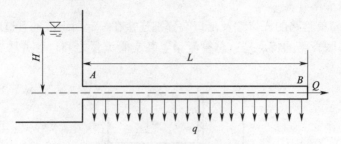

图 1-43 沿程均匀泄流管路

$$H_e = h_f = AL\left(Q^2 + QqL + \frac{1}{3}q^2L^2\right) \tag{1-58}$$

式中 H_e——沿程均匀泄流管路的作用水头，m；

h_f——沿程均匀泄流管路的水头损失，m；

A——沿程均匀泄流管路的比阻，s^2/m^6；

L——沿程均匀泄流管路的总长度，m；

Q——沿程均匀泄流管路的传输流量，m^3/s；

q——沿程均匀泄流管路的单位管长泄出流量，$m^3/(s \cdot m)$。

比阻 A 的值及其修正系数可从表 1-7、表 1-8、表 1-9 中查得。

钢管的比阻 A 值　　　　表 1-7

水煤气管		中等管径		大管径	
公称直径 D_g (mm)	A (Q 为 m^3/s)	公称直径 D_g (mm)	A (Q 为 m^3/s)	公称直径 D_g (mm)	A (Q 为 m^3/s)
15	8809000	125	106.2	400	0.2062
20	1643000	150	44.95	450	0.1089
25	436700	175	18.96	500	0.06222
32	93860	200	9.273	600	0.02384
40	44530	225	4.822	700	0.01150
50	11080	250	2.583	800	0.005665
65	2893	275	1.535	900	0.003034
80	1168	300	0.9392	1000	0.001736
100	267.4	325	0.6088	1200	0.0006605
125	86.23	350	0.4078	1300	0.0004322
150	33.95			1400	0.0002918

铸铁管的比阻 A 值　　　　　　　　　　　　　　　　　　　　　　表1-8

内径 (mm)	A (Q 为 m³/s)	内径 (mm)	A (Q 为 m³/s)	内径 (mm)	A (Q 为 m³/s)
50	15190	250	2.752	600	0.02602
75	1709	300	1.025	700	0.01150
100	365.3	350	0.4529	800	0.005665
125	110.8	400	0.2232	900	0.003034
150	41.85	450	0.1195	1000	0.001736
200	9.029	500	0.06839		

钢管和铸铁管比阻 A 值的修正系数 K　　　　　　　　　　　　　表1-9

v (m/s)	K	v (m/s)	K	v (m/s)	K
0.2	1.41	0.5	1.15	0.8	1.06
0.25	1.33	0.55	1.13	0.85	1.05
0.3	1.28	0.6	1.115	0.9	1.04
0.35	1.24	0.65	1.10	1.0	1.03
0.4	1.20	0.7	1.085	1.1	1.015
0.45	1.175	0.75	1.07	≥1.2	1.00

【**例 1-26**】如图 1-44 所示，某水塔供水管路，管段 BC 沿程泄流，单位管长的泄出流量 $q = 0.15$ L/(s·m)，末端出流量 $Q = 10$ L/s，要求 C 节点断面的压强水头为 $H_C = 12$m。管长 $L_1 = 250$m，$L_2 = 150$m；管径 $d_1 = 200$mm，$d_2 = 150$mm。试计算该管路所需要的作用水头 H_e 和水塔的高度 H_0 为多少？（管材为铸铁管）。

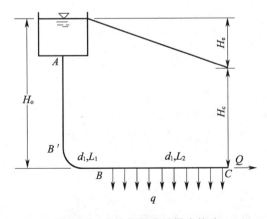

图 1-44　有均匀泄流的供水管路

【**解**】对于管段 AB，
其流量为

$$Q_1 = Q + qL_2 = 10 + (0.15 \times 150)$$
$$= 32.5 \text{L/s} = 0.0325 \text{m}^3/\text{s}$$

管内流速为

$$v_1 = \frac{4Q}{\pi d_1^2} = \frac{4 \times 0.0325}{\pi (0.2)^2} = 1.03 \text{m/s} \leqslant 1.2 \text{m/s}$$

所以沿程阻力系数可由公式（1-44）$\lambda = \frac{0.0179}{d^{0.3}}\left(1 + \frac{0.867}{v}\right)^{0.3}$ 求得

另外局部阻力不计，即

$$h_w \approx h_f$$

故

$$H_1 = h_{f1} = \lambda \frac{L}{d} \frac{v^2}{2g} = \frac{0.0179}{(0.2)^{0.3}} \times \left(1 + \frac{0.867}{1.03}\right)^{0.3} \times \frac{250}{0.2} \times \frac{(1.03)^2}{2 \times 9.8} = 2.45 \text{m}$$

对于均匀泄流管段 BC，查表 1-8 得 $A = 41.85$ 所以

$$H_2 = AL\left(Q^2 + QqL + \frac{1}{3}q^2L^2\right)$$
$$= 41.85 \times 150 \times \left(10^2 + 10 \times 0.15 \times 150 + \frac{1}{3} \times 0.15^2 \times 150^2\right) \times 10^{-6}$$
$$= 3.10 \text{m}$$

则管路所需要的作用压头为

$$H_e = H_1 + H_2 = 2.45 + 3.10 = 5.55 \text{mH}_2\text{O}$$

水塔高度为

$$H_0 = H_e + H_C = 5.55 + 12 = 17.55 \text{m}$$

5.3 管网水力计算基础

一切复杂管路，即管网，均由简单管路、串联管路、并联管路组合而成。管网按其布置方式，可分为枝状管网和环状管网两大类，如图 1-45 所示。枝状管网的各支管路从某节点分出后，不再与其它管段汇合。所以管线总长度较短。环状管网的管路连成闭和环路，管线总长度较长，但工作可靠性较高，不会由于某一管段发生故障需要检修而中断该管段以后各管段的正常工作。

5.3.1 枝状管网

图 1-45（a）是枝状供水管网，主干管段为 A-B-C-D，支管段为 B-B'、C-C'、D-D' 和 D-E。这种管网实质上是属于串联管路系统，所以符合串联管路的流动规律。

设管网总流量 $Q_{AB} = Q$，末端管段流量 $Q_{DE} = Q_0$，即

$$Q = Q_0 + q_3 + q_2 + q_1$$

其中
$$Q_{CD} = Q_0 + q_3$$
$$Q_{BC} = Q_{CD} + q_2 = Q_0 + q_3 + q_2$$

在枝状管网计算时，首先要确定最不利供应点和最不利管路。在图 1-45（a）中，设最不利管路为 A-B-C-D-E，在确定水塔总水头时，除了干管段 A-B-C-D 需计入外，支管段只计入 D-E 段，B-B'、C-C' 和 D-D' 各支管段均不计入。

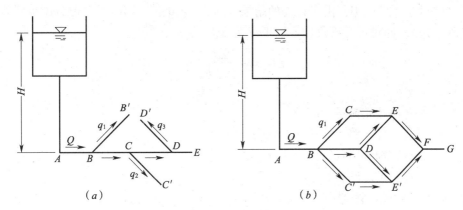

图 1-45 供水管网
(a) 枝状管网；(b) 环状管网

按串联管路各管段水头损失叠加的原理，水塔的作用压头 H_e 为

$$H_e = \sum h_f$$

所以

$$H = h_{w(A-B)} + h_{w(B-C)} + h_{w(C-D)} + h_{w(D-E)} \tag{1-59}$$

如末端供应点所要求的自由水头为 H_C，则水塔所应具备的总水头 H 为

$$H = H_e + H_C \tag{1-60}$$

5.3.2 环状管网

图 1-45（b）是环状供水管网。其特点是管段在某一共同的节点断面分支。如 B 节点，然后又在另一共同节点断面汇合，如节点 F。环状管网是由若干并联管路组合而成的。因此，它符合并联管路的流动规律。

(1) 根据质量平衡规律，任一节点断面，如 D 节点，流入节点和流出处节点的流量相等，即

$$\sum Q_D = 0 \tag{1-61}$$

或

$$Q_{BD} = Q_{DE} + Q_{DE'} \tag{1-62}$$

(2) 根据并联管路各支管段水头损失相等的关系，如规定顺时针方向的水头损失为正，逆时针方向的水头损失为负，则在任一闭和环路中，各管段水头损失的代数和等于零，称为环路闭和。对于 $DEFE'D$ 即有

$$\sum h_{w(i)} = \sum h_{w(DEFE'D)} = 0 \tag{1-63}$$

当整个环状管网的布置（包括各管段的长度）及各节点的出流量已经确定，管网水力计算的目的就在于决定各管段通过的流量和管径，从而决定整个管网所需要的总水头。

(3) 关于环状管网的计算方法，应用较多的是哈代—克罗斯法，其计算程序如下

1) 将管网分成若干计算环路，先按节点流量平衡规律 $\sum Q_i = 0$ 对各管段进行流量分配。流量分配完毕后，选取流速，然后确定各管段的直径 d（流速的选取问题，将在各专业课中介绍）。

2) 按照以上给定的分配流量与各管段水头损失的正负值，计算每一个环路各管段水头损失的代数和 $\sum h_{w(i)}$。

3) 确定校正流量 ΔQ：由于计算的结果 $\sum h_{w(i)} \neq 0$，所以必须对原分配流量进行校正（也称平差），即对每个管段加入校正流量 ΔQ。

$$\Delta Q = -\frac{\sum h_{w(i)}}{2\sum \frac{h_{w(i)}}{Q_i}} \tag{1-64}$$

式中　ΔQ——环路校正流量，m^3/s；

　　　$\sum h_{w(i)}$——校正前环路各管段水头损失代数和，m；

　　　$h_{w(i)}$——校正前环路各管段水头损失，m；

　　　Q_i——校正前环路各管段分配流量，m^3/s。

4) 确定了 ΔQ 以后，将各管段原分配流量 Q_i 加上 ΔQ 值，便得到第一次校正后的流量 Q_{1i}。

5) 根据校正后各管段的流量 Q_{1i}，计算相应各管段的水头损失 $h_{w(i)}$，并校核校正后的 $\sum h_{w1(i)}$ 是否等于零。

6) 按同样的程序，重复计算第二、第三次校正后的流量 Q_{2i}、$Q_{3i}\cdots$，直到 $\sum h_{w(i)} < \Delta h$ 为止。从理论上讲，最后校正的结果必需满足 $\sum h_{w(i)} = 0$，从工程实际出发，满足 $\sum h_{w(i)} < \Delta h$ 指的是最后校正结果达到工程精度的要求，Δh 称为允许闭和差。

【例 1-27】如图 1-46 给出两个闭合环路的管网，l、D、Q 已标在图上。忽略局部阻力，试求第一次校正后的流量。

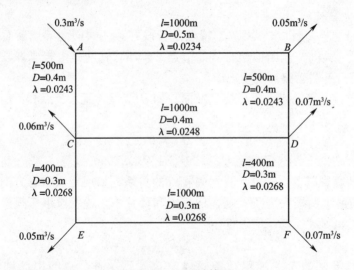

图 1-46　环网计算图

【解】1) 按节点 $\sum Q_i = 0$ 分配各管段的流量，列在表 1-10 中假定流量栏内。

2) 计算各管段阻力损失 $h_{w(i)}$

$$h_{w(i)} = \lambda_i \frac{l_i}{D_i} \frac{1}{2g} \left(\frac{4}{\pi D_i^2}\right)^2 Q_i^2 = S_i Q_i^2$$

$$S_i = \lambda_i \frac{l_i}{D_i} \frac{1}{2g} \left(\frac{4}{\pi D_i^2}\right)^2$$

环网计算表　　　　　　　　　表 1-10

环路	管段	假定流量 Q_i	S_i	$h_{w(i)}$	$\dfrac{h_{w(i)}}{Q_i}$	ΔQ	管段校正流量	校正后流量 Q_{1i}
I	AB	+0.15	59.76	+1.3346	8.897	−0.0014	−0.0014	0.1486
	BD	+0.10	98.21	+0.9821	9.821		−0.0014	0.0986
	DC	−0.01	196.42	−0.0196	1.960		−0.0014 −0.0175	−0.0289
	CA	−0.15	98.21	−2.2097	14.731		−0.0014	−0.1514
	Σ			0.0874	35.410			
II	CD	+0.01	196.42	+0.0196	1.960	0.0175	+0.0014 +0.0175	0.0289
	DF	+0.04	364.42	+0.5830	14.575		0.0175	0.0575
	FE	−0.03	911.05	−0.8199	27.330		0.0175	−0.0125
	EC	−0.08	364.42	−2.3323	29.154		0.0175	−0.0625
	Σ			−2.5496	73.019			

λ_i 在图中各管段上已注出。

先算出 S_i，再计算 $h_{w(i)}$，分别填入表中相应栏中。列出各管段 $\dfrac{h_{w(i)}}{Q_i}$ 之比值，并计算 $\sum h_{w(i)}$、$\sum \dfrac{h_{w(i)}}{Q_i}$。

3）按校正流量计算公式（1-64），计算出环路中的校正流量 ΔQ

$$\Delta Q = -\frac{\sum h_{w(i)}}{2\sum \dfrac{h_{w(i)}}{Q_i}}$$

4）将求得的 ΔQ 加到原假定流量上，便得出第一次校正后流量。

5）注意：在两环路的共同管段上，相邻环路的 ΔQ 符号应反号再加上去。参看表 1-10 中 CD、DC 管段的校正流量。

小　　结

一、流体的基本概念

1. 流体的主要物理性质：流体的密度和重度；流体的黏滞性；流体的压缩性和热胀性。

2. 作用在流体上的力：表面力和质量力。

二、流体静力学

1. 流体静压强及其特性：流体静压强的概念和单位；流体静压强的两个重要基本

特性：

(1) 流体静压强的方向垂直于作用面，并指向作用面。

(2) 任意一点各方向的流体静压强均相等。

2. 流体静压强的分布规律及方程式：$p = p_0 + \rho g h$。

3. 流体静压强的另外一种表达形式为：$z + \dfrac{p}{\gamma} = C$（常数）；以及该式的物理学、水力学和几何学意义。

4. 基本方程式的条件和它的基本应用：等压面；连通器；液体静压强的等值传递：$P_2 = \dfrac{A_2}{A_1} P_1$；压强差的测定：$\Delta p = p_1 - p_2 = \rho_0 g h$。

5. 流体静压强的测量：静压强的两种计算基准：绝对压强、相对压强；压强的三种度量单位：

(1) 单位面积上所受的力；

(2) 大气压的倍数；

(3) 液柱高度。

6. 测压计：液柱式测压计：(1) 测压管，(2) 差压计，(3) 微压计；金属压力表。

三、流体动力学

1. 流体运动的基本概念：压力流与无压流；恒定流与非恒定流；流线与迹线；均匀流与非均匀流；过流断面、流量和断面平均流速。

2. 恒定流的连续性方程式：$\dfrac{A_1}{A_2} = \dfrac{v_2}{v_1}$。

当有流量流出时，连续性方程式可表达为：$q_{v1} = q_{v2} + q_{v3}$；

当有流量流入时，连续性方程式可表达为：$q_{v1} + q_{v2} = q_{v3}$。

3. 恒定流能量方程式：理想流体恒定流能量方程式：

$$z_1 + \dfrac{p_1}{\gamma} + \dfrac{v_1^2}{2g} = z_2 + \dfrac{p_2}{\gamma} + \dfrac{v_2^2}{2g}$$。

实际流体恒定流能量方程式：

(1) 液体 $z_1 + \dfrac{p_1}{\gamma} + \dfrac{\alpha_1 v_1^2}{2g} = z_2 + \dfrac{p_2}{\gamma} + \dfrac{\alpha_2 v_2^2}{2g} + h_{w1-2}$。

(2) 气体 $p_1 + \dfrac{v_1^2}{2g}\gamma = p_2 + \dfrac{v_2^2}{2g}\gamma + p_{w1-2}$。

4. 能量方程的意义：恒定流实际液体能量方程式的物理学、水力学和几何学意义；恒定流实际气体能量方程式中的静压、动压和全压。

5. 能量方程的适用条件：若两断面间有机械能的输入和输出时，能量方程式应改写为：

$$z_1 + \dfrac{p_1}{\gamma} + \dfrac{\alpha_1 v_1^2}{2g} \pm H = z_2 + \dfrac{p_2}{\gamma} + \dfrac{\alpha_2 v_2^2}{2g} + h_{w1-2}$$

或

$$p_1 + \dfrac{v_1^2}{2g}\gamma \pm \gamma H = p_2 + \dfrac{v_2^2}{2g}\gamma + p_{w1-2}$$

以及能量方程式各项的选取方法。

6. 能量方程式应用实例：文丘里流量计：

$$Q = \mu K \sqrt{\left(z_1 + \frac{p_1}{\gamma}\right) - \left(z_2 + \frac{p_2}{\gamma}\right)}$$

毕托管：$\mu = \psi \sqrt{\frac{\Delta p}{\gamma} 2g}$；

确定水泵的安装高度：$H_g = H_v - \frac{v_2^2}{2g} - h_w$。

四、流动阻力和能量损失

1. 基本概念：

流动阻力的两种形式：沿程阻力和局部阻力；

能量损失的两种形式：沿程损失和局部损失；

流体流动的两种形态：层流和紊流；

流态的判别准则——临界雷诺数：$\mathrm{Re} = \frac{vd\rho}{\mu} = \frac{vd}{\nu}$。

2. 沿程水头损失的计算：基本计算公式：

$$h_f = \lambda \frac{L}{d} \frac{v^2}{2g} \text{ 或 } p_f = \gamma h_f = \lambda \frac{L}{d} \frac{v^2}{2g} \gamma$$

沿程阻力系数的确定：层流 $\lambda = \frac{64}{\mathrm{Re}}$，紊流 $\lambda = 0.11 \left(\frac{\Delta}{d} + \frac{68}{\mathrm{Re}}\right)^{0.25}$。

3. 局部水头损失的计算：基本计算公式：

$$h_j = \xi \frac{v^2}{2g} \text{ 或 } p_j = \gamma h_j = \xi \frac{v^2}{2g} \gamma$$

局部阻力系数的确定：查表。

4. 减少阻力的措施：减少流动阻力的两条基本途径；常用的减少阻力的措施。

五、管路的水力计算

1. 管路水力计算的常见类型：

已知流量和管道布置，确定管径和水头损失；

已知管径和允许的水头损失，确定流量；

已知流量和水头损失，确定管径。

2. 管路的水力计算：

简单管路计算：$h_w = S q_v^2$ 或 $p_w = \gamma h_w = \gamma S q_v^2$；

串联管路计算：$h_w = S_1 q_{v1}^2 + S_2 q_{v2}^2 + S_3 q_{v3}^2 = (S_1 + S_2 + S_3) q_v^2$；

并联管路计算：$q_{v1} : q_{v2} : q_{v3} = \frac{1}{\sqrt{S_1}} : \frac{1}{\sqrt{S_2}} : \frac{1}{\sqrt{S_3}}$；

均匀泄流管路：$H_e = h_f = AL\left(Q^2 + QqL + \frac{1}{3}q^2L^2\right)$。

3. 管网水力计算：

枝状管网：$H_e = \sum h_f$；

环状管网：$\sum Q_D = 0$ 和 $\sum h_{w(i)} = 0$；

环状管网的计算方法：哈代—克罗斯法，校正流量 $\Delta Q = -\dfrac{\sum h_{w(1)}}{2\sum \dfrac{h_{w(i)}}{Q_i}}$。

思考题与习题

1-1 流体与固体有哪些区别？流体具有哪些特性？液体和气体有哪些区别？

1-2 什么是流体的黏滞性？它什么条件下才显示出来？它对流体的运动有何影响？

1-3 计算 20℃ 时 $4m^3$ 水和空气的质量。

1-4 有一圆柱形水箱，直径 3m，高 2m，上端开口，箱中盛满 10℃ 清水，如将水加热到 90℃，试问有多少体积的水从水箱中溢出？

1-5 已知空气的密度 $\rho = 1.205kg/m^3$，动力黏度 $\mu = 0.0183 \times 10^{-3} Pa \cdot s$，求它的运动黏度 v。

1-6 什么是流体静压强？流体静压强有什么基本特性？

1-7 流体静压强的分布规律是什么？流体静压强基本方程式 $p = p_0 + \rho g h$ 和 $z + \dfrac{p}{\gamma} = C$（常数）的物理学、水力学和几何学意义各是什么？

1-8 某工厂自高位水池引出一条管路 AB，向车间供水，如图 1-47 所示，现因发生事故，关闭阀门 B，问此时阀门 B 处的绝对压强和相对压强分别是多少？（设大气压强为 $p_a = 100kPa$）。

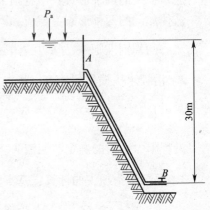

图 1-47 题 1-8 图

1-9 试求图 1-48 中 A、B、C 各点的相对压强。已知当地大气压强 $p_b = 98.1kN/m^2$，水的密度为 $1000kg/m^3$。

1-10 分别求出图 1-49 所示四种情况下 A 点的表压强（$\rho_1 = 850kg/m^3$，$\rho_2 = 13600kg/m^3$，$\rho_3 = 1000kg/m^3$）。

1-11 有两个大小不同，互相连通的圆筒，充满水，在两个圆筒上各装一个活塞，如图 1-14 所示。小活塞的直径 $d_1 = 100mm$，在小活塞上施加 $P_1 = 1000N$，要想在大活塞上产生的力 $P_2 = 9000N$ 的力，则大活塞直径 d_2 应为多少？

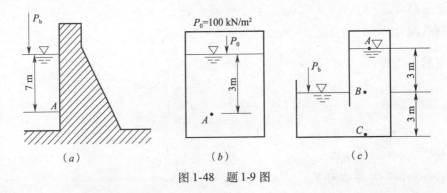

图 1-48 题 1-9 图

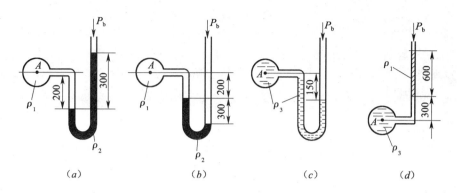

(a)　　　　　　(b)　　　　　　(c)　　　　　　(d)

图 1-49　题 1-10 图

1-12 用复式测压计测量两点的压强差，如图 1-50 所示，已知 $h_1 = 0.5\text{m}$，$h_2 = 0.2\text{m}$，$h_3 = 0.15\text{m}$，$h_4 = 0.25\text{m}$，$h_5 = 0.4\text{m}$，$\rho_1 = 1000\text{kg/m}^3$，$\rho_2 = 800\text{kg/m}^3$，$\rho_3 = 13600\text{kg/m}^3$。试求 A、B 两点的压强差。

1-13 在水泵的进口断面 1 和 2 处安装水银压差计，如图 1-51 所示，测得 $\Delta h = 120\text{mm}$，问水经水泵后压强增加了多少？若管道中通过的不是水，而是空气，并将水泵改为风机，则经过此风机后，空气压强增加了多少？

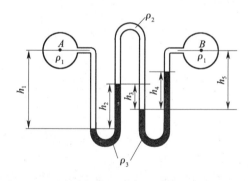

图 1-50　题 1-12 图

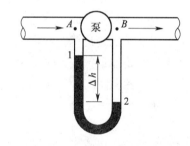

图 1-51　题 1-13 图

1-14 什么是恒定流与非恒定流？什么是有压流与无压流？

1-15 什么是过流断面、流量和断面平均流速？它们之间的关系是什么？

1-16 恒定流能量方程式的实质是什么？它的物理学、水力学、几何学意义是什么？

1-17 有一直径为 150mm 的给水管道，其流量为 6L/s，试求其质量流量和断面平均流速（水的密度为 1000kg/m^3）。

1-18 有一圆形通风管道，直径 $d = 0.4\text{m}$，若管内风速 $v = 5\text{m/s}$，空气的密度 $\rho = 1.293\text{kg/m}^3$，试求管内空气的质量流量和体积流量。

1-19 某给水管流量为 120L/s，流速为 1.0m/s，试选该水管的管径。

1-20 如图 1-52 所示，有一变径给水管，断面 1-1 的直径 $d_1 = 200\text{mm}$，断面 2-2 的直径 $d_2 = 150\text{mm}$，若断面 1-1 的平均流速 $v_1 = 0.5\text{m/s}$，求断面 2-2 处的平均流速 v_2 是

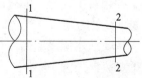

图 1-52　题 1-20 图

多少？

1-21 有一输水管道，经三通管形成分流，已知管径 $d_1 = d_2 = 200$mm，$d_3 = 100$mm，如图 1-53 所示，若断面平均流速 $v_1 = 3$m/s，$v_2 = 1.5$m/s，试求 v_3 是多少？

1-22 如图 1-54 所示，一水平管道直径 $d_1 = 200$mm，$d_2 = 400$mm，断面 1—1 中心处的压强 $p_1 = 160$kPa，$v_1 = 2.0$m/s，能量损失不计，试求断面 2—2 中心处的压强 p_2 是多少？

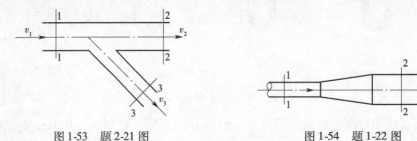

图 1-53　题 2-21 图　　　　　　图 1-54　题 1-22 图

1-23 如图 1-33 所示，用文丘里管和水银压差计测水的流量，水银压差计的读数 $\Delta h = 800$mm，如管径 $d_1 = 250$mm，喉管直径 $d_2 = 100$mm，流量系数 $\mu = 0.98$，求水的流量。

1-24 如图 1-35 所示，用毕托管测量气体管道中心处的流速 v_{max}，毕托管与酒精微压计相连，已知管道直径 $d = 200$mm，$\sin\alpha = 0.2$，$l = 100$mm，气体的密度为 1.293kg/m^3，酒精的密度为 800kg/m^3，$v_{max} = 1.2v$。试求被测流体的平均流速和流量。

1-25 如图 1-36 所示，离心水泵的流量 $q_v = 0.02$m^3/s，吸水管直径 $d = 100$mm，水泵进口处真空表的读数 $p_v = 68.6$kN/m^2，吸水管的能量损失 $h_w = 3$m。求水泵在此流量下的几何安装高度（水的密度为 1000kg/m^3）。

1-26 什么是能量损失？能量损失形成的原因是什么？

1-27 减少流动阻力损失的主要途径有哪些？

1-28 某有压管流，直径 $d = 0.1$m，管中流速 $v = 1$m/s，水温 $t = 15$℃，试判别其流动形态。有当流速为多少时，流动形态才发生变化？

1-29 某低速送风管道，直径 $d = 300$mm，风速 $v = 3.5$m/s，空气温度 $t = 30$℃。试判别管道内空气的流态，并确定临界流速。

1-30 某铸铁输水管路，内径 $d = 250$mm，流量 $Q = 60$L/s，求该管段每公里长的沿程压强损失和水头损失。

1-31 沿直径 $d = 200$mm，长度 $l = 3000$m 的旧无缝钢管输送石油，其平均流速 $v = 0.8$m/s，在夏季该石油的平均运动黏度 $\nu = 0.355 \times 10^{-4}$m^2/s，试求夏季时石油在这段管道中的沿程水头损失。

1-32 如图 1-55 所示，水箱 A 内的水经直径 $d = 45$mm 的管道流入水箱 B，若水箱 A 液面上的相对压强 $p_0 = 98.1$kPa，且 $H_1 = 1$m，$H_2 = 5$m，不计沿程水头损失，试求管内水的流量。C 处为闸阀，$\xi_2 = 0.5$，90°弯头曲率半径 $R = 45$mm。

1-33 从水源汲取的冷却水在直径 125mm 的钢管中输送，管路总长度为 200m，管路允许的水头损失为 3m 水柱，水在管道中的允许流速范围为 $0.8 \sim 1.5$m/s，试求管路中冷却水的最大流量。设冷却水的运动黏度为 $\nu = 1.007 \times 10^{-6}$m^2/s，钢管的当量粗糙度 $\Delta = 0.046$mm。

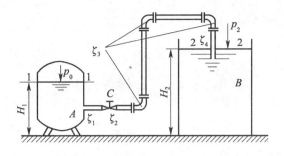

图 1-55 题 1-32 图

1-34 在供水点到用水点之间设置一根钢管,全长 500m,作用水头 $H_e = 10$m,要求通过的流量 $Q = 225$L/s。试确定管道直径。

1-35 图 1-56 为一水平安置的通风机,吸入管 $d_1 = 200$mm,$l_1 = 10$m,$\lambda = 0.02$。压出管为直径不同的两段管段串联组成,$d_1 = 200$mm,$l_2 = 50$m,$\lambda = 0.02$,$d_3 = 100$mm,$l_3 = 50$m,$\lambda = 0.02$。空气密度为 $\rho = 1.2$kg/m³,风量为 0.15m³/s,不计局部阻力,试计算风机应产生的总压强为多少?如果流量提高到 0.16m³/s,风机总压有无变化?

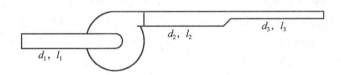

图 1-56 题 1-35 图

1-36 有一简单并联管路如图 1-57 所示,总流量 $Q = 80 \times 10^{-3}$m³/s,$\lambda = 0.02$,求两管段上的流量及两节点间的水头损失。第一支路 $d_1 = 200$mm,$l_1 = 600$m,第二支路 $d_2 = 200$mm,$l_2 = 360$m。

1-37 如图 1-58 所示,某水塔输水管道向 B、C、D 处供水,已知 $Q_B = 18$L/s,$Q_C = 13$L/s,$Q_D = 12$L/s,$L_{AB} = 800$m,$L_{BC} = 600$m,$L_{CD} = 700$m,管材为钢管。水塔水面与供水点 D 之间的高差 $H = 30$m,D 点需要自由水头为 10m。试确定管段 AB、BC、CD 的直径。

1-38 将例 1-25 环状管网流量计算,进行第二次校正计算。

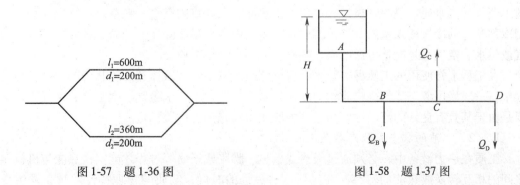

图 1-57 题 1-36 图   图 1-58 题 1-37 图

单元 2　工程热力学

知识点：工程热力学的基本概念，理想气体状态方程，理想气体基本热力过程，热力学第一、二定律，水蒸气，湿空气，喷管、扩压管、节流等。

教学目标：理解工质、热力系统及基本状态参数；掌握理想气体状态方程和理想气体定律及应用；掌握热能、内能等基本概念；掌握热力学第一定律的实质；了解四种基本热力过程中热力学第一定律的表达和应用；掌握水蒸气的基本概念；了解水蒸气的定压发生过程；会查水蒸气的焓-熵图。掌握湿空气的性质；会查湿空气的焓-湿图；了解湿空气的基本热力过程；了解喷管与节流的概念、作用，掌握喷管与节流流动的过程特点；了解喷管和节流阀的工程应用。

热力学是研究热能与其他能量（如机械能、电能、化学能等）转换关系的学科，工程热力学主要是研究热能和机械能之间的转换规律，是热力学的一个重要分支。本单元主要讲述：工程热力学的基本概念及理想气体状态方程；能量转换的客观规律，即热力学的基本定律；理想气体基本热力过程；参与能量转换与传递的工作介质（水蒸气、湿空气）的热力性质。

课题 1　基本概念和气态方程

1.1　工质及其基本状态参数

1.1.1　工质

在热力工程中，热能与机械能的转换以及热能的转移，都是借助一种媒介物质来完成的，这种将热能转变为机械能的媒介物质叫做工质。例如，在锅炉中，燃料燃烧产生的高温烟气将热能传递给锅炉中的水使之变为高温高压的水蒸气。在采暖系统中，锅炉中产生的水蒸气或热水通过热网管道送入室内的散热器，加热室内空气。在空调系统中，冷水将制冷剂产生的冷量送入室内空调末端设备，使室内空气温度降低。此时，高温烟气、水蒸气或热水、空气都是能量传递的媒介物质，他们也都是工质。

在工程上常使用的工质种类很多，有气体状态的，也有液体和固体状态的。在热力工程中，一般采用液态或气态物质作为工质，如：空气、水、水蒸气、湿空气、烟气等，主要是由于其具有良好的流动性，而且其膨胀能力大，热力性质稳定。

1.1.2　工质的状态和状态参数

工质在热力设备中，必须通过吸热或放热、膨胀或压缩等过程才能实现热能与机械能之间的相互转换或热能的转移。在经历这些过程的时候，工质的物理特性随时在发生变化，也就是说，它们的状态随时在发生变化。工质在某一时刻的宏观物理状况称为工质的热力状态，简称为状态。描述工质热力状态的一些宏观物理量，称为热力状态参数，简称为状态参数。如温度、压力等物理量。对于某一确定的热力状态来说，它的状态参数便有确定的数值，若工质状态参数发生变化，则状态参数的数值也随之发生变化。

在工程热力学中，常用的工质状态参数有温度、压力、比体积、内能、焓和熵等，其中温度、压力、比体积，可以直接或间接用仪表测量出来，称为三个基本状态参数。内能、焓和熵，可用公式推导计算出来，称为导出状态参数。

（1）比体积

单位质量工质所具有的容积称为工质的比体积，用符号 v 表示。若工质质量为 m kg，所占有的容积为 V m³，则工质的比体积为

$$v = \frac{V}{m} \text{m}^3/\text{kg} \tag{2-1}$$

单位容积工质所具有的质量称为工质的密度，用符号 ρ 表示。若工质质量为 m kg，所占有的容积为 V m³，则工质的密度为

$$\rho = \frac{m}{V} \text{kg/m}^3 \tag{2-2}$$

从以上两个式中可以看出 v 与 ρ 互成倒数，即

$$v \cdot \rho = 1 \tag{2-3}$$

它们实际上是同一个状态参数，可以根据实际需要选用 v 或 ρ。需要注意的是容积 V 不是状态参数，因为 $V = m \cdot v$，当状态参数不变时，由于物质质量 m 的变化也会引起容积 V 的变化。

（2）温度

温度是表示工质冷热程度的标志。当两个冷热程度不同的物体发生相互接触时，热物体变冷、冷物体变热，最终达到相同的冷热程度，这就是热平衡。显然，处于热平衡的两个物体具有相同的温度。如果两个物体都与第三个物体处于热平衡，那么这三者彼此均处于热平衡，也具有相同的温度。

根据分子运动论学说，温度是大量分子无规则热运动的强烈程度的标志，也是分子热运动平均移动动能的量度，对于气体

$$\frac{m\bar{w}^2}{2} = BT \tag{2-4}$$

式中 $\dfrac{m\bar{w}^2}{2}$ ——分子平移运动平均动能。m 表示一个分子的质量，$\bar{w}$ 表示分子平移运动的均方根速度；

B ——比例常数；

T ——热力学温度。

从上式可见工质的热力学温度与工质内部分子的平移运动平均动能成正比。温度愈高、分子运动速度愈快，温度愈低、分子运动速度愈慢；反之亦然。

温度的数值标尺，称为温标。任何一种温标的建立都必须确定基本定点和分度方法。在国际单位制（SI）中，采用热力学温度为理论温标，符号为 T，单位为 K（开尔文）。纯水的三相点，即冰、水、汽三相共存平衡时的状态点，为热力学温标的基本定点，规定其为热力学温度 273.16K；每 1K 为纯水三相点温度的 $\dfrac{1}{273.16}$。

国际单位制中还规定摄氏温标为实用温标,符号为 t,单位为℃(摄氏度)。它是取标准大气压下,冰融化时的温度定为摄氏零度(0℃),水沸腾时的温度为摄氏一百度(100℃),将上述两点之间等分为 100 格,每格为一度。

摄氏温度按下式定义

$$t = T - 273.16 \tag{2-5}$$

即 $t=0$℃时,$T=273.16$K。

可看出摄氏温标与热力学温标的分度值相同,摄氏温标的每 1℃与热力学温标的 1K 相同。在工程上可近似地用

$$T = t + 273 \tag{2-6}$$

(3)压力

单位面积上所受到的垂直作用力称为压力,也即物理学中的压强,用符号 p 表示。若以 F 表示工质施加于容器壁上的垂直作用力,以 f 表示容器壁的承压总面积,有

$$p = \frac{F}{f} \tag{2-7}$$

按分子运动论观点,气体的分子不断进行无规则的热运动,大量分子碰撞容器壁的结果,就产生了压力。气体对器壁压力的大小,取决于单位时间内受到分子撞击次数,以及每次撞击力的大小。可见压力的大小与分子的动能和分子的浓度有关。

$$p = \frac{2}{3}n\frac{m\bar{w}}{2} = \frac{2}{3}nBT \tag{2-8}$$

式中 p——单位面积上的绝对压力;

n——分子浓度,即单位容积内含有的气体分子数。

在 SI 单位制中,压力的基本单位为帕斯卡,以符号 Pa 表示。

$$1\text{Pa} = 1\text{N/m}^2 \text{(牛顿/米}^2\text{)}$$

由于 Pa 单位很小,在工程上常将其扩大千倍或百万倍,有千帕(kPa)或兆帕(MPa)。

$$1\text{kPa} = 1000\text{Pa} = 10^3\text{Pa}$$
$$1\text{MPa} = 1000000\text{Pa} = 10^6\text{Pa}$$

国际单位制中还规定了压力的暂时并用单位巴(bar)。

$$1\text{bar} = 10^5\text{Pa} = 0.1\text{MPa}$$

在工程单位制中,采用 at(工程气压)或液柱高度(如:mmHg、mmH$_2$O 等)来表示压力。各种压力单位间的换算关系见表 2-1 所列。

压力单位换算表　　　　　　　表 2-1

帕,Pa,N/m^2 (牛顿/米^2)	工程大气压 kgf/cm^2 (公斤力/厘米^2)	标准大气压 atm (760mmHg)	毫米汞柱 mmHg	毫米水柱 mmH$_2$O
1	1.0197×10^{-5}	0.9869×10^{-5}	0.7510×10^{-2}	0.10197
0.9807×10^5	1	0.9678	735.56	1.00003×10^4
1.0133×10^5	1.03323	1	760.00	1.0333×10^4
9.806	0.9697×10^{-4}	0.9678×10^{-4}	7.3554×10^{-2}	1
1.3332×10^2	1.3595×10^{-3}	1.3158×10^{-3}	1	13.5955

在实际工程中，压力的大小是由各种压力表来测量的，如：弹簧管压力计、U形管压差计等。这些压力表都是根据力的平衡原理进行测量的，如：用弹簧管的弹力、液柱的重力等，与要测的气体压力相平衡。但是这些测量都是在大气环境中进行的，势必受到当地大气压力的影响，所测得的压力值不是气体的实际压力，而是气体的实际压力与当地大气压力的差值。图2-1中用U形管压差计进行测压的原理图就说明了这个问题。

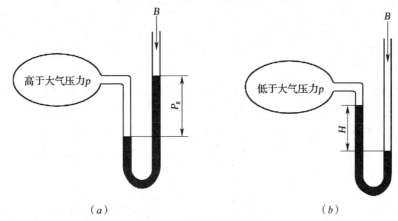

图2-1　U形管压差计

为此将气体的实际压力称为绝对压力，即状态参数 p；将压力表上的读数称为工作压力或相对压力。工作压力又分为两种情况，若当地大气压力记作 B，对于一个密闭的容器，其内部压力可能高于或低于外界的大气压力，也可能与外界的大气压力相等。当容器内的压力高于大气压力时，称其为正压，如图2-2中的1状态；当低于大气压力时，则称其为负压，如图2-2中的2状态；当等于大气压力时，称为常压。$p>B$ 时，压力表的读数称为表压力，用 p_g 表示；$p<B$ 时，压力表的读数称为真空，用 H 表示。从图2-2中可以看出它们的关系

$$p > B 时 \quad p = B + p_g \tag{2-9a}$$
$$p < B 时 \quad p = B - H \tag{2-9b}$$

由此可见，表压力 p_g 表示绝对压力 p 比当地大气压力 B 高了多少；真空度 H 表示绝对压力 p 比当地大气压力 B 低了多少。

【**例2-1**】在蒸汽采暖设备中，蒸汽的相对压力为 10^4Pa，试求安装在该设备上的安全水封高度和绝对压力值。已知当地大气压力为745mmHg。

【**分析**】在蒸汽采暖系统中，蒸汽的绝对压力应大于大气压力，为正压状态，即绝对压力 p = 相对压力 p_g + 大气压力 B，参见图2-1（a）。因此，蒸汽的相对压力 p_g 即为安全水封高度，在计算时换算为米水柱高度。

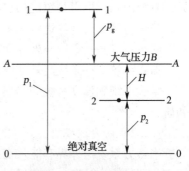

图2-2　三种压力的关系图

【**解**】安全水封高度 $p_g = 10^4$Pa $= 10^4 \times 0.101972 \times 10^{-3} \approx 1.02mH_2$O

蒸汽的绝对压力由公式（2-9a）得

$$p = B + p_g = 745\text{mmHg} + 10^4\text{Pa}$$

$$= 745 \times 1.33332 \times 10^2 + 10^4 = 109332.34\text{Pa} \approx 0.12\text{MPa}$$

1.2 热力系统

1.2.1 热力系统

在研究和分析热力学问题时，为方便起见，根据研究任务的具体要求，常把研究对象从周围物质中分割出来。这种人为分割出来以作为热力学研究的对象叫做热力系统，简称热力系统或系统。系统以外与系统发生作用的物体叫做外界或环境。热力系统与外界之间的分界面称为边界。如图2-3所示气缸中的气体就是研究对象——热力系统；边界以外的物体，如活塞及外界空气都称为外界。

系统的边界可以是实际存在的，也可以是假想的；可以是固定不变的，也可以是可变的或运动着的。图2-3中以气体为研究对象的热力系统的边界是实际边界，随气体的膨胀，活塞上移，其边界又是变化的。如图2-4示意的是不断有工质流进流出的热力设备的情况。如果以设备内的工质是研究对象，则以1-1截面和2-2截面及容器内壁包围的边界是实际存在的，但是假想的。

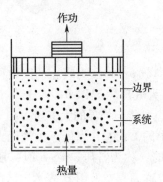

图2-3 闭口热力系统

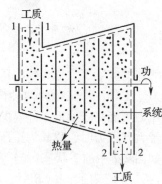

图2-4 开口热力系统

按热力系统与外界进行质量交换的情况可将热力系统分为：

闭口系统——系统与外界可以传递能量，但无物质交换或者说无物质穿过边界，系统内的质量保持恒定不变，如图2-3所示。

开口系统——系统与外界既可以有能量的，又可以有物质交换。或者说有物质穿过边界，系统内物质可以是恒定的也可以是变化的，如图2-4所示。

按热力系统与外界进行能量和质量交换的情况可将热力系统分为：

绝热系统——系统与外界无热量交换，但可以有功量和热量的交换。

孤立系统——系统与外界既无能量交换，又无质量交换。

绝热系统和孤立系统的提出，可将复杂的实际问题简化，以便于对热力学问题的分析和研究。

1.2.2 热力过程

当热力系统与外界有能量交换时，系统的状态就要发生变化。热力系统从一个状态连续变化到另一个状态，则它经过的全部状态称为热力过程，简称过程。能量的相互转换和能量的传递都是通过热力系统中工质的状态变化过程来实现的。

热力系统的状态用状态参数来描述，系统的状态参数之间互有联系，既不是所有的参数都是独立的。例如，气体的温度、压力和比体积这三个状态参数，只要确定了其中的两个，则另一个也就随之确定了。如一定量的气体经历升温降压过程后，气体的体积要增大。如果温度和压力有一定的值，容积也就有了确定的值。这样，热力系统的状态就可用两个独立的状态参数来描述，因此可采用任意两个独立的状态参数组成的直角坐标系来描述工质的状态。以比体积为横坐标，以压力为纵坐标建立起来的直角坐标系称为压容图（p-v），如图2-5所示。热力学中常用的还有温熵图（t-s）、焓熵图（h-s）。

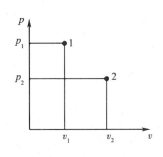 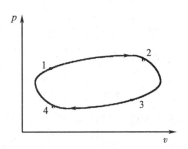

图2-5　状态参数坐标图　　　　　　　图2-6　热力循环示意图

1.2.3　热力循环

将热能转换成机械能是通过气体工质的膨胀来实现的。为了使热能连续不断的变为机械能，必须使膨胀后的工质经过压缩过程回复到最初状态，这样才能使工质重复对外做功。工质经过一系列的状态变化，又重新回到最初状态的全部过程称为热力循环，简称循环。如图2-6中的封闭过程1-2-3-4-1。

1.3　理想气体状态方程式

1.3.1　理想气体和实际气体

为了研究方便，把气体分为理想气体和实际气体。气体分子之间不存在引力，分子本身不占有体积的气体叫做理想气体；反之叫做实际气体。

理想气体实际上并不存在。但自然界中存在的气体，在气体压力较低或温度较高而比体积较大时，分子间的作用力较小，分子本身的体积相对于分子运动所占的空间而言微小到可以忽略不计，此时它的性质很接近于理想气体，应用理想气体规律进行计算能满足工程要求，为方便起见，就把它看成理想气体。如空调工程中的空气、锅炉烟道中的烟气、内燃机中的燃气等。至于在热力工程中作为工质的水蒸气、制冷装置中使用的氨或氟利昂等制冷剂蒸汽，应看作为实际气体。因为在这种情况下，气体分子间的距离比较小，分子间的吸引力也相当大，水蒸气所处的状态又很接近于液态，所以不能把它看成理想气体。

1.3.2　理想气体状态方程式

早在建立分子运动学说以前，人们就对气体的基本状态参数之间的关系作了大量的实验研究，建立了一些经验定律。后来，当分子运动学说发展起来以后，人们又从理论上证明了气体状态方程式的正确性。理想气体状态方程式的数学表达如下

$$pv = RT \tag{2-10}$$

式中　p——气体的绝对压力，Pa；
　　　v——气体的比体积，m³/kg；

T——气体的绝对温度，K；

R——气体常数，J/kg·K。

上式表明，理想气体的压力、比体积和绝对温度三个基本状态参数之间存在着一定的关系。即在温度不变的条件下，气体的压力和比体积成反比；在比体积不变的条件下，气体的压力和绝对温度成正比；在压力不变的条件下，气体的比体积和绝对温度成正比。

对于 $m$kg 的气体，状态方程式为

$$pV = mRT \tag{2-11}$$

式中 V——$m$kg 气体所占有的容积，m³。

对于 1kmol 气体，其质量为分子量（μ）kg，则

$$pv \cdot \mu = \mu RT \text{ 或 } pV_{m0} = R_0T \tag{2-12}$$

式中 $V_{m0} = v \cdot \mu$，为气体的千摩尔体积，m³/kmol；

$R_0 = \mu R$，叫通用气体常数，与气体的种类及状态均无关 [J/(kmol·K)]。

【例 2-2】 一压缩空气罐内空气的压力从压力表上读得为 0.52MPa，空气的温度为 27℃，空气罐的容积为 4m³。已知空气的气体常数为 287J/(kg·K)，大气压力为 0.101MPa。求空气的质量及比体积。

【分析】 由题已知空气的表压力，因此首先要算出空气的绝对压力；其次已知空气的摄氏温度 t，算出空气的绝对温度 T。

【解】 空气的绝对压力 p，由公式（2-9a）得

$$p = B + p_g = 0.101 + 0.52 = 0.621 \text{MPa}$$

空气的绝对温度 T，由公式（2-6）得

$$T = t + 273 = 27 + 273 = 300\text{K}$$

又由公式（2-11）得

$$m = \frac{pV}{RT} = \frac{0.621 \times 10^6 \times 4}{287 \times 300} = 28.85\text{kg}$$

又由公式（2-1）得

$$v = \frac{m}{V} = \frac{4}{28.85} \approx 0.139\text{m}^3/\text{kg}$$

1.3.3 气体常数

根据阿佛伽德罗定律的推论，在同温同压下，摩尔数相同的理想气体具有相同的体积。而且在标准状态下，即 $p_0 = 1\text{atm} = 760\text{mmHg} = 101325\text{Pa}$，$T_0 = 273\text{K}$，1kmol 的任何气体所占有的容积为 22.4m³，即 $V_{m0} = 22.4\text{Nm}^3/\text{kmol}$。将以上数值代入式（2-12）可得通用气体常数 R_0（μR）为

$$R_0 = \mu R = \frac{p_0 V_{m0}}{T_0} = \frac{101325 \times 22.4}{273.15} = 8314.4 \text{ J/(kmol·K)}$$

由此可得出 1Kg 的各种气体的气体常数 R，即

$$R = \frac{8314.4}{\mu}\text{J/(kg·K)} \tag{2-13}$$

气体常数 R，对不同的气体有不同的数值，但对某一指定的气体它是一常数。表 2-2 是几种常见气体的气体常数。

几种常见气体的气体常数　　　　　　　表 2-2

物质名称	化学式	分子量	$R[\text{J}/(\text{kg}\cdot\text{K})]$	物质名称	化学式	分子量	$R[\text{J}/(\text{kg}\cdot\text{K})]$
氢	H_2	2.016	4124.0	氮	N_2	28.013	296.8
氦	H_e	4.003	2077.0	一氧化碳	CO	28.011	296.8
甲烷	CH_4	16.043	518.3	二氧化碳	CO_2	44.010	188.9
氨	NH_3	17.031	488.2	氧	O_2	32.0	259.8
水蒸气	H_2O	18.015	461.5	空气	—	28.97	287.0

【例 2-3】试计算在标准状态下氧气、空气的比体积和密度。

【分析】标准状态：$p_0 = 101325\text{Pa}$，$T_0 = 273\text{K}$

【解】由理想气体状态方程式（2-11）知

$$p_0 v_0 = RT_0$$

得

$$v_0 = \frac{RT_0}{p_0}$$

则氧气在标准状态下的比体积和密度

$$v_0(\text{氧气}) = \frac{RT_0}{p_0} = \frac{259.8 \times 273}{101325} \approx 0.70 \text{m}^3/\text{kg}$$

$$\rho_0(\text{氧气}) = \frac{1}{v_0} = \frac{1}{0.7} \approx 1.43 \text{kg}/\text{m}^3$$

则空气在标准状态下的比体积和密度

$$v_0(\text{空气}) = \frac{RT_0}{p_0} = \frac{287 \times 273}{101325} \approx 0.77 \text{m}^3/\text{kg}$$

$$\rho_0(\text{空气}) = \frac{1}{v_0} = \frac{1}{0.77} \approx 1.30 \text{kg}/\text{m}^3$$

1.3.4 理想气体定律

理想气体状态方程应用于以下几种情况，就形成了以下定律。

（1）对于一定量的气体，当温度保持不变时，由状态方程式

$$pv = RT \text{ 或 } pV = mRT$$

得

$$pv = 常数 \text{ 或 } pV = 常数 \tag{2-14a}$$

即

$$p_1 v_1 = p_2 v_2 \text{ 或 } p_1 V_1 = p_2 V_2 \tag{2-14b}$$

式（2-14）表明，对于一定量的气体，当温度不变时，压力与比体积成反比。这一结论称为波义尔—马略特定律。

（2）当气体比体积或容积保持不变时，对于一定量的气体，由状态方程式可得

$$\frac{p}{T} = 常数 \tag{2-15a}$$

即

$$\frac{p_1}{T_1} = \frac{p_2}{T_2} \tag{2-15b}$$

或

$$\frac{p_1}{p_2} = \frac{T_1}{T_2} \tag{2-15c}$$

式（2-15a）表明，对于一定量的气体，当比体积或容积不变时，压力与绝对温度成正比。这一结论称为查理斯定律。

（3）当气体压力保持不变时，对于一定量的气体，由状态方程式可得

$$\frac{v}{T} = 常数 \tag{2-16a}$$

即
$$\frac{v_1}{T_1} = \frac{v_2}{T_2} \tag{2-16b}$$

或
$$\frac{v_1}{v_2} = \frac{T_1}{T_2} \tag{2-16c}$$

同样有
$$\frac{V}{T} = 常数 \tag{2-16d}$$

即
$$\frac{V_1}{T_1} = \frac{V_2}{T_2} \tag{2-16e}$$

或
$$\frac{V_1}{V_2} = \frac{T_1}{T_2} \tag{2-16f}$$

式（2-16a）表明，对于一定量的气体，当压力不变时，比体积或容积与绝对温度成正比。这一结论称为盖—吕萨克定律。

（4）当一定量的理想气体从状态1，变化到状态2，若三个基本状态参数均发生变化，则有

$$\frac{p_1 v_1}{T_1} = \frac{p_2 v_2}{T_2} \tag{2-17a}$$

或
$$\frac{p_1 V_1}{T_1} = \frac{p_2 V_2}{T_2} \tag{2-17b}$$

式（2-17a）是理想气体状态方程的另一种数学表达式。它表明，理想气体状态参数发生变化时，其压力和比体积（容积）的乘积与绝对温度的比值仍然保持不变。也就是说，对于一定量的气体，当温度和压力不同时，其比体积（容积）也不同。

【例2-4】当压力 $p = 850\text{mmHg}$、温度 $t = 300℃$ 时，鼓风机的送风量为 $V = 10200\text{m}^3/\text{h}$。试求在标准状态下的送风量为多少 m^3/h。

【分析】已知空气某一状态的三个状态参数，求标准状态下的其余一个参数。

【解】由公式（2-17b）得

$$\frac{pV}{T} = \frac{p_0 V_0}{T_0}$$

则在标准状态下，鼓风机的送风量为

$$V_0 = \frac{T_0}{T} \frac{p}{p_0} V$$

$$= \frac{273}{273 + 300} \times \frac{850}{760} \times 10200$$

$$\approx 5435.2 \text{m}^3/\text{h}$$

课题2 热力学第一定律和第二定律

2.1 系统储存能及与外界传递的能量

2.1.1 系统储存能

热力系统储存能包括两部分：一是储存于系统内部的能量，称为内部储存能，简称内能；二是系统整体在某一参考坐标系中具有一定的宏观运动速度和一定高度而储存的机械能，即宏观动能和重力位能。

(1) 内能

气体内部所具有的各种能量总称为气体的内能。在工程热力学中，气体的内能包括内动能与内位能。气体内部分子热运动的动能称为内动能，内动能与温度有关。内动能愈大，气体的温度愈高；反之，内动能愈小，气体的温度愈低。由于分子之间的引力而具有的位能称为内位能。而内位能与分子间的距离有关，即与分子的比体积有关。因此，气体的内能决定于它的温度和比体积。

在热力学中，1kg 气体的内能用符号 u 表示，单位是 J/kg。一定量气体的内能用符号 U 表示，单位是 J 或 kJ。若工质质量为 m kg，则有 $U = mu$。这样

$$u = f(t, v)$$

对理想气体，由于分子之间没有相互作用力，不存在内位能，所以理想气体的内能仅包括内动能，是温度的单值函数，即

$$u = f(t)$$

由上式可看出，气体的内能决定于气体所处的状态，因而内能也是一个状态参数。

在气体的状态变化过程中，气体的内能会随之发生变化，内能的变化值用 Δu 表示。并规定内能增加时，Δu 为正值；内能减少时，Δu 为负值；内能不变时，$\Delta u = 0$。

(2) 外部储存能

热力系统的外部储存能包括宏观动能 E_k 和重力位能 E_p。

$$E_k = \frac{1}{2}mc^2$$

$$E_p = mgz$$

式中 c——系统的运动速度，m/s；

z——系统在重力场中的高度，m。

这样系统的储存能为

$$E = U + E_k + E_p = U + \frac{1}{2}mc^2 + mgz \tag{2-18}$$

对于 1kg 的工质，其储存能为

$$e = u + e_k + e_p = u + \frac{1}{2}c^2 + gz \tag{2-19}$$

2.1.2 系统与外界的能量交换

在热力系统中，系统与外界的能量交换，除了物质通过边界时所携带的能量外，还有两种能量交换形式，热量和功量。

(1) 热量

热量是系统与外界能量交换的一种形式。由于温差的存在所引起的能量传递就是热量。当系统与外界存在温差时,热量就从高温侧传向低温侧;当系统与外界间达到热平衡,过程就停止了,热量传递也就停止。热量一旦传入系统,就成为系统储存能的一部分,因此只能说系统内部具有能量,而不能说系统具有多少"热量",热量是一个过程量。

在工程热力学中,1kg 气体的热量用符号 q 表示,单位是 J/kg。一定量气体的热量用符号 Q 表示,单位是 J 或 kJ。若工质质量为 $m$kg,则有 $Q = mq$。

热力学中规定,系统吸热时,热量为正;系统放热时,热量为负。

系统中工质吸收或放出的热量的多少可利用比热来计算,已知物质的比热以及物质在过程中的温度变化,则可利用下式来计算

$$q = c(t_2 - t_1) \tag{2-20}$$

或

$$Q = cm(t_2 - t_1) \tag{2-21}$$

式中 q——1kg 工质的吸热量,kJ/kg;

Q——$m$kg 工质的吸热量,kJ;

c——工质的比热,kJ/(kg·℃);

t_1——工质变化前的温度,℃;

t_2——工质变化后的温度,℃。

(2) 功量

功量是系统与外界能量交换的另一种形式。功是由于除温差以外的其他不平衡势差所引起的系统与外界之间的能量交换。系统内外的不平衡势差导致了过程的发生,过程停止,功量的传递也就停止。所以功量与状态变化过程有关,功量也是一个过程量。

1kg 气体的容积功用符号 w 表示,单位是 J/kg。一定量气体的功量用符号 W 表示,单位是 J 或 kJ。若工质质量为 $m$kg,则有 $W = mw$。热力学中规定:系统膨胀、对外做功为正值,即 $w > 0$;系统被压缩、外界对系统做功为负值,即 $w < 0$。

按功的定义:功 = 力 × 位移。在热力学中,热能与机械能的相互转换是通过系统的容积变化来实现的,容积的变化有膨胀或压缩,因此,工质的功有膨胀功和压缩功。工质的压力是做功的推动力,容积的变化与否是做功的标志。容积功的计算可借助工质的参数坐标图,压—容(p-v)图来进行。

如图 2-7 所示,1kg 的工质(气体)在气缸中定压膨胀,气体的压力为 p,活塞移动的距离为 Δs,气体的比体积从 v_1 增加至 v_2。设活塞的面积为 A,则作用在活塞上的力为 pA,1kg 的气体对外所做的功为

$$\begin{aligned}w &= pA\Delta s \\ &= p(v_2 - v_1) \text{ J/kg}\end{aligned} \tag{2-22}$$

式中 w——1kg 的气体所做的容积功,J/kg;

p——气体的压力,Pa;

v_2、v_1——气体终态和初态的比体积,m³/kg。

上述气体所经历的状态变化表示在 p-v 图上,即为

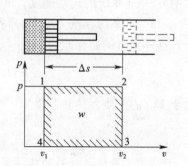

图 2-7 定压过程的容积功在 p-v 图上的表示

过程线 1-2。由图中可以看出过程线下的面积 1-2-3-4-1，恰好为 1kg 的气体在膨胀过程中所做的容积功 $p(v_2-v_1)$。由此可知，1kg 气体在定压过程中所做的容积功，在数值上等于 p-v 图上过程线下的面积。

对于一个压力变化的热力过程，如图 2-8 所示，可以将它分成 n 个微小的过程，而每一个微小的过程可以用一个微小的定压过程来代替。n 个微小的过程功的总和相当于图中阶梯形线下的面积，当 n 趋于无穷时，气体在全过程下所做的功才等于过程曲线 1-2 下的面积。

由于 p-v 图上过程线下的面积可以表示该过程所做容积功的大小，故 p-v 图又称为示功图。从 p-v 图还可看出，功的大小不仅与初、终状态有关，而且还与过程经历的途径有关。如图 2-9 所示，过程 1-a-2 和 1-b-2，虽然初、终状态相同，但由于过程的途径不同，因此面积 1-a-2-3-4-1 > 面积 1-b-2-3-4-1，即 $w_{1\text{-}a\text{-}2} > w_{1\text{-}b\text{-}2}$。

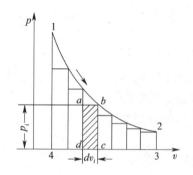

图 2-8 任意过程的容积功在 p-v 图上的表示

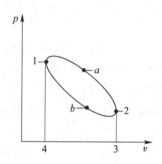

图 2-9 功与过程有关

2.2 热力学第一定律

2.2.1 热力学第一定律的实质

自然界中的能量具有各种不同的形式，有热能、机械能、电能、光能等，而且各种能量之间又是可以互相转换的，转换时都必须遵循能量守恒与转换定律：即能量不可能被创造，也不可能被消灭，它不能自生自灭，它只能从一种形式转换成另一种形式，而且能的总量保持不变。

热力学第一定律是能量守恒与转换定律在热力学上的应用，它说明了热能与机械能之间的转换关系和守恒原则。可以表述为，热可以变为功；功也可以变为热。一定量的热消失时，必产生一定量的功；同样，消耗了一定量的功，必出现与之对应的一定量的热。热力学第一定律说明了热功相互转换时，存在着一个确定的数量关系，所以热力学第一定律也称为当量定律。

2.2.2 闭口系统热力学第一定律

一个闭口系统，如图 2-10 所示气缸中的气体，经历了一个热力过程。由于没有物质交换，系统与外界有能量交换，即热量和功量。系统的储存能在过程中也会发生变化。这样，根据热力学第一定律，系统的储存能的变化等于进入系统的能量与离开系

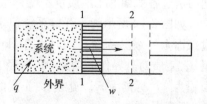

图 2-10 闭口系统的能量转换

统的能量之差，有
$$E_2 - E_1 = Q - W$$

式中 E_2、E_1——分别为系统初、终状态储存能；

Q、W——分别为系统与外界交换的热量和容积功。

对于闭口系统，E_k 和 E_p 一般没有变化，可不予考虑。这样
$$E_2 - E_1 = U_2 - U_1 = Q - W$$

即
$$Q = U_2 - U_1 + W$$

或
$$Q = \Delta U + W \tag{2-23a}$$

1kg 的工质，上式可写作
$$q = \Delta u + w \tag{2-23b}$$

式（2-23a）即为闭口系统热力学第一定律方程。它表示：加给系统的热量，一部分用于增加系统的内能，储存于系统的内部，余下部分以容积功的形式与外界进行交换。

【例 2-5】一定量气体由状态 a 经状态 1 变化到状态 b，如图 2-11 所示，在此过程中，气体吸热 8kJ，对外做功 5kJ。问气体的内能改变了多少？如果气体从状态 b 经状态 2 回到状态 a 时，外界对气体做功 3kJ。问气体与外界交换了多少热量？

【分析】过程 a-1-b 与过程 b-2-a 初、终状态互为相反，因此，两过程内能的变化量 ΔU 互为相反数，即 $\Delta U_{a\text{-}1\text{-}b} = -\Delta U_{b\text{-}2\text{-}a}$。

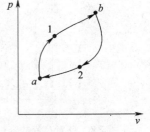

图 2-11 例题 2-5 图

【解】由公式（2-23）得过程 a-1-b 的内能的变化量 $\Delta U_{a\text{-}1\text{-}b}$
$$\Delta U_{a\text{-}1\text{-}b} = Q_{a\text{-}1\text{-}b} - W_{a\text{-}1\text{-}b} = 8 - 5 = 3\text{kJ}$$

由于
$$\Delta U_{b\text{-}2\text{-}a} = -\Delta U_{a\text{-}1\text{-}b} = -3\text{kJ}$$

则
$$Q_{b\text{-}2\text{-}a} = \Delta U_{b\text{-}2\text{-}a} + W_{b\text{-}2\text{-}a} = -3 + (-3) = -6\text{kJ}$$

因此，气体在 b-2-a 过程中放出 6kJ 的热量。

2.2.3 开口系统稳定流动能量方程式

实际工程中的很多设备属于开口系统，即系统与外界不但有能量的转移与转换，而且还有物质交换。如：锅炉设备、制冷压缩机、通风机、换热器等。热力学第一定律应用于稳定流动的开口系统的解析式称为稳定流动能量方程式。

稳定流动，是指在稳定工况下，流动工质在各个截面上的状态参数保持不变；单位时间内流过各截面的工质质量不变；系统与外界的功量和热量交换也不随时间而改变。

如图 2-12 所示为一开口系统稳定流动示意图。假设在同一时间内，有 1kg 的工质通过截面Ⅰ-Ⅰ流入系统，同时也有 1kg 的工质通过截面Ⅱ-Ⅱ流出系统。外界对系统加入热量 q，工质对外界作的功为 w，流经Ⅰ-Ⅰ截面的工质参数为：p_1、t_1、v_1、u_1，流速 c_1，截面积为 f_1，标高为 z_1；流经Ⅱ-Ⅱ截面的工质参数为：p_2、t_2、v_2、u_2，流速 c_2，截面积为 f_2，标高为 z_2。

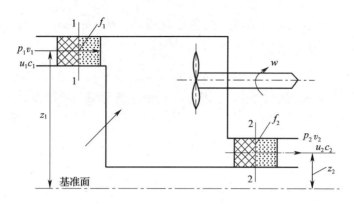

图 2-12 开口系统稳定流动示意图

工质流入Ⅰ-Ⅰ截面时，携入的能量包括：内能 u_1，外界将工质推入系统所作的推动功 p_1v_1，工质所具有的动能 $\dfrac{c_1^2}{2}$，工质所具有的重力位能 gz_1。工质流出Ⅱ-Ⅱ截面时，携出的能量包括：内能 u_2，系统对外所作的推动功 p_2v_2，工质所具有的动能 $\dfrac{c_2^2}{2}$，工质所具有的重力位能 gz_2。

根据能量守恒和转换定律，工质流入系统的能量总和等于流出系统的能量总和，即

$$u_1 + p_1v_1 + \frac{c_1^2}{2} + gz_1 + q = u_2 + p_2v_2 + \frac{c_2^2}{2} + gz_2 + w \tag{2-24}$$

则

$$q = (u_2 + p_2v_2) - (u_1 + p_1v_1) + \frac{c_2^2 - c_1^2}{2} + g(z_2 - z_1) + w \tag{2-25}$$

令 $h = u + pv$，因为 u、p、v 都是工质的状态参数，所以 h 也是状态参数，这个参数叫焓，单位与 u 和 pv 相同，为 J/kg。这样上式成为

$$q = h_2 - h_1 + \frac{c_2^2 - c_1^2}{2} + g(z_2 - z_1) + w \tag{2-26}$$

式（2-26）就是稳定流动的能量方程式，也称为开口系统热力学第一定律能量方程式。

对于质量为 $m$kg 的工质，焓用 H 来表示，单位是 J。则

$$H = mh = U + pV \tag{2-27}$$

对于 $m$kg 的工质，式（2-26）成为

$$Q = (H_2 - H_1) + m\frac{c_2^2 - c_1^2}{2} + mg(z_2 - z_1) + W \tag{2-28}$$

式中　Q——$m$kg 工质与外界交换的热量，kJ；
　　　H——$m$kg 工质与外界交换的功量，kJ。

2.2.4　稳定流动能量方程式在工程上的应用

稳定流动的能量方程式在工程上应用非常广泛。对于一些具体的设备，稳定流动的能量方程可简化为不同的形式。

（1）热交换器

工质流过锅炉、蒸发器、冷凝器、空气加热器、等热交换设备时，由于系统与外界没

有功量交换,故 $w=0$,又由于动能、位能变化很小,故 $\frac{c_2^2-c_1^2}{2}\approx 0$,$g(z_2-z_1)\approx 0$,这样稳定流动的能量方程式就成为

$$q = h_2 - h_1 \tag{2-29}$$

所以,在锅炉等热交换设备中,工质吸收的热量等于焓的增加量。

【例2-6】一蒸汽锅炉,蒸发量为2t/h,进入锅炉的水的焓 $h_1=65kJ/kg$,产出蒸汽的焓 $h_2=2700kJ/kg$。若天然气的发热量为 $40000kJ/Nm^3$,问锅炉每小时的燃气量为多少 Nm^3?

【分析】首先要算出水的加热量;燃气的放热量即为水的吸热量。

【解】由公式(2-29)得

$$q = h_2 - h_1 = 2700 - 65 = 2635 kJ/kg$$

每小时水的吸热量

$$Q = 2 \times 1000 \times 2635 = 5.27 \times 10^6 kJ$$

锅炉每小时的燃气量

$$V = \frac{5.27 \times 10^6}{40000} = 131.75 Nm^3$$

(2) 动力机

工质流过汽轮机、燃气轮机等动力机械设备时,工质压力减低,对外界做功,外界并未对工质加热,工质向外散热又很小,故认为 $q\approx 0$,又由于动能、位能变化很小,故 $\frac{c_2^2-c_1^2}{2}\approx 0$,$g(z_2-z_1)\approx 0$,这样稳定流动的能量方程式就成为

$$w = h_1 - h_2 \tag{2-30}$$

这样,工质在动力机械设备中,工质对外界所做的功等于工质的焓降。

在汽轮机中,若已知蒸汽的流量为 $m kg/s$,则可求出汽轮机的理论功率

$$P = W = m(h_1 - h_2) kW \tag{2-31}$$

(3) 压气机

与动力机相反,压气机是消耗机械功而获得高压气体的。工质流过叶轮式压气机时,由于转速快,故来不及向外界散热,故 $q\approx 0$,又由于动能、位能变化很小,故 $\frac{c_2^2-c_1^2}{2}\approx 0$,$g(z_2-z_1)\approx 0$,这样稳定流动的能量方程式就成为

$$-w = h_2 - h_1 \tag{2-32}$$

这样,工质在叶轮式压气机中所消耗的绝热压缩功等于工质的焓增。

对于活塞式压气机,在气缸外有散热片或冷却水套,来增加散热过程的散热,达到降温和省功的目的。这样 $q\neq 0$,稳定流动的能量方程式就成为

$$-w = (h_2 - h_1) + (-q) \tag{2-33}$$

活塞式压气机所消耗的压缩功等于工质的焓增与对外散热量之和。

【例2-7】一 R12 制冷压缩机,吸入工质的焓为 228.81kJ/kg,排出工质的焓为 351.48kJ/kg,进入压气机的工质流量为200kg/h,试计算压气机压缩工质所需要的功率。

【分析】首先要求出需要的功,然后才能求出功率。

【解】 由公式（2-32），压缩1kg工质所需的功为

$$w = h_2 - h_1 = 351.48 - 228.81 = 122.67 \text{kJ/kg}$$

压气机所需要的功率为

$$P = mw = \frac{200}{3600} \times 122.67 = 6.87 \text{kW}$$

2.3 基本热力过程及其热力学第一定律的表达应用

热力工程中，系统与外界的能量交换是通过热力过程来实现的。实际的热力过程多种多样，有些复杂、有些简单。热力学对复杂过程进行科学抽象，把实际复杂过程按其特点近似地简化为简单过程，或几个简单过程的组合。以下将主要讨论四个基本的热力过程——定容过程、定压过程、定温过程和绝热过程。

2.3.1 定容过程

在容积保持不变的情况下进行的热力过程，叫做定容过程。例如密闭容器内气体的加热或冷却就属于这个过程。

定容过程的过程方程式为

$$v = \text{常数} \quad \text{或} \quad V = \text{常数} \tag{2-34}$$

在 p-v 图上，定容过程是一条平行于纵轴的直线，如图2-13所示。从图上可知，当对气体加热时，由于气体温度升高，压力也就随之升高，过程线升向上方，从1上升到2；反之，在冷却时，气体温度降低，压力也就随之降低，过程线指向下方，从1下降到2'。

初、终状态参数的关系式可根据过程方程式 $v =$ 常数和状态方程式 $pv = RT$ 得到

$$\frac{p}{T} = \frac{R}{v} = \text{常数}$$

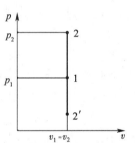

图2-13 定容过程的 p-v 图

即

$$\frac{p_1}{T_1} = \frac{p_2}{T_2} \quad \text{或} \quad \frac{p_1}{p_2} = \frac{T_1}{T_2} \tag{2-35}$$

上式表明，在定容过程中，气体的压力与绝对温度成正比。即温度升高时，压力升高；温度降低时，压力降低。

在定容过程中，虽然气体状态发生了变化，但由于容积不变，所以气体没有对外界做功，外界也没有对气体做功，故 $w = 0$。

根据热力学第一定律可得

$$q = \Delta u + w = \Delta u + 0 = \Delta u$$

上式说明，在定容过程中，若外界对气体加热，则这份热量全部用来增加气体的内能，从而使温度升高；若气体向外界放热，这份热量是由内能转换而来，此时气体的内能减少，温度随之降低。因此，定容过程内能的增加就等于加入的热量。

2.3.2 定压过程

在压力不变的情况下进行的热力过程叫做定压过程。在很多热力设备中，加热与放热过程是在接近定压的情况下进行的，如水在锅炉中的汽化过程，表面式换热器的加热和冷

却过程等均为定压过程。

定压过程的过程方程式为

$$p = 常数 \tag{2-36}$$

在 p-v 图上，由于压力不变，定压过程是一条水平线，如图2-14所示。从图上可知，当气体被加热时，温度升高，比体积增大，过程线向右方，从1上升到2；反之，在当气体被冷却时，温度降低，比体积减少，过程线伸向左方，从1下降到2′。

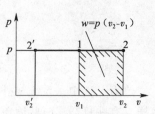

图 2-14　定压过程的 p-v 图

初、终状态参数的关系式，同样可根据过程方程式 $p=$ 常数和状态方程式 $pv = RT$ 得到

$$\frac{v}{T} = \frac{R}{p} = 常数$$

即
$$\frac{v_1}{T_1} = \frac{v_2}{T_2} \quad 或 \quad \frac{v_1}{v_2} = \frac{T_1}{T_2} \tag{2-37}$$

上式表明，在定压过程中，气体的比体积与绝对温度成正比。即温度升高时，比体积升高；温度降低时，比体积降低。

在定容过程中气体所做的功可用下式求得

$$w = p(v_2 - v_1)$$

在 p-v 图上，1-2 线下面的矩形面积（阴影部分）就是气体所作的膨胀功。同样，1-2′线下面的矩形面积就是气体所做的压缩功。

定容过程中气体的内能变化为

$$\Delta u = u_2 - u_1$$

根据热力学第一定律可得

$$q = \Delta u + w = u_2 - u_1 + p(v_2 - v_1) = h_2 - h_1$$

上式说明，在定压过程中的热量等于终、初状态的焓之差。

2.3.3　定温过程

在温度不变的情况下进行的热力过程叫做定温过程。例如在气缸外面设冷却水套的活塞式压缩机，用冷却水将压缩过程产生的热量带走，这个过程可近似认为定温过程。

定温过程的过程方程式为

$$T = 常数$$

或
$$pv = 常数 \tag{2-38}$$

在 p-v 图上，定温过程是一条等边双曲线，如图2-15所示。图中 1-2 表示定温膨胀过程，1-2′ 表示定温压缩过程。

定温过程中初、终状态参数的关系式为 $T =$ 常数，所以 $p_1v_1 = p_2v_2 = RT =$ 常数

即
$$\frac{p_1}{p_2} = \frac{v_1}{v_2} \tag{2-39}$$

上式表明，在定温过程中，气体的温度不变，压力与

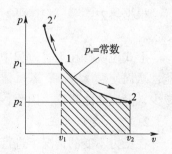

图 2-15　定温过程的 p-v 图

比体积成反比。

由于定温过程中的温度不变，所以，理想气体的内能没有变化，即 $u_2 = u_1 =$ 常数。同样，定温过程中的焓也不变，即：$h_1 = h_2 =$ 常数。

定温过程的功可用积分的方法求得

$$w = RT\ln\frac{v_2}{v_1} \quad 或 \quad w = RT\ln\frac{p_2}{p_1} \tag{2-40}$$

在 p-v 图上，曲线 1-2 下面的面积（阴影部分）即相当于气体所做的膨胀功。而曲线 1-2′ 下面的面积为压缩功。

在定温过程中，由于气体的内能没有变化，即：$\Delta u = 0$，所以根据热力学第一定律可知

$$q = \Delta u + w = 0 + w = w$$

虽然气体状态发生了变化，但由于容积不变，所以气体没有对外界做功，外界也没有对气体做功，故 $w = 0$。

根据热力学第一定律可得

$$q = \Delta u + w = \Delta u + 0 = \Delta u$$

上式说明，在定温过程中，外界对气体加给气体的热量，全部用来对外膨胀做功。反之，若气体向外界放出热量，此热量必须由外界压缩气体所作的功转化而来。

2.3.4 绝热过程

气体与外界没有热量交换的情况下进行的热力过程称为绝热过程。所以绝热过程的热量 $q = 0$。这种过程事实上是不存在的。但当过程进行得很快以致工质与外界来不及交换热量时，或者热绝缘材料很好，交换的热量很少时，则这种过程可近似的看作绝热过程。例如空气在压气机中的压缩过程；工质在汽轮机或内燃机中的膨胀过程；工质流过喷管的过程；工质的节流过程。

在 p-v 图上，绝热过程是一条不等边双曲线，它比等温线陡，如图 2-16 所示。图中 1-2 表示绝热膨胀过程，1-2′ 表示绝热压缩过程。

根据热力学第一定律，在绝热过程中：

$$q = \Delta u + w = 0$$

所以

$$-\Delta u = w$$

上式说明，在绝热过程中气体内能的减少，全部用于对外膨胀做功；外界对气体所做的压缩功，则全部用于增加气体的内能。

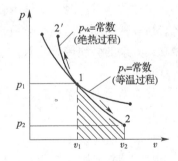

图 2-16 绝热过程的 p-v 图

2.4 热力学第二定律

热力学第一定律揭示了自然界中能量转换的数量关系，然而却无法回答能量转换时的方向性问题。

热力学第一定律告诉我们，热能可以从一个物体传递到另一个物体，还可以与机械能相互转换，其数量间有一定的关系。根据这个定律，若两个温度不相等的物体相接触，则一个物体失去一定的热量，则另一个物体必得到相等数量的热量。但是，热量是自发由高

温物体传到低温物体呢,还是自发地从低温物体传到高温物体呢?这种传热的方向问题,第一定律无法回答。又如,要使热能转变为功,或使功转变为热能,第一定律告诉我们能量转换时其数量相等,但是,热能是否能自发地转变为功,功能否自发地转换为热能呢?显然,能量转换的方向问题,第一定律并不能告诉我们。无数的生产实践告诉我们,可以进行的过程必定符合第一定律,但符合第一定律的过程不一定能实现。例如,上面举的两个例子,热量是自发地由高温物体传给低温物体,而从来不会自发地由低温物体传给高温物体,要使其进行,外界必须加功。功可以自发地转变为热能,但热能却不能自发地转变为功。

以上所谈到的各种能量转换过程,都有过程进行的方向性问题,有的方向是自发的,可以无条件进行的,有的方向则是非自发的,要有条件才能进行。水只能自发地从高处向低处流动,而不能由低处向高处流动,但是,可以利用水泵使水从低处流向高处,这必须有条件,水泵必须消耗电能,也就是说,外界消耗了能量作为补偿条件。

热力学第二定律主要解决热力过程进行的方向、条件和程度。有关热量传递和热功转换的热力学第二定律的说法有以下两种:

2.4.1 克劳修斯法

"热不可能自发地,不付任何代价地,从一个低温物体传到另一个高温物体"。这个叙述被最广泛的日常经验所证明。但是也绝不能把这个叙述错误地理解为热在任何情况下不能从低温物体传给高温物体。只要付出代价,如借助热泵,付出机械能的代价,热就可以从低温物体传向高温物体,制冷循环就是这种情况。

2.4.2 开尔文说法

"不可能从单一热源取热,使之全变为功而不产生其他影响"。"单一热源的热机是不存在的"。这个叙述也被人类在长期的生产和科学实验中证实。例如火力发电厂中,工质从高温热源(锅炉)所吸收的热量只能部分的转变为功,而不能全部转变为功,而其余的热量被传给了冷源,这是所有热动力厂遵循的规律。违背这一规律,热动力厂就不能生产。所以任何动力循环,必须有热源和冷源,工质从热源中吸取的热量只有部分转变为机械功,其余的必须传给冷源,这是热能转变为机械能的条件,也是热力学第二定律反映的客观规律。

热力学第一定律和热力学第二定律共同构成了热力学的主要理论基础。

课题3 水 蒸 气

水蒸气在工业生产中得到广泛的应用。因为水取之容易,价格便宜,同时水蒸气作为工质其热力性质较好,具有很好的膨胀性和压缩性。

在热力工程上使用的水蒸气都是在锅炉中定压加热产生的,其最基本的特点是离液态不远,被冷却或被压缩时很容易回到液态。因此,水蒸气的性质与理想气体是不同的,水蒸气属于实际气体。由于水蒸气的物理性质较理想气体复杂得多,因此不能用简单的数学式加以描述。在实际的热力计算中,凡涉及水蒸气的状态参数的数值,可从水蒸气表或线算图中查得。

3.1 水蒸气的基本概念

物质有三种状态,即气态、液态和固态。这三种状态之间是可以互相转化的,这种转化就叫做物态变化。

液体转变为蒸汽的过程称为汽化。那么为什么液体会汽化呢?液体和气体一样,液体的分子也处在热运动中,它的平均动能取决于温度,但是每一个分子的动能是各不相同的,有的大于平均动能,有的小于平均动能。因而,在一定的温度下,液体中都会有一些运动得足够快的分子,它们能够克服邻近分子对它们的引力而飞出液面之外,这就是汽化。温度越高,运动得足够快的分子越多,汽化的过程就进行得越快。

汽化时,分子所飞离的液面是液体与蒸汽的分界面。这一分界面可以是液体的自由表面,也可以是液体与存在于液体内部的汽泡的分界面。以液体的自由表面作为分界面的汽化过程称之为蒸发;分界面在液体内部的汽化过程称之为沸腾。由于分界面的不同,因而,蒸发与沸腾的特性也不同。所以液体的汽化方式有两种,即蒸发与沸腾。与汽化相反的过程,即蒸汽变为液体的过程称为凝结(或液化)。

那么,液体在汽化时压力和温度有什么关系呢?按分子运动论观点,当液体在有限的密闭空间内汽化时,液体表面有分子脱离液面分离面而进入空间,随着空间中蒸汽分子数的增加,这些蒸汽分子中也会有可能被碰撞到液面而重新回到液体。空间中蒸汽分子的密度越大,则在单位时间内重新返回液体的分子数越多,另一方面,液体的温度越高,则在单位时间内飞出液面而汽化的分子数越多,因此,液化速度取决于蒸汽的压力,汽化速度取决于液体的温度。某一时刻,从液体中飞出的分子数等于蒸汽分子因碰撞而返回液体中的分子数,此时,空间中蒸汽分子的总数不再变化,即达到所谓的动态平衡,这种状态我们称为饱和状态。饱和状态下的液体称为饱和液体,饱和状态下的蒸汽称为饱和蒸汽,这时的温度称为饱和温度,相对应的压力称为饱和压力。由此可见,在一定的饱和温度下,必有与之对应的饱和压力,即 $p_s = f(t_s)$。

由实验测得水的饱和压力和饱和温度的关系见附录2-1(按温度排列的饱和水与饱和蒸汽性质表)、附录2-2(按压力排列的饱和水与饱和蒸汽性质表),表2-3列出了水的饱和压力与饱和温度的关系。

水的饱和压力与饱和温度的关系   表2-3

饱和压力 p_s (MPa)	0.005	0.05	0.1	0.2	0.3	0.4	0.5	1.0
饱和温度 t_s (℃)	32.90	81.35	99.63	120.23	133.54	143.62	151.85	179.88

由表中可看出饱和压力随饱和温度升高而升高,其原因也可用分子热运动观点来解释。当液体温度升高时,液体分子的平均动能增大,单位时间内逸出液面的分子数增多,因而蒸汽的密度增大。同时,随着温度的升高,蒸汽分子运动的平均速度增大,使得蒸汽分子撞击液面和器壁的次数增多,且撞击作用加强,所以饱和压力随饱和温度升高而增大。

3.2 水蒸气的定压生产过程

工程上所用的水蒸气,都是在各种型式的锅炉内定压(压力损失不计)加热产生的。

如图2-17所示，是水蒸气的定压形成过程示意图。将1kg温度为0℃的水，置于气缸中，活塞上压一重块，而使水承受一个不变的压力p，当水被加热时，其压力始终保持不变，形成定压加热的条件。

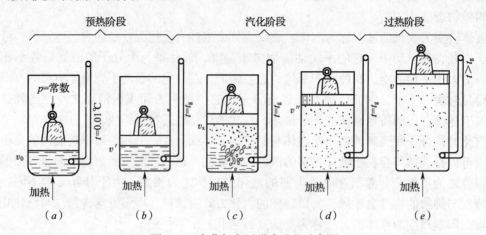

图 2-17　水蒸气定压形成过程示意图
（a）未饱和水；（b）饱和水；（c）湿饱和蒸汽；（d）干饱和蒸汽；（e）过热蒸汽

3.2.1　水蒸气的定压形成过程

（1）未饱和水的定压预热过程

如图2-17（a）所示，初始状态的水温度为0℃、压力为p，水温低于饱和温度，为未饱和水。如果对气缸中的未饱和水进行加热，那么水温会逐渐升高，水的比体积也会稍有增加。当继续加热到压力p对应的饱和温度t_s时，水就开始沸腾，这时的水称为饱和水，如图2-17（b）所示。水在定压下从未饱和水加热到饱和水称为预热过程，相当于水在锅炉煤器中的预热过程。该过程吸收的热量称为液体热，又称为预热。用符号q_l表示。

$$q_l = h' - h_0 \tag{2-41}$$

式中　h'——饱和水的焓，kJ/kg；

　　　h_0——0℃未饱和水的焓，kJ/kg。

（2）饱和水的定压汽化过程

将饱和水继续加热，水沸腾汽化为蒸汽，在沸腾过程中，温度仍然维持饱和温度t_s不变。随着加热过程的继续，汽缸内的水量逐渐减少，蒸汽量逐渐增多，比体积也增加很多。此时气缸中存在着饱和水和饱和蒸汽的混合物，这种混合物称为湿饱和蒸汽，简称湿蒸汽，如图2-17（c）所示。这个过程相当于锅炉中的水在水冷壁和对流管束中的吸热汽化过程。如果再继续加热，直至汽缸内的饱和水全部汽化为饱和蒸汽，这种蒸汽称为干饱和蒸汽，简称干蒸汽，如图2-17（d）所示。在这个过程中，饱和水完全变为干饱和蒸汽所吸收的热量即为汽化潜热。用符号γ表示。即

$$\gamma = h'' - h' \tag{2-42}$$

式中　h''——干饱和蒸汽的焓，kJ/kg；

1kg湿蒸汽中含有干蒸汽的质量称为干度，以符号x表示。

$$x = \frac{m_g}{m_g + m_s} \tag{2-43}$$

式中 m_g——湿蒸汽中干饱和蒸汽的质量，kg；

m_s——湿蒸汽中干饱和水的质量，kg。

1kg 湿蒸汽中所含饱和水的质量称为湿度，用符号 $(1-x)$ 表示。很明显干度越大，湿度越小。当干度 $x=1$ 时，其湿度 $(1-x)=0$。

(3) 干饱和蒸汽的定压过热过程

如果对干饱和蒸汽继续加热，则蒸汽温度升高超过饱和温度，比体积（或称比容）相应增大，这种超过饱和温度的蒸汽称为过热蒸汽，如图 2-17 (e) 所示。这个过程相当于干饱和蒸汽在锅炉过热器中的吸热过程。过热蒸汽的温度用 t 表示，此时蒸汽温度 t 超过相应压力下饱和温度 t_s 之数值 $(t-t_s)$，称为过热度，用符号 D 表示。过热度越高，说明蒸汽离饱和状态越远。

1kg 干饱和蒸汽变为过热蒸汽所吸收的热量称为过热，用符号 q 表示。

$$q = h - h'' \tag{2-44}$$

式中 h——过热蒸汽的焓，kJ/kg；

由于过热蒸汽的温度 t 大于饱和温度 t_s，可以容纳更多的水蒸气，故过热蒸汽又称是未饱和蒸汽。

为了方便使用，附录 2-3 列出了未饱和水和未饱和蒸汽不同温度、不同压力条件下的比体积 v、焓 h 和熵 s 的参数值。

3.2.2 水蒸气的 p-v 图和 T-s 图

为了进一步分析水在定压下加热为蒸汽的整个过程的特点及状态参数变化，将加热过程表示在图 2-18 的 p-v 图和 T-s 图上。

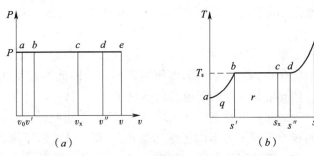

图 2-18 水蒸气的定压形成过程的 p-v 图和 T-s 图
(a) p-v 图；(b) T-s 图

图中的 a 点为 0℃水的未饱和水状态，比体积为 v_0，温度为 T_0，熵为 s_0；b 点为饱和水状态，比体积为 v'，温度为 T_s，熵为 s'；c 点为湿蒸汽某一状态，比体积为 v_x，温度为 T_s，熵为 s_x；d 点为干饱和蒸汽状态，比体积为 v''，温度为 T_s，熵为 s''；e 点为过热蒸汽某一状态，比体积为 v，温度为 T，熵为 s。

在 p-v 图中水蒸气形成的三个阶段是一条连续的平行于 v 轴的直线。水蒸气的形成过程中，p 不变，v 不断增加，即 $v_0 < v' < v_x < v'' < v$。

在 T-s 图中水蒸气形成的三个阶段是一条连续的曲线。温度 $T_0 < T_s < T$；熵 $s_0 < s' < s_x < s'' < s$，且 a-b 段为 a 点向右上方向延伸的一条对数曲线，b-c 段为一条平行于 s 轴的直线，d-e 段为由 d 点向右上方向延伸的一条对数曲线。

在 p-v 图与 T-s 图中，过程线 a-b、b-d、d-e 以下的面积，分别表示预热 q_l、汽化潜热 γ、过热 q，而 abde 以下的面积表示过热蒸汽的总热量 $q_{总} = h-h_0$。

下面进一步分析水蒸气形成过程中状态参数变化及物质变化。将不同压力下水蒸气形成过程的 5 个状态，三个阶段表示在 p-v 图及 T-s 图上，则得图 2-19 所示的水蒸气的 p-v 图及 T-s 图。

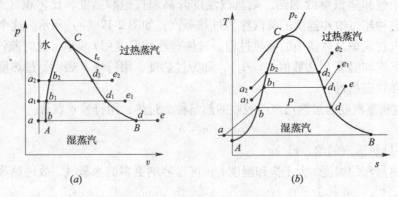

图 2-19 水蒸气的 p-v 图及 T-s 图
(a) p-v 图；(b) T-s 图

点 a、a_1、a_2…均为 0℃时的未饱和水；点 b、b_1、b_2…均为饱和水；点 d、d_1、d_2…均为干饱和蒸汽；点 e、e_1、e_2…均为过热蒸汽。而 abde、$a_1b_1d_1e_1$、$a_2b_2d_2e_2$…均为不同压力下的水蒸气形成过程线。

连接不同压力下 0℃水的状态点 a、a_1、a_2…则得 0℃水的压容线 aa_1a_2…它在 p-v 图中为一条几乎垂直于 v 轴的直线。因在低温时的水几乎不可压缩，故 v_0 基本不变。在 T-s 图上为一重合点。

连接不同压力下的饱和水状态点 b、b_1、b_2…所成曲线叫做饱和水线。随着压力的增大，水的饱和温度也相应升高，饱和水的比体积略有增大，因此饱和水状态点 b、b_1、b_2…随压力升高依次向右稍有偏移。此曲线也称为下界线。

连接不同压力下的干饱和蒸汽状态点 d、d_1、d_2…所成曲线叫做干饱和蒸汽曲线，又称上界线。该曲线上各点为不同压力下的干饱和蒸汽，其 $x = 1$。由于蒸汽受热膨胀影响小于压力升高的压缩影响，因此干饱和蒸汽状态点 d、d_1、d_2…随压力升高而向左上方倾斜，其比体积 v'' 和 s 随压力的升高而减小。由于饱和水曲线和干饱和蒸汽曲线变化不同，使得饱和水与干饱和蒸汽间的距离逐渐减小，b、d 两点将重合为一点 K（即上界线与下界线的交点），该点称为临界点。这一特殊状态为临界状态。临界状态的压力，温度和比体积分别称为临界压力、临界温度和临界比体积。不同的工质，临界状态的参数不同，但同一工质的临界状态点是固定的，对水来说，它的临界状态参数为：

临界压力 $p_{lj} = 22.129 \text{MPa}$

临界温度 $t_{lj} = 374.15℃$

临界比体积 $v_{lj} = 0.00317 \text{m}^3/\text{kg}$

在临界压力下，水的汽化阶段压缩为一点，即汽化在瞬间完成。在临界点上，水与汽的状态参数完全相同，水与汽的差别完全消失，汽化潜热为零。在临界温度以上，不可能采用单纯的压缩方法使蒸汽液化，必须增压降温至临界温度以下。

饱和水线 b-K 与饱和蒸汽线 K-d 将 p-v 图与 T-s 图分为三个区域。在0℃水线与饱和水线 b-K 之间是未饱和水状态区。在饱和水线 b-K 与干饱和蒸汽线 K-d 之间为湿蒸汽状态区。干饱和蒸汽线 K-d 的右侧为过热蒸汽状态区。

所以，水蒸气形成的上述相变曲线，可以归结为一点（临界点），两线（上界线与下界线），三区（未饱和水区，湿蒸汽区，过热蒸汽区），五态（未饱和水状态，饱和水状态，湿饱和蒸汽状态，干饱和蒸汽状态，过热蒸汽状态）。

3.3 水蒸气的焓-熵图

3.3.1 水蒸气焓-熵图

以焓（h）为纵坐标、熵（s）为横坐标而建立起来的参数坐标图称为焓-熵图（h-s图）。它一方面能直接查得某一状态点的全部状态参数，同时又能将热力过程清晰的表示在图上，便于热力过程的状态参数变化的计算。

h-s 图的结构如图 2-20 所示。图中 K 点为水的临界状态参数点，b-K 线为饱和水线，K-d 线为干饱和蒸汽线，在 a-K-d 线的下面为湿蒸汽区，a-K-d 线的右上方为过热蒸汽区。在 h-s 图中清楚地表示压力曲线、温度曲线、干度线及比体积曲线，其特点是：

定压线是由左下方向右上方伸展的一簇呈发散状的线群。其压力由右向左逐渐升高。

定温线在湿蒸汽区内，一个压力对应着一个饱和温度，因此，定温线与定压线重合；

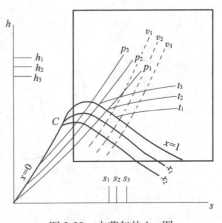

图 2-20 水蒸气的 h-s 图

在过热蒸汽区，定温线自左向右上方略微倾斜，并随压力降低定温线越来越平坦。温度高的定温线在上，温度低的定温线在下。

定干度线是湿蒸汽区内特有的曲线群，它包括 $x=0$ 的下界线和 $x=1$ 的上界线。它是各压力线上由 $x=0$ 至 $x=1$ 的各等分点的连线，其方向与上界线的延伸方向基本一致。干度大的定干度线在上，干度小的定干度线在下。

定容线也是一簇由左下方向右上方伸展的线群，但定容线的斜率大于定压线。为了能把这两种线群区别清楚，故 h-s 图上定容线为红色，其比体积从右向左逐渐减小。

在工程上所遇到蒸汽干度多在 0.5 以上，所以实用的 h-s 图只绘出图 2-20 上方粗黑线框出的部分，附录 2-4 就是实际计算时查用的水蒸气 h-s 图。

3.3.2 水蒸气焓-熵图的应用

应用水蒸气的 h-s 图，可以知参数确定状态点在图中的位置。水暖通风专业主要研究热能的应用规律，重点学会在水蒸气的 h-s 图上根据已知初状态的两个独立参数，查得其他初状态参数；根据基本热力过程的各初状态参数点及另一个纵状态参数，查得纵状态的其他参数，并根据查得的初、纵状态参数来计算水在锅炉内被定压加热成饱和蒸汽或过热蒸汽的吸热量。

(1) 利用 h-s 图求状态点及其他未知状态参数

【例 2-8】 利用 h-s 图求下列状态水蒸气的焓、比体积和熵。1) $p_s = 5\text{MPa}$ 的干饱和蒸汽；2) $p = 15\text{MPa}$、$t = 550℃$ 的过热蒸汽；3) $p = 10\text{MPa}$、$x = 0.90$ 的湿饱和蒸汽。

【解】 1) $p_s = 5\text{MPa}$ 的定压线与干饱和蒸汽线交于点 1，如图 2-21 所示。从而查得

$$h'' = 2800\text{kJ/kg};$$
$$v'' = 0.0399\text{m}^3/\text{kg};$$
$$s'' = 5.98\text{kJ/kgK}$$

2) $p = 15\text{MPa}$ 的定压线与 $t = 550℃$ 的定温线交于点 2，如图 2-21 所示。从而查得

$$h = 3450\text{kJ/kg};$$
$$v = 0.0228\text{m}^3/\text{kg};$$
$$s = 6.53\text{kJ/kgK}$$

3) $p = 10\text{MPa}$ 的定压线与 $x = 0.90$ 的定干度线交于点 3，如图 2-21 所示。从而查得

$$h_x = 2602\text{kJ/kg};$$
$$v_x = 0.016\text{m}^3/\text{kg};$$
$$s_x = 5.38\text{kJ/kgK}$$

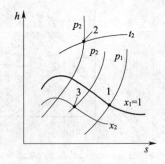

图 2-21 例题 2-8 图

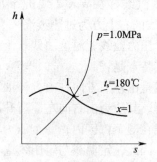

图 2-22 例题 2-9 图

【例 2-9】 求 $p = 1\text{MPa}$ 干饱和蒸汽的温度。

【分析】 在 h-s 图上，$p = 1\text{MPa}$ 的定压线与干饱和蒸汽线交于点 1，如图 2-22 所示。通过该点的定温线的温度就是 $p = 1\text{MPa}$ 时的饱和温度。

【解】 查得 $t_s = 180℃$

【例 2-10】 求 $t_s = 200℃$、$x = 0.90$ 的湿蒸汽的 p_x、h_x、s_x。

【分析】 在 h-s 图上，求 $t = 200℃$ 的定温线与干饱和蒸汽线交于点 2，如图 2-23 所示。交点 2 的压力 $p = 1.55\text{MPa}$，就是 $t = 200℃$ 时的饱和压力，由于湿蒸汽区域中的定压线即为定温线，故力 $p_s = 1.55\text{MPa}$ 的定压线与 $x = 0.90$ 定干度线交于点 1，即为所求得状态。

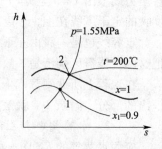

图 2-23 例题 2-10 图

【解】 查得

$$h_x = 2606\text{kJ/kg};$$
$$v_x = 0.0115\text{m}^3/\text{kg};$$

$$s_x = 6.02 \text{kJ/(kg·K)}$$

(2) 利用 h-s 图分析水蒸气的热力过程

1) 定压过程

水在许多热力设备中进行的是定压过程。如水在锅炉或换热器中的加热过程。

若已知初参数 p_1 及 x_1 的湿蒸汽，定压加热至终参数 t_2。该过程分析步骤如下：

A. 由已知的定压线 p_1 及定干度线 x_1 交于点 1，此即为初状态点，如图 2-24 所示。由于是定压过程，故沿定压线进行到已知温度 t_2 的定温线交于点 2，此即为终状态点。由此在图上可求得 t_1、s_1、h_1、v_1 及 s_2、h_2、v_2。

B. 定压过程传递的热量

$$q = h_2 - h_1$$

C. 定压过程的功

$$w = p(v_2 - v_1)$$

D. 定压过程的内能的变化

$$\Delta u = q - w$$

【例 2-11】进入锅炉过热器的蒸汽干度 $x = 0.99$，在定压 $p = 10\text{MPa}$ 下加热到温度 $t_2 = 510℃$ 的过热蒸汽，求 1kg 蒸汽所吸收的热量。

【解】由 h-s 图查得

$$h_x = 2720 \text{kJ/kg}; \quad h = 3403 \text{kJ/kg}$$

1kg 蒸汽在锅炉过热器中所吸收的热量

$$q = h - h_x = 3403 - 2720 = 683 \text{kJ/kg}$$

2) 等熵过程

水在许多热力设备中进行的是定熵过程。如蒸汽流经喷管的过程。

若已知初参数 p_1 及 t_1 的过热蒸汽，绝热膨胀至终参数 p_2。该过程分析步骤如下：

A. 由已知的定压线 p_1 及定温线 t_1 交于点 1，此即为初状态点，如图 2-25 所示。由于是定熵过程，故由点 1 向下作垂线，与已知压力 p_2 的定压线交于点 2，此即为终状态点。由此在图上可求得 h_1、s_1、v_1 及 t_2、h_2、v_2、x_2。

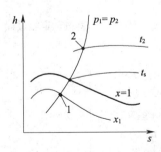

图 2-24 水蒸气的定压过程

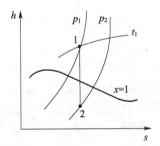

图 2-25 水蒸气的定熵过程

B. 定熵过程传递的热量

$$q = 0$$

C. 定熵过程的内能的变化

$$\Delta u = (h_2 - h_1) - (p_2 v_2 - p_1 v_1)$$

D. 定熵过程的功
$$w = q - \Delta u = -\Delta u$$
$$= (h_1 - h_2) - (p_1v_1 - p_2v_2)$$

【例 2-12】 过热蒸汽压力 $p_1=1$MPa，温度 $t_1=300$℃，绝热膨胀至 0.1MPa，试确定该蒸汽所做的膨胀功。

【解】 在 h-s 图由 $p_1=1$MPa 的定压线与 $t_1=300$℃ 的定温线交于点 1，如图 2-26 所示。查得
$$h_1 = 3050\text{kJ/kg}; \quad v_1 = 0.26\text{m}^3/\text{kg}$$
过 1 点向下作垂线与 $p_2=0.1$MPa 的定压线交于点 2，查得
$$h_2 = 2585\text{kJ/kg}; \quad v_2 = 0.26\text{m}^3/\text{kg}$$
则膨胀功为
$$\begin{aligned}w &= (h_1 - h_2) - (p_1v_1 - p_2v_2)\\ &= (3050 - 2585) - (1\times 10^6 \times 0.26 \times 10^{-3} - 0.1 \times 10^6 \times 1.6 \times 10^{-3})\\ &= 365\text{kJ/kg}\end{aligned}$$

3）定容（或称定比体积）过程

若已知初参数 p_1 及 x_1 的湿蒸汽，定容加热至终参数 t_2。

由已知的定压线 p_1 及定干度线 x_1 交于点 1，此即为初状态点，如图 2-27 所示。由于是定容过程，故沿经过初态定容线进行到已知温度 t_2 的定温线交于点 2，此即为终状态点。由初、终态求出未知的各参数。

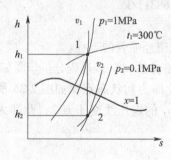

图 2-26 例题 2-12 图

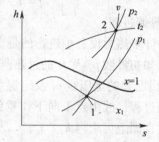

图 2-27 水蒸气的定容过程

4）等温过程

若已知初参数 t_1 及 x_1 的湿蒸汽，定温加热至终参数 p_2。

由已知的定温线 t_1 及定干度线 x_1 交于点 1，此即为初状态点，如图 2-28 所示。由于是定温过程，故在湿蒸汽区域沿着定压线、在过热蒸汽区域沿定温线进行到已知压力 p_2 的定压线交于点 2，此即为终状态点。由初、终态求出未知的各参数。

由于水蒸气的定容过程和定温过程在工程中应用不多，故不作详细讨论。

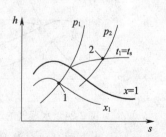

图 2-28 水蒸气的等温过程

课题4 湿空气

4.1 湿空气的性质

由于江河中水的不断蒸发,使得万物赖以生存的地球表面的大气层中含有水蒸气。我们称含有水蒸气的空气叫湿空气,而不含水蒸气的空气称为干空气。因此,湿空气是由干空气和水蒸气组成的混合气体。

在许多工程实际中都要利用湿空气,例如生产过程中物料的干燥、建筑物的采暖通风以及车间内空气的温度、湿度的调节、用于冷却循环水的冷却塔等,都与空气中所含水蒸气的状态和数量有密切关系。

在通风与空气调节工程及冷却塔所用到的湿空气一般都处于常压下,其中所含水蒸气的分压力很低,通常只有几百帕,比体积很大,分子之间的距离足够远,处于过热状态,所以可以近似看作是理想气体,这样湿空气就可以作为理想气体来处理。但必须指出,这种混合气体与单纯气体组成的混合物相比有不同之处,单纯气体组成的混合物的成分保持不变的,而湿空气中的水蒸气的含量随着温度的变化在改变。所以对湿空气的状态的描述和对状态变化过程的分析要比一般混合气体复杂得多。湿空气的性质除了与它的压力、温度等状态参数有关以外,还取决于它的组成气体水蒸气含量的多少。

由于湿空气可以视为理想气体,那么它的压力、比体积和温度之间的关系可以用理想气体的状态方式来描述,即

$$pv = RT$$

或

$$pV = mRT$$

式中气体常数 R 的数值取决于气体本身的性质。对于干空气 $R_g = 287.05$ J/(kg·K),水蒸气的气体常数 $R_{zq} = 461.5$ J/(kg·K)。

4.1.1 湿空气的状态参数

(1) 湿空气的压力

混合气体的总压力等于各组成气体分压力之和。因此,湿空气的总压力等于干空气分压力与水蒸气分压力之和。即

$$p = p_g + p_{zq} \tag{2-45}$$

式中 p——湿空气的总压力;

p_g——干空气的分压力;

p_{zq}——水蒸气的分压力。

在以湿空气作为介质的实际工程中,一般采用大气,这时,湿空气的压力就是大气压力 B,上式成为

$$B = p_g + p_{zq} \tag{2-46}$$

由于湿空气中含水蒸气量的多少和温度的高低不同,水蒸气所处的状态也不同,因而有饱和湿空气和未饱和湿空气之分。

干空气与过热水蒸气的混合物称为未饱和湿空气。

干空气与饱和水蒸气的混合物称为饱和湿空气。

若湿空气的压力（一般取为大气压力）与温度分别为 p 与 t，湿空气中水蒸气的温度也应是 t。对应于温度 t，水蒸气的饱和压力为 p_{bh}，例如室温为 30℃时，水的饱和压力由附录 2-1 的饱和水蒸气表，或水蒸气的 h-s 图，或附录 2-5 饱和空气状态参数表（0.1Mpa 大气压时）查得应为 0.04325×10^5 Pa。如湿空气中水蒸气的分压力 p_{zq} 等于此饱和压力 p_{bh}，该水蒸气就处于饱和状态，如图 2-29 中的点 B，此时的湿空气就称之为饱和湿空气。饱和湿空气中水蒸气

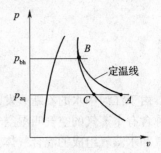

图 2-29　湿空气中水蒸气的 p-v 图

的含量已达到最大限度，除非提高温度，否则饱和湿空气中水蒸气的含量不会再增加。实际上，大气中水蒸气的分压力一般总是低于湿空气温度所对应的水蒸气的饱和压力，即 $p_{zq} < p_{bh}$，如图 2-29 中的点 A，此时，水蒸气处于过热状态，这种湿空气称为未饱和湿空气。

通常，大气都是未饱和湿空气，未饱和湿空气中的水蒸气处于过热状态，说明它还具有一定的吸湿能力。过热度愈大，吸湿能力愈强，反之，吸湿能力就愈弱。

（2）湿空气的温度

湿空气是由干空气和水蒸气组成的混和气体，而混合气体中各组成气体的温度都等于混合气体的温度，所以干空气和水蒸气的温度均等于湿空气的温度，即

$$T = T_g = T_{zq}$$

（3）绝对湿度和相对湿度

湿空气既然是混合气体，要确定它的状态除了必须知道湿空气的温度和压力外，还必须知道湿空气的成分，特别是湿空气中所含的水蒸气的量。湿空气中水蒸气的含量通常用湿度来表示，有三种表示方法：绝对湿度、相对湿度和含湿量。

1）绝对湿度

每 1m³ 的湿空气中所含的水蒸气的质量（kg）称为湿空气的绝对湿度。因此，在数值上绝对湿度等于在湿空气的温度和水蒸气的分压力 p_{zq} 下水蒸气的密度 ρ_{zq}，单位为 kg/m³。ρ_{zq} 的值可由饱和水蒸气表查得，或由下式计算

$$\rho_{zq} = \frac{m_{zq}}{V} = \frac{m_{zq}}{V_{zq}} \tag{2-47}$$

式中　m_{zq}——水蒸气的品质，kg；
　　　V——湿空气的体积，m³；
　　　V_{zq}——水蒸气的体积，m³。

根据理想气体的状态方程式

$$p_{zq}V = m_{zq}R_{zq}T$$

则

$$\frac{m_{zq}}{V} = \frac{p_{zq}}{R_{zq}T}$$

将上式代入式（2-47）得

$$\rho_{zq} = \frac{m_{zq}}{V} = \frac{p_{zq}}{R_{zq}T} \tag{2-48}$$

式中 R_{zq}——水蒸气的气体常数。

从上式得知，若保持湿空气温度 T 不变，而使空气中水蒸气含量增加，即绝对湿度变大，水蒸气的分压力将增加。从图 2-29 同样可以看出，状态 A 为过热状态，是未饱和湿空气，若从状态 A 沿定温线向左移，直到与干饱和蒸汽线相交于 B 点，即水蒸气达到饱和状态。从状态 A 到状态 B，随着水蒸气含量的增加，水蒸气的分压力也在增加。在 B 点，水蒸气的含量为最大。

$$\rho_{zq} = \rho'' = \rho_{max} = \frac{1}{v''} \tag{2-49}$$

式中 v''——对应湿空气温度下干饱和蒸汽的比体积，m^3/kg。

2）相对湿度

大气中水蒸气的数量，可在零与饱和状态时的密度 ρ'' 之间变化，绝对湿度只表示湿空气中实际水蒸气含量的多少，而不能说明在该状态下湿空气饱和的程度或吸收水蒸气能力的大小，因此，常用相对湿度来表示湿空气的潮湿程度。

湿空气的绝对湿度与同温度下饱和湿空气的绝对湿度的比值称为相对湿度，用符号 φ 表示，即

$$\varphi = \rho_{zq}/\rho_{bh} = \rho_{zq}/\rho'' \times 100\% \tag{2-50}$$

相对湿度 φ 值愈小，表示湿空气愈干燥，离饱和状态愈远，吸收水分的能力则愈强；反之 φ 值愈大，表示湿空气愈潮湿，吸收水分的能力愈弱，愈接近饱和状态。所以，相对湿度反映了湿空气中水蒸气的含量接近饱和的程度，故又称为饱和度。当 $\varphi = 0$ 时，为干空气；$\varphi = 1$ 时，则为饱和湿空气。所以不论湿空气的温度如何，由 φ 值的大小可直接看出它的干湿程度。

由于湿空气中水蒸气可以看作理想气体，应用理想气体状态方程可得

$$p_{zq}v_{zq} = R_{zq}T$$
$$p_{bh}v_{bh} = R_{zq}T$$

而 $\rho = \frac{1}{v}$，故

$$p_{zq} = R_{zq}\rho_{zq}T$$
$$p_{bh} = R_{zq}\rho_{bh}T$$

两式相除得

$$\rho_{zq}/\rho_{bh} = p_{zq}/p_{bh}$$

即

$$\varphi = \rho_{zq}/\rho_{bh} = p_{zq}/p_{bh} \times 100\% \tag{2-51}$$

式中 p_{bh} 表示在温度 t 时，湿空气中水蒸气可能达到的最大分压力。t 一定时，p_{bh} 相应有一定的值，可由饱和水蒸气表或水蒸气的 $h\text{-}s$ 图查得。

上式说明，相对湿度也可用湿空气中水蒸气的分压力 p_{zq} 与同温度下水蒸气的饱和压力 p_{bh} 之比来表示。

当相对湿度已知时，该式也可用来求得湿空气中水蒸气的分压力 p_{zq}。即

$$p_{zq} = \varphi p_{bh} \tag{2-52}$$

【例 2-13】 已知湿空气的绝对湿度为 0.015kg/m^3，温度为 30℃，试求该湿空气的相对湿度。

【解】 由附录 2-1 查得，当 $t=30℃$ 时，$p_{bh}=4241\text{Pa}$。

根据式（2-48），可得

$$p_{zq} = \rho_{zq} R_{zq} T = 0.015 \times 461.5 \times (273+30) = 2097.5\text{Pa}$$

空气相对湿度

$$\varphi = \frac{p_{zq}}{p_{bh}} = \frac{2097.5}{4241} = 49.5\%$$

【例 2-14】 某车间内空气的压力和温度分别为 0.1MPa 和 21℃。如测得相对湿度为 60%，试求空气中水蒸气的分压力为多少？

【解】 由附录 2-5 查得，当 $t=21℃$ 时，水蒸气的饱和压力 $p_{bh}=2485\text{Pa}$。

根据式（2-52），水蒸气的分压力

$$p_{zq} = \varphi p_{bh} = 0.6 \times 2485 = 1491\text{Pa}$$

（4）湿空气的含湿量

物料的干燥以及冷却塔中冷却水的过程，都是利用空气来吸收水分。然而，无论湿空气的状态如何变化，其中干空气的质量总是不变的，而所含的水蒸气的质量却有改变。为了分析和计算方便，常采用 1kg 质量的干空气作为计算基准来表示湿空气的湿度。

在含有 1kg 干空气的湿空气中，所含水蒸气的质量（以 g 计），称为湿空气的含湿量，以符号 d 表示，其单位为 g/kg（g）。

设湿空气中干空气的质量为 m_g（kg），水蒸气的质量为 m_{zq}（kg），则

$$d = \frac{m_{zq}}{m_g} \times 1000 = \frac{\rho_{zq}}{\rho_g} \times 1000 \tag{2-53}$$

值得注意的是，上式以"kg 干空气"为计算基准，它不同于 1kg 质量的湿空气，它是将所含水蒸气的质量 d 计算在干空气之外，也即在质量为 $(1+0.001d)$ kg 的湿空气中应含有 dg 水蒸气。由于干空气质量不变，因此，只要根据含湿量 d 的变化，就可以判断出过程中湿空气的干湿程度。

水蒸气和干空气作为理想气体，满足理想气体状态方程式，则

$$p_{zq} = R_{zq}\rho_{zq}T$$
$$p_g = \rho_g R_g T$$

两式相除

$$\frac{p_{zq}}{p_g} = \frac{\rho_{zq} R_{zq}}{\rho_g R_g}$$

将以上关系式代入式（2-53）得

$$d = \frac{p_{zq} R_g}{p_g R_{zq}} \times 1000$$

将 $R_{zq}=461.5\text{J/(kg·K)}$，$R_g=287.05\text{J/(kg·K)}$ 代入上式

$$d = \frac{287.05 p_{zq}}{461.5 p_g} \times 1000 = 622 \frac{p_{zq}}{p_g} \tag{2-54}$$

又根据式（2-46）知

$$p_g = B - p_{zq}$$

代入上式

$$d = 622 \frac{p_{zq}}{B - p_{zq}} \tag{2-55}$$

由式（2-55）知，当大气压力 B 一定时，含湿量 d 只取决于水蒸气的分压力，随水蒸气的分压力增大而增大。

又由式（2-52）知

$$p_{zq} = \varphi p_{bh}$$

故

$$d = 622 \frac{\varphi p_{bh}}{B - \varphi p_{bh}} \tag{2-56}$$

从上式可以看出，当已知湿空气的温度时，可由附录 2-6 查得 p_{bh}，这样相对湿度 φ 和含湿量 d 之间的关系即可由上式进行换算。

当水蒸气的分压力达到饱和分压力时，相对湿度 $\varphi = 1$，湿空气的含湿量达到最大值，此时的含湿量称为饱和含湿量，用 d_{bh} 表示，即

$$d_{bh} = 622 \frac{p_{bh}}{B - p_{bg}} \tag{2-57}$$

由于在一定温度下水蒸气的饱和压力 p_{bh} 为定值，因此，对应于一定的温度，就有固定的饱和含湿量值。

不同温度下的饱和含湿量值可见附录 2-5。

将式（2-55）与式（2-57）相除可得

$$\frac{d}{d_{bh}} = \frac{p_{zq}}{p_{bh}} \frac{B - p_{bh}}{B - p_{zq}} = \varphi \frac{B - p_{bh}}{B - p_{zq}}$$

由于 B 与 p_{bh} 相比要大得多，因此可近似认为

$$B - p_{zq} \approx B - p_{bh}$$

则

$$\varphi \approx \frac{d}{d_{bh}} \times 100\% \tag{2-58}$$

利用上式计算带来的误差不超过 2% ~ 3%。

【例 2-15】室内空气压力 $p = 0.1\text{MPa}$，温度 $t = 30℃$，如已知相对湿度 $\varphi = 50\%$，试计算空气中水蒸气的分压力、含湿量、饱和含湿量。

【解】由饱和水蒸气表查得 30℃ 时 $p_{bh} = 4241\text{Pa}$，由式（2-52）得

$$p_{zq} = \varphi p_{bh} = 0.5 \times 4241 = 2120.5\text{Pa}$$

又由式（2-55），可得

$$d = 622 \frac{p_{zq}}{B - p_{zq}} = 622 \times \frac{2120.5}{10000 - 2120.5} = 13.48\text{g/kg(g)}$$

又由式（2-57），可得

$$d_{bh} = 622 \frac{p_{bh}}{B - p_{bh}} = 622 \times \frac{4241}{10000 - 4241} = 27.54\text{g/kg(g)}$$

【例 2-16】 某地空气温度为 20℃，含湿量为 10g/kg（g），当地大气压力为 0.1MPa，试问空气的相对湿度为多少？

【解】 由附录 2-5 查得，当 $t=20℃$ 时，饱和分压力 $p_{bh}=2337Pa$，饱和含湿量 $d_{bh}=14.88g/kg（g）$。

由式（2-55），可得

$$p_{zq} = \frac{dB}{622+d} = \frac{10 \times 10000}{622+10} = 1582.3 Pa$$

又可由式（2-51）得

$$\varphi = \frac{p_{zq}}{p_{bh}} \times 100\% = \frac{1582.3}{2337} \times 100\% = 67.7\%$$

若按式（2-58）可得

$$\varphi \approx \frac{d}{d_{bh}} \times 100\% = \frac{10}{14.88} \times 100\% = 67.2$$

按近似式求得的误差为 0.7%。

(5) 湿空气的焓

在湿空气的工程应用中，大都是在稳定流动的工况下，因而在进行工程计算时，焓是个很重要的参数。了解到湿空气中焓的变化，可以求得湿空气吸收或放出的热量。

湿空气的焓应等于干空气的焓与其中所含水蒸气的焓之和。若以 1kg 干空气为计算基准，则湿空气的焓等于 1kg 干空气的焓与 0.001d kg 水蒸气的焓之和，即

$$h = h_g + 0.001 d h_{zq}$$

式中 h——对应于含 1kg 干空气的湿空气的焓，kJ/kg（g）；

h_g——1kg 干空气的焓，kJ/kg；

h_{zq}——1kg 水蒸气的焓，kJ/kg。

若取 0℃时干空气的焓值为零，且认为在温度变化范围不大（100℃以下）时，空气的比热不变，则干空气的焓可近似用下式计算

$$h = 1.005t + 0.001d(2501 + 1.86t) \tag{2-59}$$

【例 2-17】 如例 2-18 中的已知条件，试求该空气的焓值。

【解】 由例 2-20 已求得湿空气的含湿 $d=13.48g/kg（g）$，则由式（2-57），湿空气的焓

$$\begin{aligned} h &= 1.005t + 0.001d(2501 + 1.86t) \\ &= 1.005 \times 30 + 0.001 \times 13.48 \times (2501 + 1.86 \times 30) \\ &= 64.6 kJ/kg(g) \end{aligned}$$

(6) 露点温度与干、湿球温度

在湿空气中水蒸气的 $p\text{-}v$ 图（图 2-29）上可以看出，若保持未饱和湿空气中水蒸气的含量不变，则水蒸气的分压力 p_{zq} 也不变，改变其温度，使湿空气中的水蒸气沿定压线 A-C 冷却，温度下降。当过程进行到 C 点时，也达到饱和状态，若再冷却，水分就将凝结成水滴从湿空气中分离出来。

在湿空气中，对应于水蒸气分压力 p_{zq} 下的饱和温度，称为露点温度，简称露点。

图2-29中 C 点的温度即露点温度，用符号 t_{ld} 表示。湿空中的 p_{zq} 与 t_{ld} 有一一对应关系。

露点温度在实际中有很大的现实意义。空气中水蒸气多时，水蒸气的分压力就高，它所对应的饱和温度即露点也高；反之，空气中水蒸气少时，露点就低。因此，测定出湿空气的露点的实用价值在于：如在农业上可以预报是否有霜冻；在建筑结构中可以判断厨房、卫生间等房间的外墙内表面是否结露；在锅炉设备的尾部烟道（受热面），若烟气侧金属壁温度低于烟气中水蒸气的露点温度，则凝结下来的水滴将与烟气中的 SO_x 化合成酸类，从而造成对管壁的腐蚀，即低温腐蚀。

露点可用专门的仪器测量。用露点测定仪测得湿空气的露点温度后，就可从湿空气物理性质表中查得对应的饱和含湿量和饱和水蒸气分压力。反之，若已知湿空气状态的含湿量或水蒸气分压力，也可从表中查得相应的露点温度（饱和温度）。

有两支完全相同的温度计，将其中的一支温度计的水银球用湿纱布包起来，并将纱布一端浸在水中。由于毛细作用，湿纱包将保持湿润。这支温度计称为湿球温度计。而另一支温度计的水银球完全裸露在空气中，称这支温度计为干球温度计。一段时间后，两支温度计上显示温度不变，同时会发现两个显示温度不同，湿球温度计测得的温度较干球温度计测得的温度低。干球温度计测得的叫干球温度，即空气温度，用 t_g 来表示。湿球温度计测得的叫湿球温度，用 t_s 来表示。

干球温度和湿球温度之所以出现差值，是由于空气未达到饱和，具有一定的吸湿能力，那么湿纱布中的水就会不断地蒸发。水分的蒸发，首先从水的本身吸取所需的汽化潜热，这样导致湿纱布的温度下降。无论原来的水温多高，经过一段时间后，水温终将下降至空气干球温度以下。这样就出现了空气向纱布中的水传热。空气与水的温差越大，空气向水传热越快。当水温降至某一值时，空气传给水的热量恰等于水分蒸发所消耗的热量，无需再从水中吸收热量，此时，水温不再下降，这个温度就反映了水中的温度，即湿球温度。

干球温度与湿球温度的差值大小与空气的相对湿度有关。空气的相对湿度愈大，纱布中的水分蒸发愈慢，干湿球温度差就愈小，反之，空气相对湿度愈小，水分蒸发愈快，干湿球温差就愈大。当空气的相对湿度达到100%，水分不再蒸发，则干湿球温差等于零，此时湿球温度与干球温度相等。为方便起见，将空气相对湿度 φ 与干球温度 t_g 及湿球温度 t_s 之间的关系制成表格或线图，这样，可根据测得的干球温度 t_g 和湿球温度 t_s 的值从表或图中查得相对湿度的值。图2-30为湿空气相对湿度线算图。

例如：大气的干、湿球温度分别为 $t_g = 30℃$、$t_s = 25℃$，查图2-30可以求得相对湿度 $\varphi = 68\%$。

【例2-18】室内空气压力 $B = 0.1MPa$，温度 $t = 30℃$，如已知相对湿度 $\varphi = 40\%$，试计算空气

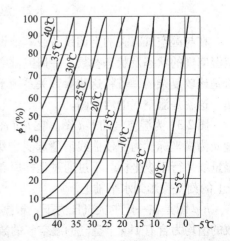

图2-30 湿空气相对湿度线算图
（图中各曲线上所示温度为湿球温度）

中水蒸气分压力、露点和含湿量。

【解】由饱和水蒸气性质表查得30℃时 $P_{bh}=4241Pa$

由式（2-52）得

$$p_{zq} = \varphi p_{bh} = 0.4 \times 4241 = 1696.4Pa$$

从饱和水蒸气性质表上查得 p_{zq} 对应的饱和温度即为露点温度。

$$t_{ld} = 14.9℃$$

又由式（2-55）得

$$d = 622 \times \frac{p_{zq}}{B - p_{zq}}$$

$$= 622 \times \frac{1696.4}{100000 - 1696.4} = 10.73 \text{ g/kg(g)}$$

【例2-19】某空气经实测，干球温度 $t_g=20℃$、湿球温度 $t=15℃$，试求该空气的状态参数 φ、d 和 h。（已知空气压力 $B=0.1MPa$）

【解】从湿空气的相对湿度线算图上查得：$t_g=20℃$、$t_s=15℃$时，$\varphi=64\%$

由饱和水蒸气性质表查得20℃时 $p_{bh}=2338Pa$。

由式（2-56）得

$$d = 622 \frac{\varphi p_{bh}}{B - \varphi p_{bh}}$$

$$= 622 \times \frac{0.64 \times 2338}{10000 - 0.64 \times 2338} = 9.45 \text{g/kg(g)}$$

又由式（2-59）得

$$h = 1.005t + 0.001d(2501 + 1.86t)$$
$$= 1.005 \times 20 + 0.001 \times 9.45 \times (2501 + 1.86 \times 20)$$
$$= 44.1 \text{kJ/kg(g)}$$

4.2 湿空气的焓—湿图

在与湿空气有关的空调设备或其他设备的设计、运行及管理维护过程中，往往需要确定湿空气的状态及状态参数，并研究湿空气在设备中的状态变化过程，用公式来计算和分析是比较复杂的，若将这些参数关系画于一个线图上，则为湿空气的计算和分析带来了方便。这就是湿空气的焓湿图。

图2-31为湿空气的 h-d 图。在 h-d 图中，以湿空气的焓 h 为纵坐标，以湿空气的含湿量 d 为横坐标，为了使曲线清楚起见，纵坐标与横坐标的交角不是直角而是135°。定含湿量线平行于纵坐标。不过通过坐标原点的水平线以下部分没有用，因此，将斜角横坐标 d 上的刻度投影到水平轴上。

h-d 图是在一定的大气压力下，根据公式（2-56）和公式（2-59）绘制的。图中各参数的值均为含有1kg干空气的湿空气的数值。图上每一点都表示湿空气的一种状态，具有确定的状态参数。在图上还可以用线段表示湿空气的状态变化过程。

在 h-d 图上有等焓线、等含湿量线、等温线、等相对温度线四种等值线群和一条水蒸气分压力与含湿量 d 的交换线，如图2-31所示。

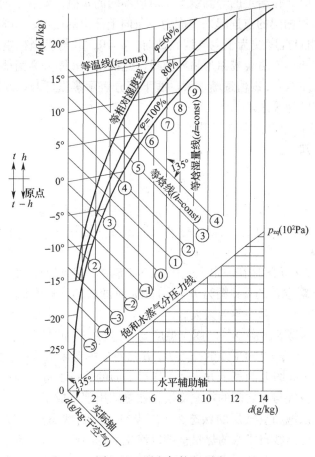

图 2-31 湿空气的 h-d 图

4.2.1 等焓线

因为 h-d 图采用 135° 的斜角坐标，所以，等焓线是一组相互平行并与纵坐标成 135°（与水平线成 45°角）的直线。过坐标原点的 $h=0$，h 值自下而上逐渐增加，原点以上为正值，以下为负值。

4.2.2 等含湿量线

等含湿量线是一组与纵坐标平行的直线。过坐标原点的 $d=0$，d 值自左向右逐渐增加。

4.2.3 等温线

根据式（2-59）可知：$h = 1.005t + 0.001d(2501 + 1.86t)$，当温度一定时，焓 h 与含湿量 d 成直线关系，所以在 h-d 图上的等温线群为斜率不同的直线。从式（2-59）可以看出，对于不同的温度，直线有不同的斜率，所以等温线之间并不互相平行。不过由于 $1.86t$ 远小于 2501，这样直线斜率随温度变化甚微，故等温线又几乎是平行的。由公式：$t=0℃$ 时，$h=2.501d>0$，因此，过坐标原点的 $t≠0℃$。h 值是随空气温度 t 的增加而增加的，这样，在 h-d 图上，t 值自下而上是逐渐增加的。

4.2.4 等相对湿度线

根据式（2-56）可知：$d = 622 \dfrac{\varphi p_{bh}}{B - \varphi p_{bh}}$，当湿空气的压力 B 和温度 T 为某一定值

（即 p_{bh} 亦为定值）时，在给定的等温线上，对应不同的 d 值，就有不同的 φ 值，将各等温线上的相对湿度 φ 值相同的点连起来，成为一条向上凸出的曲线，即为等相对湿度线。

$\varphi = 0\%$ 的等相对湿度线为干空气线，此时，$d=0$，故与纵坐标重合。$\varphi = 100\%$ 的等相对湿度线称为饱和空气曲线或称为临界曲线，此线将 h-d 图分为两部分。在线部分为未饱和湿空气区，从左至右，φ 值逐渐增大。线下部分表示蒸汽已开始凝结为水，此时的湿空气呈雾状，故该区为雾区。

4.2.5 水蒸气的分压力与含湿量的交换线

由式（2-55）知

$$d = 622 \frac{p_{zq}}{B - p_{zq}}$$

从式可以看出大气压力 B 一定时，d 与 p_{zq} 之间存在单值对应关系，即 $p_{zq} = f(d)$。

将该关系曲线画在 h-d 图上与横坐标 d 数值相对应的另一根横坐标上，该横坐标上列有 p_{zq} 的标值。

值得注意的是：h-d 图是在一定大气压力下绘制的，不同的大气压力下的线图不同。图 2-31 及附录 2-6 湿空气的 h-d 图为 $B = 0.1\text{MPa}$ 时画成的。通常的实际问题中，气压相差不大时仍用此图计算，误差不会太大。

在 h-d 图上很容易求出湿空气的露点温度 t_{ld}。过湿空气的状态点 A（t_A，φ_A）作等含湿量线（垂直线），与 $\varphi = 100\%$ 线的交点 B，B 点对应的温度 $t_B = t_{ld}$，如图 2-32 所示。

湿球温度 t_s 在 h-d 图上的表示方法，可通过下面的分析求得。当初始状态为 A 的空气流经湿球时，由于空气与水之间的热湿交换，在湿球周围形成了一层与水温相等的、很薄的饱和空气层。设该饱和空气层的状态为 C。当空气从初状态点 A 变为饱和空气状态 C 时，由于饱和空气传给纱布中水的热量全部以汽化潜热的形式返回到空气中，故可认为空气的焓值基本保持不变，湿球周围饱和空气层的形成过程，即由 A 到 C 的过程，可近似地认为是等焓过程。在 h-d 图上，过 A 点作等焓线与 $\varphi = 100\%$ 的饱和曲线相交于 C 点，该点的温度即是湿球温度 t_s，如图 2-32 所示。

【例 2-20】 测得空气压力 $B = 0.1\text{MPa}$，$\varphi = 60\%$，$t = 30℃$，试在 h-d 图上求出该空气的其余状态参数。

【解】 参见附录 2-6 的湿空气的 h-d 图，从图中找出 $t = 30℃$，$\varphi = 60\%$ 的状态点 A，如图 2-33 所示。

于是查得该空气的其余状态参数：

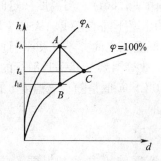

图 2-32 t_{ld}、t_s 在 h-d 图上的表示

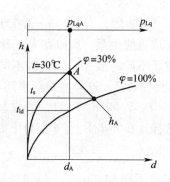

图 2-33 例题 2-20 图

$$h_A = 71.7 \text{kJ/kg(g)}$$
$$d_A = 16.3 \text{g/kg(g)}$$
$$p_{zqA} = 2560 \text{Pa}$$
$$t_{ld} = 21.7 ℃$$
$$t_s = 23.9 ℃$$

4.3 湿空气的热力过程

4.3.1 等湿加热和等湿冷却过程

湿空气在加热过程中，吸收热量，温度上升，含湿量保持不变。例如空气调节工程中利用表面式加热器和电加热器来处理空气的过程。

如图 2-34 所示，已知空气的入口参数为 t_1、h_1，即可在图中确定出状态点 1，然后沿等含湿量线垂直向上与温度为 t_2 的等温线相交，即可得出口状态点 2。

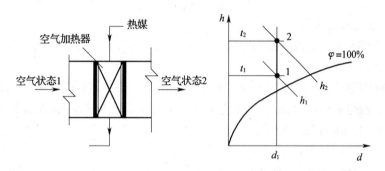

图 2-34 湿空气的等湿加热过程

显然，这一过程可以用来干燥空气。

过程中的加热量可用焓差求得

$$q = h_2 - h_1$$

湿空气在冷却过程中，温度逐渐降低，在降至露点温度之前，空气含湿量保持不变。这一过程称为等湿冷却过程。例如空调工程中一般是利用表冷器对空气进行等湿冷却。

如图 2-35 所示，状态 1 的湿空气经过冷却后，温度降低，焓值下降，只要不低于零点温度，空气中的水蒸气就不会凝结，如图中的 1-2 过程。

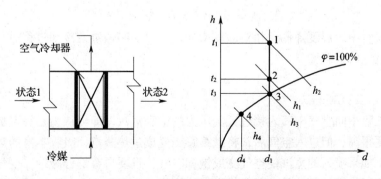

图 2-35 湿空气的等湿冷却过程

在 1-2 过程中

$$\Delta h < 0; \Delta d = 0; \Delta t < 0$$

在这一过程中，温度降低，相对湿度却增大，即相当于对空气冷却加湿。

过程的放热量为

$$q' = h_2 - h_1$$

若将状态 2 的空气继续冷却至露点，则空气中的水蒸气即达到饱和，如图 2-35 中的 2-3 过程。如冷却后的空气温度低于露点，空气中的水蒸气将有部分凝结。温度越低，凝结越多。如图 2-35 中的 3-4 过程。

在这一过程中，温度降低，含湿量减小，因此也称为冷却干燥过程。

过程的放热量仍用焓差计算

$$q'' = h_4 - h_1$$

析出的水分

$$\Delta d = d_4 - d_1$$

4.3.2 绝热加湿过程

空气在绝热条件下完成的加湿过程称为绝热加湿过程。例如在空调工程中用喷水室喷淋循环水来处理空气的过程。

因为过程中与外界无热交换，空气温度高于水温，水分蒸发所需要的热量完全来自空气本身，该过程与湿球温度的形成过程相同。所以空气在处理后焓值基本不变，温度降低，含湿量增大，如图 2-36 所示。

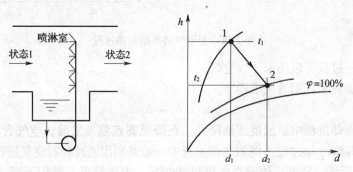

图 2-36 湿空气的绝热加湿过程

在 1-2 过程中

$$\Delta h = 0; \Delta d > 0; \Delta t < 0$$

在这一过程中，温度降低，相对湿度增加，所以又叫做蒸发冷却过程。

过程中空气的吸湿量

$$\Delta d = d_2 - d_1$$

4.3.3 等温加湿过程

在空调工程中向空气中喷入接近大气压力的饱和蒸汽，即可认为是等温加湿过程。虽然蒸汽的温度很高，但进入空气后，将继续膨胀变成过热蒸汽，吸收本身的热量，最终空气温度不变。如果喷入的蒸汽使空气变成饱和空气，且要再有部分凝结，空气温度将升高很多。所以等温加湿的条件是，不能使空气达到饱和。在 h-d 图上这一过程可表示为 1-2

过程，如图2-37所示。

在这一过程中

$$\Delta h > 0; \Delta d > 0; \Delta t = 0$$

焓的增加值 Δh 为

$$\Delta h = \frac{\Delta d}{1000} h_{zq}$$

式中　h_{zq}——水蒸气的焓，kJ/kg；

Δd——每千克干空气所吸收的蒸汽量，g/kg（g）。

这一过程的加湿量

$$\Delta d = d_2 - d_1$$

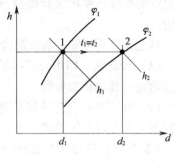

图2-37　湿空气的等温加湿过程

这一过程线与等温线近似平行，故可认为该过程为等温过程。

4.3.4　绝热混合过程

在空调一次（或二次）回风系统中，经常遇到两种不同状态空气的混合情况。主要是为了节省冷量或热量，提高空调系统的经济性。

设空气1对应的状态参数为 t_1、h_1、d_1、φ_1，流量为 m_1，空气2对应的状态参数为 t_2、h_2、d_2、φ_2，流量为 m_2。两股空气混合后为空气3，对应的状态参数为 t_3、h_3、d_3、φ_3，流量为 m_3。

根据质量守恒

$$m_1 + m_2 = m_3 \quad (a)$$

根据能量守恒

$$m_1 h_1 + m_2 h_2 = m_3 h_3 \quad (b)$$

根据湿量守恒

$$m_1 d_1 + m_2 d_2 = m_3 d_3 \quad (c)$$

由（a）、（b）两式可得

$$\frac{m_1}{m_2} = \frac{h_3 - h_2}{h_1 - h_3}$$

由（a）、（c）两式可得

$$\frac{m_1}{m_2} = \frac{d_3 - d_2}{d_1 - d_3}$$

综合以上两式可得

$$\frac{m_1}{m_2} = \frac{h_3 - h_2}{h_1 - h_3} = \frac{d_3 - d_2}{d_1 - d_3} \quad (2\text{-}60)$$

式（2-60）是一直线的二段式方程，它说明两股空气的状态点与混合后的状态点在一条直线上，如图2-38所示。

根据几何学中的相似原则，对应的各边之比呈一定的比例，则

$$\frac{m_1}{m_2} = \frac{h_3 - h_2}{h_1 - h_3} = \frac{d_3 - d_2}{d_1 - d_3} = \frac{32}{13} \quad (2\text{-}61)$$

混合后的状态3，将直线分为两段，即13和32。这两

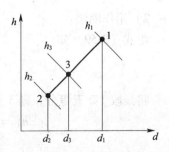

图2-38　湿空气的混合过程

段直线的长度与参加混合的空气质量成反比。也就是说，混合点靠近质量大的空气状态一边。

从上述分析可知，确定混合后空气的状态及状态参数由两种方法：

(1) 计算法：即用公式 (b)、(c) 分别求出 d_3 和 h_3，然后在 h-d 图上确定状态点，从而再查出其余状态参数。

(2) 作图法：首先连接状态 1 和状态 2 的直线 12，然后根据质量的比值分割直线，分割点为混合后空气的状态点，从而查出该点的其余状态参数。

【例 2-21】已知大气压力为 101325Pa。状态 1 的空气 m_1 = 2000kg/h，温度为 t_1 = 20℃，相对湿度 φ_1 = 60%；状态 2 的空气 m_2 = 500kg/h，温度为 t_2 = 30℃，相对湿度为 80%。试求两种空气混合后的状态及状态参数。

【解】在图上先找出状态点 1 和 2，连接 1 和 2，如图 2-39 所示。

$$h_1 = 41.8 \text{kJ/kg(g)};$$
$$d_1 = 8.7 \text{g/kg(g)}$$
$$h_2 = 86.2 \text{kJ/kg(g)};$$
$$d_2 = 21.7 \text{g/kg(g)}$$

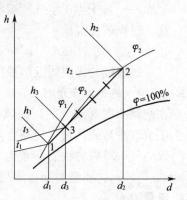

图 2-39 例题 2-21 图

1) 用计算法：

由公式 (b) 可得

$$h_3 = \frac{m_1 h_1 + m_2 h_2}{m_1 + m_2} = \frac{2000 \times 41.8 + 500 \times 86.2}{2000 + 500}$$
$$= 50.68 \text{kJ/kg(g)}$$

由公式 (c) 可得

$$d_3 = \frac{m_1 d_1 + m_2 d_2}{m_1 + m_2} = \frac{2000 \times 8.7 + 500 \times 21.7}{2000 + 500}$$
$$= 11.3 \text{g/kg(g)}$$

在 h-d 图上找出 h_3（或 d_3）与直线 1-2 的交点即为混合后的状态 3。则

$$t_3 = 22.3℃$$
$$\varphi_3 = 67\%$$

2) 用作图法：

由式 (2-59) 知

$$\frac{m_1}{m_2} = \frac{32}{13} = \frac{2000}{500} = \frac{4}{1}$$

将线段 1-2 五等分，则 3 点位于靠近 1 点的一等分处。从 h-d 图上查得

$$h_3 = 50.7 \text{kJ/kg(g)}; d_3 = 11.4 \text{g/kg(g)}$$
$$t_3 = 22.1℃; \varphi_3 = 67.5\%$$

课题 5 喷管流动和节流流动

5.1 喷管、扩压管的工程应用与类型

凡是用来使气流压力降低,速度增大的短管道都称为喷管。由于气流流经喷管时的流速很高,时间很短,来不及和外界进行热量交换,则认为气流在喷管内的流动为绝热稳定流动。由于气流压力降低,根据绝热方程式 $pv^k = $ 常数,比体积 v 必然增大,所以气流在喷管中的流动过程为绝热膨胀过程。又由于气流的速度增加,根据绝热稳定流动能量方程,气流的焓必然降低,因此,喷管的作用就在于在气体和蒸汽的膨胀过程中,将部分焓转变成动能,使气流以较高的速度从喷管流出。

在喷管中,工质状态的变化与管道截面有关。喷管截面变化可分为两种形式:截面积逐渐减小的叫渐缩喷管,如图 2-40 所示;截面积先收缩后再扩大的叫缩放喷管,如图 2-41 所示。

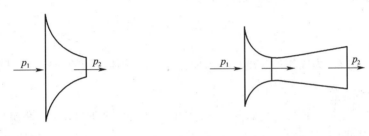

图 2-40 渐缩喷管　　　　　　图 2-41 缩放喷管

扩压管是使气流速度降低、压力升高的短管。具有高速低压的气流在流经扩压管时,同样可以看作绝热稳定流动过程。由于气流压力逐渐升高,则比体积必然减小,所以气流在扩压管中进行的是绝热压缩过程。从能量转换的角度来看,气体的动能降低,但焓值增加,因此,扩压管的作用就是促使气流在绝热压缩的过程中,将动能转变成焓,使气流的压力和温度升高。

扩压管有两种结构形式:渐扩形扩压管和渐缩渐扩形扩压管。它们的形状如图 2-42 和图 2-43 所示。

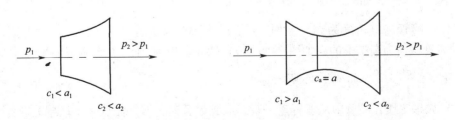

图 2-42 渐扩形扩压管　　　　　　图 2-43 渐缩渐扩形扩压管

气流在扩压管中的能量转换和参数变化规律与在喷管中的情况正好相反,因此,扩压管相当于倒置的喷管。关于这点,可以从下面的分析中比较得知。

喷管和扩压管在实际中得到了广泛的应用,采暖系统的蒸汽喷射器就是一个例子,如

图 2-44 所示。

它由喷管、引水室、混合室、扩压室四部分组成。当喷射器工作时,具有一定压力的蒸汽通过喷管产生较高的流速,同时在喷管出口及其四周形成较低的压力把采暖系统的部分回水吸入引水室并进入混合室。在混合室中,蒸汽被凝结,回水被加热,混合后的热水以较高的速度进入扩压管。在扩压管内,热水流速逐渐降低,压力和温度逐渐升高,离开扩压管后进入采暖系统。

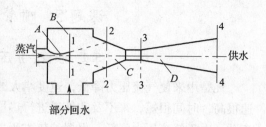

图 2-44 蒸汽喷射器的工作原理
A—喷管;B—引水室;C—混合室;D—扩压管

5.2 喷管流动规律与喷管、扩压管的正确选用

由以上可知,气流在喷管内的状态及速度变化与流道的形状有关,经过理论推导,流道截面的变化率 df/f 与速度变化率 dc/c 有如下关系

$$\frac{df}{f} = (M^2 - 1)\frac{dc}{c} \tag{2-62}$$

式中 M——马赫数,为气流的速度 c 与当地音速 a 的比值,即 $M = \frac{c}{a}$,反映气体流动的特性。

在马赫数 M 计算式中,当地音速 a 的大小由气体所处的状态和性质所决定,$a = \sqrt{kpv}$,(k 是绝热指数)。当 $M < 1$ 时,气体流速 c 小于当地音速 a,称气体以亚音速流动;当 $M = 1$ 时,气体流速等于当地音速,称为气体的临界速度;当 $M > 1$ 时,气体流速 c 大于当地音速 a,称气体以超音速流动。

从式 (2-62) 可以看出,当气流速度变化时,气流流道截面究竟是扩大还是缩小,应取决于 $(M^2 - 1)$ 和 dc 的正、负情况。对喷管来说沿着流动方向,气体因绝热膨胀比体积不断增大,压力降低而流速增加,这时气流截面的变化规律为

(1) 当喷管进口流速为亚音速时,$c < a$,即 $M < 1$,这时 $(M^2 - 1)$ 为负值,因此 $df < 0$,喷管截面为渐缩形的,如图 2-45 (a) 所示。喷管内工质比体积的变化率小于流速的变化率,$\frac{dv}{v} < \frac{dc}{c}$,如图 2-46 所示。

(2) 当喷管进口速度为超音速时,$c > a$,即 $M > 1$,这时 $(M^2 - 1)$ 为正值,因此 $df > 0$,喷管截面为渐扩形的,如图 2-45 (b) 所示。喷管内工质比体积的变化率大于流速的变化率,$\frac{dv}{v} > \frac{dc}{c}$,如图 2-46 所示。

(3) 如果工质在喷管内从亚音速一直膨胀到超音速,即气流从 $M < 1$ 连续加速到 $M > 1$ 时,其截面变化必然是先收缩而后扩张,中间有一最小截面亦称喉部。它是气流从亚音速加速到超音速的转折点,亦称为临界截面,此处 $df = 0$,$M = 1$,$c = a$,如图 2-45 (c) 所示。喷管内工质比体积的变化率与流速变化率的比较在临界截面的前后有所不同,如图 2-46 所示。

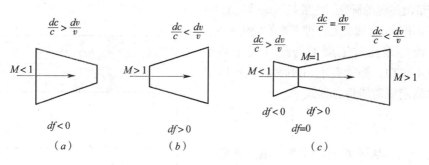

图 2-45 不同喷管中气流速度的变化规律

从上面的分析可以看出,要使气流在喷管中充分膨胀,不断加速,达到理想的加速效果,喷管的截面大小必须与气流状况相适应。

1)在渐缩喷管中,$df<0$,气流速度小于或等于当地音速,如图 2-46 所示,但不能大于音速。因此,在渐缩喷管中只能实现气流从亚音速到亚音速或当地音速的加速。

2)要使气流速度由亚音速加速到超音速,喷管的截面必须是由渐缩转变为渐扩的缩放型喷管。

气流通过扩压管时,因气流在扩压管中的能量转换过程与在喷管中的过程正好相反,所以前面分析过的气流在喷管中流动的理论同样适用于扩压管。

A. 如果进入扩压管的气流速度小于当地音速,即 $M<1$,由式(2-62)得知,因 $dc<0$,则 $df>0$,那么扩压管的截面积沿着气流方向应该逐渐扩大,这就是渐扩形扩压管,如图 2-42 所示。

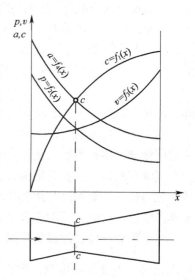

图 2-46 喷管中气流参数与速度的变化关系

B. 如果进入扩压管的气流速度大于当地音速,即 $M>1$,而出口流速又小于当地音速($M<1$),则根据式(2-62)同样得知,扩压管的截面积沿着气流方向先缩小,使气流速度降低到临界速度,然后截面积逐渐扩大,使气流速度降低到亚音速,从而获得较高的气流出口压力。这就是渐缩渐扩形(缩放型)扩压管,如图 2-43 所示。

综上所述,确定某一管道是喷管还是扩压管,主要取决于管道中介质状态的变化,而不是决定于管道的形状。

5.3 节　流

流体在管道中流动时,遇到阀门、孔板等装置时通道截面突然减小,由于局部阻力而使流体压力降低,这种现象称为节流。因为流体通过狭小截面的时间极短,来不及与外界发生热交换,所以可以看作是绝热过程,因此又把此过程称为绝热节流。

气体在管道中流动,如果遇到截面突然缩小,在缩孔内流速增加很大,而压力急剧下降,在缩孔前后一段区域内,因为气体未能充满整个管道截面,气流发生了强烈的扰动与涡流。但稍过一段距离,又恢复了气体的稳定流动状态。图 2-47 中 2-2 截面为稳定后的状态。

对于节流过程的研究，主要是讨论节流前 1-1 截面处与节流后 2-2 截面处各种参数的变化情况。

由于流经缩孔时工质不与外界发生热交换，同时不做功，势能差也可不考虑，所以应满足绝热稳定流动能量方程式

$$h_1 + \frac{c_1^2}{2} = h_2 + \frac{c_2^2}{2}$$

可见气流的焓随着流速而变。由于在缩口处气流内部产生强烈扰动，即使同一截面上各同名状态参数值也不相同，故无法进一步分析。但可对离缩口稍远（不受扰动影响）的截面 1-1、2-2 进行讨论，认为在一般情况下流速变化不大，$c_1 \approx c_2$ 极小，可忽略不计，则上式成为

$$h_1 = h_2$$

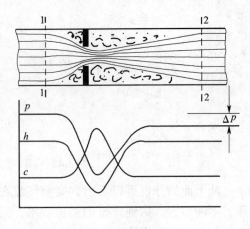

图 2-47 节流过程分析

即在绝热节流过程中，节流前的焓和节流后的焓相等。这是绝热节流过程的基本特性。

在此必须指出的是以上结论的得出是依据节流前后流速不变，而实际上，由于节流后压力降低，比体积增加，流速稍有增加，但动能的变化与焓值相比可以忽略不计。事实上，气流在缩口处速度变化很大，焓值是降低的，此焓降用来增加蒸汽的动能，并使它变成涡流与扰动，而涡流与扰动的动能又转化为热能，重新被蒸汽吸收，使焓值又恢复到节流前的数值，因此，不能说节流过程是等焓过程。

对于理想气体，焓仅仅是温度的函数。节流前后焓值不变，温度也不变。理想气体的内能也仅仅是温度的函数，温度不变，节流前后的内能同样也不变。同时因 $\frac{p_1 v_1}{T_1} = \frac{p_2 v_2}{T_2}$，而 $T_1 = T_2$，故 $p_1 v_1 = p_2 v_2$。由于 $p_2 < p_1$，所以 $v_2 > v_1$，即节流后的比体积增大。同时因为有摩擦、涡流与扰动，节流后熵是增加的。

这样，理想气体绝热节流后状态参数的变化如下

$$\Delta p < 0; \Delta h = 0; \Delta T = 0; \Delta u = 0; \Delta v > 0; \Delta s > 0$$

对于实际气体，焓不仅是温度的函数，问题就复杂得多。但节流后压力降低，比体积增加，熵增加，焓不变等这些与理想气体相同。至于节流后的温度可能降低，可能不变，也可能升高。节流后的内能也不是定值。对于水蒸气，绝热节流后温度总是有所降低的。

水蒸气经节流后的状态变化如图 2-48 所示。如果节流过程通过饱和区，则只有在靠近临界点的饱和蒸汽线下面一小块区域中干度减小外，在大多数情况下，节流后干度均有所增加。对湿蒸汽进一步节流，甚至会使其变为过热蒸汽，如图 2-48 中的 3-4-5 过程。干蒸汽节流后将变成过热蒸汽，如图 2-48 中的过程 4-5。过热蒸汽进行节流，温度虽然降低了，但过热度却增加了。

这样，水蒸气经绝热节流后各状态参数的变化如下

$$\Delta p < 0; \Delta h = 0; \Delta T < 0; \Delta v > 0; \Delta s > 0$$

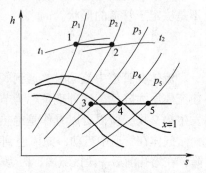

图 2-48 水蒸气的绝热节流

绝热节流在工程实际中得到了广泛的应用。利用节流降压这个特性，如可用来降低工质的压力，在氧气瓶上装一个调节阀，使阀后的压力降低；还可利用节流来减少工质的流量；还可利用节流孔板来测定流体的流量和流速。

【例 2-22】 压力为 2MPa，温度为 470℃ 的蒸汽，经节流阀后压力降为 1MPa，求绝热节流后蒸汽温度降为多少？

【解】 由初压 $p_1 = 2$MPa、$t_1 = 470$℃ 在水蒸气的 h-s 图上找出节流前的状态点 1，如图 2-49 所示。因绝热节流前后焓值相等，过 1 点作水平线与节流后的压力线 $p_2 = 1$MPa 的交点即为节流后的状态点 2，由图中查得该点对应的温度

$$t_2 = 463℃$$

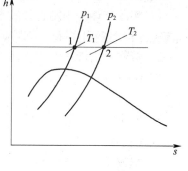

图 2-49 例 2-22 图

小　　结

本单元主要介绍工程热力学的基本概念，理想气体状态方程，理想气体基本热力过程，热力学第一定律、热力学第二定律，水蒸气、湿空气等。

一、基本概念和气态方程

1. 工质及其基本状态参数：将热能与机械能进行转换以及热能转移的媒介物质叫做工质。状态参数是描述工质热力状态的物理量，是点函数。压力、温度、比体积是可以直接测量的基本状态参数，要熟练掌握它们的意义、单位及换算关系。

2. 热力系统：把研究对象从周围物质中分割出来作为热力学研究的对象叫做热力系统。按热力系统与外界进行质量交换的情况可将热力系统分为闭口系统和开口系统，并弄清绝热系统、孤立系统的概念和热力过程、热力循环的概念。

3. 理想气体状态方程式：掌握理想气体的概念、状态方程及其应用，能区别理想气体状态方程与理想气体定律的不同含义。

二、热力学第一定律和第二定律

热力学第一定律是热工学的重要定律，是能量守恒和转换定律在热力学中的应用，由它推导出的能量方程是进行热工分析计算的主要依据。应重点掌握以下内容：

1. 了解系统储存能及系统与外界传递能量（热量和功量）的内容及含义；
2. 理解热力学第一定律的描述与实质；
3. 掌握闭口系统能量方程及各项意义；
4. 掌握稳定流动能量方程解析式及各项含义，并掌握其工程中的应用；
5. 理解焓的概念，并明确作为工质参数的状态性；
6. 掌握理想气体基本热力过程（定容、定压、等温、绝热、）的热量、功量、焓、内能变化量的计算及在 p-v、T-s 图上的表示；
7. 热力学第二定律说明了热过程的方向、条件及深度问题。克劳修斯表述和开尔文表述是一致的，必须充分理解并掌握这两种经典表述的内容及实质。

三、水蒸气

通过学习应当进一步了解实际气体与理想气体的差别，全面了解水蒸气的性质、掌握水蒸气图表的用法，并能对水蒸气的热力过程进行计算。学习中应注意：

1. 实际气体是刚刚脱离液态或离其液态较近的气态物质，其性质复杂、不能当理想气体。工程上多用实际气体性质图表进行计算。

2. 蒸汽是由液体汽化而来。汽化的方法有蒸发和沸腾两种。要了解其机理、差异，注重实际工程中的应用。充分理解饱和状态的意义，领会饱和压力与饱和温度的概念及其关系。

3. 熟悉水蒸气的定压发生过程，并掌握在 p-v 图和 t-s 图上的表示及一点、两线、三区、五种状态。

4. 掌握水蒸气图表的应用，重点是 h-s 图的工程分析计算。

四、湿空气

湿空气是由干空气和水蒸气组成的。在一般情况下，将干空气作为一个整体对待，并看作理想气体；湿空气中水蒸气的含量很少，分压力很低，也可视为理想气体，也就是说湿空气可作为理想混合气体。主要应了解湿空气的性质、h-d 图的构成及应用，湿空气热力过程的分析计算。

1. 对于湿空气的绝对湿度、相对湿度、露点温度、湿球温度、含湿量和焓等状态参数的意义和表达式，以及饱和湿空气和未饱和湿空气的概念等要充分理解并掌握，要会用这些表达式对其状态参数进行一般计算。还应当明确在大气压力确定的条件下，需有两个独立的参数才能确定湿空气的状态。

2. 湿空气的 h-d 图是在一定大气压力下，依据其状态参数间的关系式绘制的。h-d 图的纵横坐标轴构成 135° 的斜角坐标系统，图上有定焓线、定含湿量线、定温线、定相对湿度线、并标有水蒸气的分压力及角系数辐射线。该图在湿空气过程的分析计算中是很重要的，必须了解其结构，并会利用 h-d 图来确定湿空气的状态参数。另外应当了解热湿比（角系数）ε 的含义及用途。

3. 对湿空气的加热或单纯冷却、冷却去湿、绝热加湿、定温加湿及绝热混合等典型的过程要充分理解，会在 h-d 图上把这些过程表示出来。并会利用 h-d 图查出这些过程的初、终态参数，进而进行分析计算。

五、喷管流动和节流流动

1. 了解喷管、扩压管的工程应用与结构形式。

2. 根据基本方程推导出的 $\dfrac{df}{f} = (M^2 - 1)\dfrac{dc}{c}$ 是判断喷管截面积变化规律的依据。当工质流过喷管时，若 $M<1$、喷管截面沿流动方向上应为渐缩形；若 $M>1$、喷管截面沿流动方向上应为渐放形；若从 $M<1$ 转为 $M>1$，即从亚音速流动加速为超音速流动，应为渐缩形与渐放形的组合，即为缩放形喷管。掌握喷管流动规律与喷管、扩压管的正确选用。

3. 了解绝热节流过程的基本方程、过程特点及作用。并了解气体和蒸汽的节流过程的工程应用。

思考题与习题

2-1 若工质的状态不变，压力表或真空计的读数是否可以改变？为什么？

2-2 气体常数 R 是否随气体的种类或所处的状态不同而变化？通用气体常数呢？

2-3 测得压缩空气罐内的表压力为 2bar，若当地大气压为 746mmHg 时，罐上的绝对压力值为多少 kPa？

2-4 用 U 形管压力计测得某容器中的真空度为 500mmHg，当地大气压为 750mmHg，试求容器中的绝对压力为多少 mmHg？换算为 Pa、bar。

2-5 已知氧气瓶的容积为 40L，瓶内氧气的质量为 6.82kg，试求氧气的比体积和密度为多少？

2-6 试计算 12kg 的氧气在绝对压力为 5bar，温度为 18℃时所占有的容积为多少？

2-7 有一充满气体的容器，容积 $V=5.6m^3$，压力表的读数为 2.45MPa，温度计的读数为 $t=42$℃。问在标准状态下气体容积为多少？

2-8 把二氧化碳送入容积为 $3m^3$ 的贮气筒内，初态时贮气筒的压力表读数为 0.03MPa，终态时压力表读数为 0.3MPa，温度从 45℃上升至 70℃。试求压缩送入筒内的二氧化碳质量。已知当地大气压 $B=750$mmHg。

2-9 热量、功量、内能有无区别？

2-10 试用 p-v 图说明膨胀功。

2-11 工质进行膨胀时是否必须对工质加热？工质边膨胀边放热可能否？工质边被压缩边吸入热量可以否？工质吸热后内能一定增加？对工质加热，其温度反而降低，有否可能？

2-12 气体在某过程中内能增加了 20kJ，同时外界对气体做功 26kJ，该过程是吸热过程还是放热过程？热量交换是多少？

2-13 某采暖锅炉的蒸发量为 $2t/h$，水进入锅炉时的焓为 63kJ/kg，蒸汽流出去时的焓为 2724kJ/kg，若燃用发热量为 23045kJ/kg 的煤，试求锅炉每小时的耗煤量。

2-14 某天然气管道作气密性试验，将气体送入后由压力表测得压力为 1.5MPa，温度为 30℃，然后将管道封死，过一天后测得温度为 15℃，若无渗漏现象，试求系统的压力降为多少？

2-15 已知绝对压力为 0.3MPa、温度为 97℃、容积为 $5m^3$ 的空气，经过等压压缩后，其温度为 77℃，试求（1）压缩过程消耗的功；（2）内能的变化；（3）过程放出的热量。

2-16 6Kg 的空气又初态 $p_1=0.3$MPa，$t_1=30$℃，经过下列不同的过程膨胀到同一终压 $p_2=0.1$MPa。（1）等温过程；（2）绝热过程。试求两过程中空气对外所作的功；空气与外界所进行的热量交换以及终态温度。

2-17 水蒸气、空气以及理想气体有什么区别？

2-18 有没有 400℃的水？有没有 0℃的蒸汽？为什么？

2-19 湿蒸汽的干度值在什么范围？干度 x 的大小与湿蒸汽的状态有何关系？

2-20 利用水蒸气 h-s 图确定下列三种蒸汽的焓值：（1）绝对压力为 0.8MPa 的干饱和蒸汽；（2）绝对压力为 0.8MPa 和干度为 0.9 的湿蒸汽；（3）绝对压力为 0.8MPa，温度为250℃的过热蒸汽。

2-21 某蒸汽锅炉在表压力 0.8MPa 下运行，进入锅炉的给水温度为 65℃，此锅炉所产生的蒸汽干度 $x=0.92$，试求此锅炉中蒸汽的绝对压力、温度、蒸汽的焓。如果此锅炉每小时能产生 $2t$ 蒸汽，则锅炉在 1 小时内需吸收多少热量？

2-22 利用水蒸气 h-s 图确定绝对压力为 1.3MPa，干度为 0.95 的水蒸气的所有参数。

2-23 已知蒸汽的绝对压力 $p=0.5$MPa，焓 $h=2480$kJ/kg，试利用水蒸气 h-s 图求出蒸汽的干度、比体积和熵。

2-24 压力为 2MPa 和干度为 90% 的蒸汽，定温膨胀到 1MPa，求热量和功量以及有关参数。

2-25 压力 $p_1=14$MPa，温度 550℃ 的过热蒸汽通过汽轮机定熵膨胀到 0.006MPa。试求汽轮机乏汽的温度和干度，并将过程定性地描述在水蒸气的 h-s 图上。

2-26 绝对湿度的大小能否说明湿空气的干湿程度？

2-27 湿空气的含湿量越大，其相对湿度也越大，这种说法对吗？为什么？

2-28 比较湿空气的干球温度、湿球温度及露点温度的大小，并将它们表示在同一张 h-d 图上。

2-29 60℃ 的空气中所含的水蒸气压力为 0.01MPa，判断该空气是饱和状态还是未饱和状态？

2-30 傍晚测得空气温度为 10℃，相对湿度为 30%，天气预报晚上最低气温为 -2℃，问晚上有霜冻出现吗？

2-31 湿空气的温度 $t=30$℃，相对湿度 $\varphi=80\%$，如果当时的大气压力 $B=0.1$MPa。试求（1）湿空气的绝对湿度；（2）水蒸气的分压力；（3）湿空气的含湿量。

2-32 已知空气温度 $t=28$℃，相对湿度 $\varphi=70\%$，试在 h-d 图上求空气的焓、分压力和含湿量。

2-33 若空气温度为 30℃，相对湿度为 85%，试利用 h-d 图确定露点温度和湿球温度。

2-34 用干湿球温度计测得空气的 $t_g=30$℃，$t_s=20$℃，试用 h-d 图确定空气的其他状态参数。

2-35 大气的温度 32℃，相对湿度为 60%，要求经过空气处理后温度为 22℃，相对湿度为 65%。首先空气要冷却减湿，析出水分，然后加热至所需的温度。试求（1）析出的水分量；（2）冷却系统带走的热量；（3）加热空气所需的热量。

2-36 喷管和扩压管有何区别？

2-37 绝热节流是个定熵过程吗？为什么？

2-38 在绝热节流过程中，工质的状态参数如何变化？

单元 3 传 热 学

知识点：传热的基本概念，稳定导热对流换热、辐射换热和稳定传热的基本定律与基本计算分析；介绍了换热器的换热原理，基本形式。

教学目标：理解导热的基本概念；掌握通过单层平壁、多层平壁、单层圆筒壁、多层圆筒壁的导热量计算；了解影响对流换热的因素；会应用牛顿公式计算流体与固体壁面间的对流换热量；掌握热辐射的基本概念和基本定律；掌握两物体间辐射换热量的基本计算；掌握稳定传热的概念和稳定传热量的计算方法；了解增强和减弱传热的方法与措施；了解常用绝热材料的种类和性能；了解常用换热器的基本形式、换热原理及构造。

课题 1 概 述

1.1 传热现象及传热学研究的对象

传热是自然界中普遍存在的现象，凡是有温度差的地方，就有传热现象发生。如温度不同的物体各部分之间或温度不同的两物体之间直接接触而发生的传热；热流体（或冷流体）流过固体壁面而与固体壁面发生的传热；锅炉炉膛内高温火焰与炉膛冷水壁面间发生的传热；高温太阳每天照射地球把大量的热能传递给地球等。

由于温度差在自然界中和生产、生活中广泛存在，故热量的传递也就成为自然界中的一种普遍现象。那么热量传递有何规律？传热量如何计算？生产、生活中又应如何有效地控制热量的传递？这些都是经常遇到的问题。

传热学是一门研究热量传递规律的科学。掌握了本单元所介绍的有关稳定导热、对流换热、辐射换热和稳定传热的基本定律与基本计算分析以及换热器等方面的传热学基本知识，就能较科学地解决好生产、生活实际中遇到的许多热传递问题。

1.2 热量传递的基本方式

热量传递从机理上说，有如下三种基本方式：

1.2.1 热传导

热传导又称导热，它是指温度不同的物体各部分或温度不同的两物体之间直接接触而发生的热传递现象。从微观角度来看，热是一种联系到分子、原子、自由电子、晶格等微观粒子的移动、转动和振动的能量。因此，物质的导热本质或机理也就与组成物质的微观粒子的运动有密切的关系，即热传导过程是依靠物体中微观粒子的热运动来完成的。对于气体，导热是气体分子不规则热运动时相互作用或碰撞的结果；对于非金属固体，导热主要是通过晶格的振动来实现；对于金属固体，导热则主要是通过金属中自由电子的移动和碰撞来实现的，而金属晶格的振动只起微小的作用；至于液体，导热机理介于固体导热与气体导热机理之间,且依靠液体晶格振动进行的热传递成分要稍大于液体分子不规则热运动进行的热传递。

在连续密实的固体介质中,在导热过程中物体各部分之间不发生宏观的相对位移,这种导热称为纯导热。应该指出,由于液体和气体具有流动性,并由于地球引力场的作用,存在不同温度液体或气体间的宏观流动,在产生导热的同时往往伴随有宏观相对位移而使得热量传递。因此,对于液体和气体来说,只有在消除对热流传递的条件下,才能实现纯导热过程。

1.2.2 热对流

热对流是指依靠流体不同部位的相对位移把热量由一处传递到另一处的热传递。例如冷、热流体的直接混合;冬季,通过空气流动将散热器中供热热量带到房间的各处;通过水的循环将锅炉中的热量传递到其他用热之处等。

由于流体中存在温差,流体中必然同时存在热的传导。通常,流体热传导的量相对于流体热对流的量来说是小量的,且由于很难分开去计算流体的热对流量和热传导量,故后面所说的热对流的量中都是包含了热传导的量。

在工程上,经常碰到流体流过固体壁面而发生的热传递问题,称为对流换热问题。例如,锅炉中的省煤器、空气预热器,采暖工程中用的散热器,空调中用的空气加热器或冷却器、热交换器等均主要是对流换热问题。对流换热不仅包含着流体位移所产生的流动换热,同时也包含着流体与固体壁面之间的导热作用。因此,对流换热是比热传导更为复杂的热交换过程。在后面的热对流讨论中,主要是对对流换热的讨论。

1.2.3 热辐射

热辐射是一种由电磁波来传播能量的过程,是不同于导热与对流换热的另一种热传递方式。导热和对流换热这两种热传递,必须依赖中间介质才能进行,而热辐射则不需要任何中间介质,在真空中也能进行。太阳距地球约一亿五千万千米,它们之间近乎真空,太阳能以热辐射的方式每天把大量的热能传递给地球。在供热通风工程中,辐射采暖,太阳能供热,锅炉炉膛内火焰与炉膛冷水壁面间的换热都是以辐射为主要传热方式的例子。

从物理学上讲,辐射是电磁波传递能量的现象,热辐射是由于热而产生的电磁波辐射。热辐射的电磁波是由物体内部微观粒子的热运动而激发出来的。因此,只要物体的绝对温度不等于零,物体微观粒子就会有热运动,也就有热辐射的电磁波发射,就会不断地把热能转变为热辐射能,并由热辐射电磁波向四周传播,当落到其他物体上被吸收后又转变为热能。这就是说,在辐射体内,热能转变为辐射能,在受热体上辐射能又转变为热能。热辐射过程不仅要产生能量的转移,同时还伴随着能量形式之间的转化。

物体在向外发出热辐射能的同时,也会不断吸收周围物体发射过来的热辐射能,并把吸收的辐射能重新转变成热能。辐射换热就是指物体之间相互辐射和吸收过程的总效果。物体所放出或接受热量的多少,取决于该物体在同一时期内所放射和吸收的辐射能量之差额。只要参与辐射换热能量的物体温度不同,这种差额就不会为零。当两物体的温度相等时,虽然它们之间的辐射换热现象仍然存在,但它们各自辐射和吸收的能量恰好相等,因此它们的辐射换热量为零,处于换热的动态平衡状态。

1.3 复合换热与复合传热

值得注意的是，在实际工程中遇到的许多热传递问题，往往是两种或三种基本热传递形式综合作用的结果。例如，在采暖工程中，热媒通过散热器加热室内冷空气的过程就是对流换热、导热和辐射换热组合传热的过程。首先热媒通过对流和导热的方式将热量传给散热器的金属表面，然后靠导热方式将热量由散热器内表面传至外表面，再通过对流和辐射将热量传递给冷流体空气，室内空气得到热量，而使室温得到提高或使室温保持在一个较高的温度之上。再例如，冬天室内热量通过建筑物外墙向外散热的过程和锅炉中高温烟气与管束内冷流体水的热量传递等都同时存在三种基本热传递形式。

我们一般把在同一位置上同时存在两种或两种以上基本换热形式的换热叫做复合换热，而把在传热过程中不同位置上同时存在两种或两种以上的基本传热形式叫做复合传热。例如，锅炉内高温烟气同炉内管束外表面同时存在的对流与辐射两种形式的换热就是复合换热，而高温烟气同管束内冷流体水的热传递中，同时存在管内、外侧的对流换热，还有外侧的辐射换热，管壁之间的导热等，则属于复合传热。

对于复合换热，可认为其换热的效果是几种基本换热方式（对流、辐射和导热）并联单独换热作用的叠加，但介于实际计算较难区分开对流、辐射和导热各自的换热量，为方便计算，往往把几种换热方式共同作用的结果看作是由其中某一种主要换热方式的换热所造成，而把其他换热方式的换热都折算包含在主要换热方式的换热之中。

对于复合传热，其传热的效果就是由各基本换热方式串联而成，即复合传热过程就是由对流、传导、辐射全部传热过程的串联。

1.4 热传递的工程应用

热传递在工程上有着广泛的应用，但从对传热过程的要求来看，主要是解决下面两种类型的传热问题：一类是增强传热，即提高换热设备的换热能力，或在满足传热量的前提下，使设备的尺寸尽量缩小；一类是减弱传热，即减少热损失或保持设备内适宜的工作温度。学习传热学的目的之一，就是认识传热过程的规律，从而掌握增强或减弱传热过程的方法。

课题2 稳定导热

2.1 导热的基本概念

在温度差的作用下，才有热量的传递。因此，物体内存在温度差是导热的条件。要了解物体内部的温度差情况，必须要了解物体中的温度分布。温度场、等温面或等温线和温度梯度就是用来描述物体的温度分布。

2.1.1 温度场

温度场是指某一时刻空间所有各点温度分布的总称。一般情况下，温度场是时间（τ）和空间（x、y、z）坐标的函数，其数学表达式为

$$t = f(x, y, z, \tau) \tag{3-1}$$

式（3-1）表示物体的温度在 x、y、z 三个方向和在时间上都发生变化的三维非稳定温度场。这种随时间 τ 变化的温度场称非稳定温度场，而不随时间 τ 变化的温度场叫做稳定温度场。稳定温度场的数学表达式为

$$t = f(x,y,z) \tag{3-2}$$

在稳定温度场中进行的导热过程称为稳定导热；反之，在不稳定温度场中进行的导热过程称为不稳定导热。

温度场就其随坐标的变化可分为一维、二维、三维温度场。一维和二维稳定温度场的数学表达式为

$$t = f(x) \tag{3-3}$$

$$t = f(x,y) \tag{3-4}$$

随时间而变的一维非稳定温度场

$$t = f(x,\tau) \tag{3-5}$$

2.1.2 等温面和等温线

在同一瞬时，温度场中具有相同温度的点连接所构成的线或面称为等温线或等温面。在同一时间内，空间同一个点不能有两个不同的温度，所以温度不同的等温面（或线）彼此不会相交。在连续介质中温度场是连续的，它们各自为闭合的曲面（或线），或者终止于物体的边缘上。

在任何时刻，标绘出物体中的所有等温面（线），就给出了物体内温度分布情形，亦即给出了物体的温度场。所以，物体的温度场可用等温面图或等温线图来描述。

在形状规则、材料均匀的物体上，是很容易找到等温线或等温面的。例如，材料均匀的大面积、等厚度平板，只要两个表面温度均匀，其等温面就是平行于表面的平面，如图 3-1（a）所示。同样，对于材料均匀的等厚度圆筒壁，只要内外表面温度均匀，其等温面就是一系列同心圆柱面，如图 3-1（b）所示。显然，沿等温面（线）不会有热量传递，热量只能从温度场的高温等温面向低温等温面传递。

2.1.3 温度梯度

自等温面的某点出发，沿不同路径达另一等温面时，将发现单位距离的温度变化 $\Delta t/\Delta s$ 具有不同的数值（Δs 为沿 s 方向等温面间的距离），如图 3-2 所示。自等温面上某点到另一等温面，以该点法线方向的距离为最短，故沿等温面法线方向的温度变化率为最大。这一最大温度变化率的向量称为温度梯度，用 **grad**t 表示。

对于一维的温度场，温度梯度数学式可写成

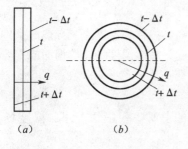

图 3-1 平板及圆筒壁的等温面

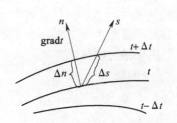

图 3-2 温度梯度示意图

$$\mathbf{grad}t = \frac{dt}{dx}(\text{℃/m}) \qquad (3-6)$$

【例3-1】 如图3-3所示的一材质均匀平壁，厚度是40mm，平壁两侧表面的温度分别是200℃和40℃，试求其 x 方向的温度梯度为多少？

【解】 因为平壁材质均匀，其 x 方向的温度梯度为

$$\frac{dt}{dx} = \frac{\Delta t}{\Delta x} = \frac{200-40}{0.04} = 4000\text{℃/m}$$

2.2 傅里叶简化导热定律

在传热学中，普遍使用热流量和热流密度这两个概念来定量描述热传递过程。这里的热流量指单位时间通过某一给定面积的热量，用"Q"表示，单位为 W。热流密度，指单位时间通过单位面积的热量，用"q"表示，单位为 W/m^2。

1822年法国数学物理家傅里叶，根据大量的固体导热实验研究结果，提出了热流密度与温度梯度成正比，而热流方向与温度梯度方向相反的傅立叶导热定律。其数学表达式为

$$q = -\lambda\,\mathbf{grad}t\ \text{W/m}^2 \qquad (3-7)$$

式中　λ——比例系数，又称导热系数，其大小由材料的性质所决定。

傅立叶定律是导热理论的基础，该定律的数学表达式（3-7），不仅适用于稳态导热，而且适用于非稳态导热，如图3-4所示。它说明，导热现象依物体内的温度梯度（$\mathbf{grad}t$）存在而存在，若 $\mathbf{grad}t=0$，则 $q=0$。要注意的是，定律中的负号不能丢掉，负号是表示热流密度方向与温度梯度方向相反。若丢掉负号，则热流密度方向与温度梯度方向一致，这就违背了热力学第二定律。

在均质固体壁面的一维稳定导热中，如图3-4所示，傅里叶导热定律可简化为

$$q = -\lambda\frac{dt}{dx} = \lambda\frac{\Delta t}{\delta}\ \ \text{W/m}^2 \qquad (3-8)$$

式中　δ——壁面厚度，m；
　　Δt——壁两侧的温度差，$\Delta t = t_1 - t_2$ ℃。

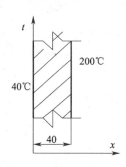
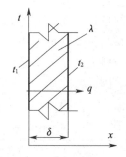

图3-3　例3-1图　　　　图3-4　均质固体壁面的一维稳定导热

当平壁面积为 F 时，单位时间内的热流量为

$$Q = qF = \lambda\frac{\Delta t}{\delta}F\ \ \text{W} \qquad (3-9)$$

这就是说，单位时间内通过固体壁面的导热量与壁两侧的温度差和垂直于热流方向的

截面积成正比,与壁面的厚度成反比,并与壁面的材料性质有关。

2.3 导热热阻和导热"欧姆定律"

对照电学中的欧姆定律 $I = \dfrac{U}{R}$ 形式,把公式(3-8)写成

$$q = \frac{\Delta t}{R_\lambda} = \frac{温差}{热阻} = \frac{\Delta t}{\delta/\lambda} \tag{3-10}$$

可以看出,这里热流密度 q 对应着电流密度 I;传热温差 Δt 对应着电位差 U;而热阻 δ/λ 对应着电阻 R,表示了热量传递过程中热流所遇到的阻力。对于导热热阻用 R_λ 表示,单位为 $(m^2 \cdot \text{℃})/W$。式(3-10)说明,热流密度 q 与温差成正比,与热阻成反比。这一结论无论对一个传热过程或是其中任何一个环节都是正确的。

热阻是个很重要的概念,用它来分析传热的问题很方便。对于平壁,导热热阻 R_λ 与壁的厚度成正比,而与导热系数成反比,即 $R_t = \delta/\lambda$,$(m^2 \cdot \text{℃})/W$;对于面积为 F 的平壁,则热阻为 $\delta/(\lambda \cdot F)$,℃/W。

2.4 导热系数

导热系数的物理意义可由式(3-7)式得出,即

$$\lambda = \frac{q}{-\mathbf{grad}\,t} W/(m \cdot K) \tag{3-11}$$

上式表明,导热系数数值上等于物体中单位温度降度时,在单位时间内通过单位面积的导热量,其大小反映物质导热能力的大小。实验结果表明,不同的物质具有不同的导热系数。即使物质相同,也可能由于所处的压力、温度、密度及物质的结构不同而使它们的导热系数值不同。

影响导热系数大小的因素分析如下:

(1) 材料性质的影响

不同物质的导热系数相差很大,见表3-1或附录3-1所列。通常,金属材料的导热系数最大,非金属固体材料次之,液体材料更次之,气体材料最小。金属材料的导热系数比非金属固体材料大的原因,是因为金属物质具有自由电子的运动,能大大增强热量的扩散,而非金属固体材料只能依靠晶格的振动来传递热量。固体材料的导热系数比液体大、液体材料又比气体材料大,是因为导热系数与材料的密度有很大关系,密度越大的材料,其导热系数也越大。因此,在建筑工程中常使用质轻的泡沫塑料、聚苯乙烯、空心砖、密封双层玻璃来隔热保温,而换热器等都采用导热系数大的金属材料。

各种材料的导热系数　　　　　　　表3-1

材料名称	温度 t (℃)	密度 ρ (kg/m³)	导热系数 λ [W/(m·K)]
钢 0.5% C	20	7833	54
钢 1.5% C	20	7753	36
银 99.9%	20	10524	411
铸铝 4.5% Cu	27	2790	163
纯铝 4.5%	27	2702	237
铸铁 0.4% C	20	7272	52

续表

材料名称	温度 t（℃）	密度 ρ（kg/m³）	导热系数 λ［W/（m·K）］
黄铜 30% Zn	20	8522	109
钢筋混凝土	20	2400	1.54
普通黏土砖墙	20	1800	1.07
泡沫混凝土	20	627	0.29
黄土	20	880	0.94
平板玻璃	20	2500	0.76
有机玻璃	20	1188	0.20
玻璃棉	20	100	0.058
红松	20	377	0.11
软木	20	230	0.057
脲醛泡沫塑料	20	20	0.047
聚苯乙烯塑料	20	30	0.027
冰	—	920	2.26
水	20	998.2	0.559
润滑油	40	876	0.144
变压器油	20	866	0.124
空气	20	1.205	0.0257
空气	0	1.293	0.0244
二氧化碳	0		0.105

（2）材料温度的影响

温度与材料导热系数的关系较密切。从图 3-5、图 3-6 和图 3-7 中可以看出不同材料在不同温度下的导热系数数值和变化情况。

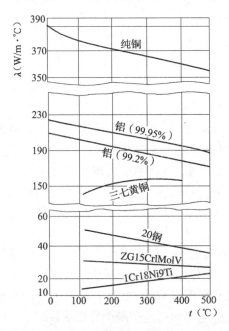

图 3-5　金属的导热系数

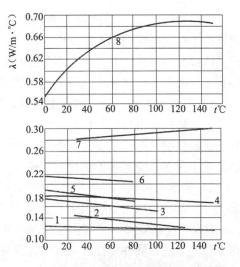

图 3-6　液体的导热系数

1—凡士林油；2—苯；3—丙酮；4—蓖麻油；
5—乙醇；6—甲醇；7—甘油；8—水

对金属来说，其导热是依靠金属内部的自由电子的迁移和晶格振动来实现的，并且前者的作用是主要的。当温度升高时晶格的振动加强了，这就干扰了自由电子的运动，使导热系数下降，如图3-5所示。

对于大多数非金属固体材料在温度升高时，分子晶格的振动加剧使其传热能力增强，因此导热系数值是上升的。

对于液体，导热主要依靠液体分子的振动来实现的。温度上升能使振动作用的导热能力有所上升，但液体的热膨胀引起的液体分子之间距离的增大，则将更大地削弱分子振动的导热能力。因此，除水和甘油外，大多数液体的导热系数将随温度的上升而下降，如图3-6所示。

对于气体，温度升高，能使气体分子热运动增强，分子与分子的碰撞机率上升，传热能力增强，从而使导热系数上升，如图3-7所示。

在一定温度范围内，大多数工程材料的导热系数值λ与温度t呈线性关系，即

$$\lambda = \lambda_0(1 + \beta t) \text{W}/(\text{m} \cdot \text{K}) \tag{3-12}$$

式中　λ——温度为t时的导热系数；

β——导热系数的温度系数，是由实验确定的常数，可正可负。

（3）压力的影响

外界压力对固体材料和液体材料导热系数的影响甚微，但压力对气体导热系数的影响则很大。因为气体很容易被压缩，气体的密度随压力的增大而增大，使得气体导热系数增大。

（4）保温材料的导热系数

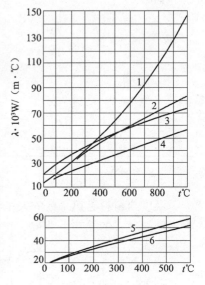

图3-7　几种气体的λ与温度的关系
1—水蒸气；2—二氧化碳；
3—空气；4—氩；5—氧；6—氮

保温材料的导热是依材料的内部结构的差异而不同。由于保温材料内部大都有大量的空隙，热量传递通过实体部分为导热，通过空隙部分为辐射换热和对流换热。一般保温材料其导热系数的范围为$\lambda = 0.04 \sim 0.16 \text{W}/(\text{m} \cdot \text{K})$。其影响保温材料导热系数的因素有：

1）气孔的影响　良好的保温材料大都是多孔材料，或泡状、纤维状还有呈层状。导热系数下降的理由是粒与粒之间，纤维与纤维之间接触面积小了，产生了相当的热阻。另外，在缝隙中又充满了空气，而空气的导热系数$\lambda = 0.023 \text{W}/(\text{m} \cdot \text{K})$，比固体本身的导热系数小得多，而阻碍了热量的传递。

2）密度的影响　一般密度小的物体其导热系数亦小。但是固体中充有空气的缝隙如果大了，这个缝隙中的空气就会产生对流换热，反而有利于热量传递，缝隙尺寸当超过1cm就会产生该现象。一般保温材料中的缝隙尺寸都小于1cm。在同种材料中密度小的导热系数亦小。相同种类相同密度的保温材料，孔隙越小而且是密闭的导热系数越小，保温性能越好。

3）吸湿性的影响　保温材料吸收水分后导热系数就变大。水的导热系数在20℃时为$0.6 \text{W}/(\text{m} \cdot \text{K})$，约为空气的25倍。因而即使含有少量水分，保温材料的导热系数也急

剧增大。一般对建筑结构,特别是对冷的热力设备的保温层都应设置防潮层,以防保温材料吸湿,导热系数变大,降低保温效果。

4)保温耐火材料的导热系数和温度的依存关系,取决于材料的组成。其组成主要是晶体材料,它们的导热系数随温度的升高而降低;其组成主要是无定形材料,则随温度的升高导热系数升高。

2.5 通过平壁、圆筒壁的导热量计算

2.5.1 平壁的稳定导热

工程上常用的平壁是长度比厚度大很多的平壁。实践表明,当长度和宽度为厚度的 8~10 倍以上,平壁边缘的影响可忽略不计,这样的平壁导热就可简化为只沿厚度方向(x 轴方向)进行的一维稳定导热。

平壁导热分单层平壁导热和多层平壁导热。由一种材料构成的平壁为单层平壁,如图 3-8 所示;由几层不同材料叠在一起组成的平壁叫多层平壁,如图 3-9 所示。

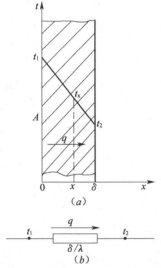

图 3-8 单层平壁的导热及热阻网络图   图 3-9 多层平壁的导热及热阻网络图

对图 3-8 的单层平壁,设平壁的厚度为 δ,平壁的导热系数为 λ,两表面温度均匀,分别为 t_1 和 t_2,并且 $t_1 > t_2$。温度场是一维稳定的,等温面是垂直于 x 轴的平面。根据傅里叶简化导热定律,即可写出通过此平壁的热流密度计算公式,即

$$q = \frac{\Delta t}{\delta/\lambda} = \frac{t_1 - t_2}{\delta/\lambda} \text{W/m}^2 \tag{3-13}$$

【例 3-2】某建筑物的一面砖砌外墙,长 4m,高 2.8m,厚 240mm,内表面温度为 $t_1 = 18$℃,外表面温度 $t_2 = -19$℃,砖的导热系数 $\lambda = 0.7$W/(m·K) 试计算通过这面外墙的导热量。

【解】根据式(3-10)先计算通过 1m² 外墙的热流密度,为

$$q = \frac{t_1 - t_2}{\delta/\lambda} = \frac{18 - (-19)}{0.24/0.7} = 107.9 \text{W/m}^2$$

根据式(3-9),通过外壁的导热量为

$$Q = qF = 107.9 \times 4 \times 2.8 = 1208 \text{W}$$

对图 3-9（a）（三层）平壁，设各层的厚度分别为 δ_1、δ_2 和 δ_3，各层组成材料的导热系数为 λ_1、λ_2 和 λ_3，两表面温度分别为 t_1 和 t_4，且 $t_1 > t_4$。设两个接触面的温度分别为 t_2 和 t_3。

在稳定温度场中，通过每一层的热流密度是相等的。在其热流方向上相当于有三个热阻串联，如图 3-9（b）所示。根据电学中串联电阻叠加原则，三层平壁导热的总热阻 $R_r = \delta_1/\lambda_1 F + \delta_2/\lambda_2 F + \delta_3/\lambda_3 F$，壁两面侧导热温差 $\triangle t = t_1 - t_4$。所以三层平壁的导热量 Q 为

$$Q = qF = \frac{(t_1 - t_4)F}{\dfrac{\delta_1}{\lambda_1} + \dfrac{\delta_2}{\lambda_2} + \dfrac{\delta_3}{\lambda_3}} \text{W} \tag{3-14}$$

两材料接触面上的温度 t_2 和 t_3 可由下两式求出

$$\left. \begin{array}{l} t_2 = t_1 - \dfrac{Q}{F} \cdot \dfrac{\delta_1}{\lambda_1} = t_1 - q \cdot \dfrac{\delta_1}{\lambda_1} \ ^\circ\!\text{C} \\[2mm] t_3 = t_2 - q \cdot \dfrac{\delta_2}{\lambda_2} = t_4 + q \dfrac{\delta_3}{\lambda_3} \ ^\circ\!\text{C} \end{array} \right\} \tag{3-15}$$

【例 3-3】锅炉炉墙由三层材料叠合而成。内层为耐火砖，厚度 $\delta_1 = 250\text{mm}$，导热系数 $\lambda_1 = 1.16\text{W/(m·K)}$；中层为绝热材料，厚度 $\delta_2 = 125\text{mm}$，$\lambda_2 = 0.116\text{W/(m·K)}$；外层为保温砖，厚度 $\delta_3 = 250\text{mm}$，$\lambda_3 = 0.58\text{W/(m·K)}$。炉墙内表面温度 $t_1 = 1300\ ^\circ\!\text{C}$，外表面温度 $t_4 = 50\ ^\circ\!\text{C}$。求每小时通过每平方米炉墙的导热量；绝热层两面的温度 t_2 和 t_3，并分析热阻和温差的关系。

【解】根据式（3-14）得

$$q = \frac{(t_1 - t_4)}{\dfrac{\delta_1}{\lambda_1} + \dfrac{\delta_2}{\lambda_2} + \dfrac{\delta_3}{\lambda_3}} = \frac{1300 - 50}{\dfrac{0.25}{1.16} + \dfrac{0.125}{0.116} + \dfrac{0.25}{0.58}} = 725 \text{W/m}^2$$

每小时通过每平方米的导热量

$$725 \times 3600 = 2610 \text{kJ/(m}^2 \cdot \text{h)}$$

由式（3-15）得

$$t_2 = t_1 - q \cdot \frac{\delta_1}{\lambda_1} = 1300 - 725\frac{0.25}{1.16} = 1144\ ^\circ\!\text{C}$$

$$t_3 = t_4 + q\frac{\delta_3}{\lambda_3} = 50 + 725\frac{0.25}{0.58} = 362\ ^\circ\!\text{C}$$

各层温差

耐火砖层：$t_1 - t_2 = 1300 - 1144 = 156\ ^\circ\!\text{C}$

热绝缘层：$t_2 - t_3 = 1144 - 362 = 782\ ^\circ\!\text{C}$

保温砖层：$t_3 - t_4 = 362 - 50 = 312\ ^\circ\!\text{C}$

各层温差比为 $156:782:312 = 1:5:2$；各层热阻之比：$0.25/1.16:0.125/0.116:0.25/0.50 = 1:5:2$，两者之比正好相等。正如前所述，在稳定导热中，平壁两侧温差与平壁导热热阻成正比。保温砖与耐火砖虽然厚度一样，但保温砖热阻大，温度降落也大，因而保温效果好。保温砖在 1300℃ 时会烧坏，所以内层就用保温差的耐火砖。热绝缘层厚度虽

然只有耐火砖层、保温砖层厚度的一半，但热阻最大，温度降落为耐火砖层的 5 倍，为保温砖层的 2.5 倍。所以，为减少炉墙的散热损失和炉墙厚度，在耐火砖层与保温砖层填上绝热效果好的绝缘材料。

2.5.2 圆筒壁的稳定导热

在工程上，圆筒壁应用极为广泛，例如锅炉中的锅筒、水冷壁、省煤器、过热器及输送热媒的管道都采用圆筒壁结构，所以必须了解圆筒壁的导热规律。

对于单层圆筒壁，如图 3-10 所示，设圆筒壁长为 l，内、外直径为 d_1、d_2，导热系数为 λ，圆筒壁的内、外面分别维持均匀不变的温度 t_1 和 t_2，且 $t_1 > t_2$。现需确定通过圆筒壁的热流量。

当圆筒壁长度比其外直径大得多（$l > 10d_2$）时，则沿轴向的导热可以忽略不计，可认为热量主要沿半径方向传递。此时，圆筒壁的导热可视为一维稳定导热。即一维温度场，等温面都是与圆筒同轴的圆柱面。

在圆筒壁稳定导热中，通过各同心柱面 F 的热流量 Q 均相等，但不同柱面上单位面积的热流量 q 是不同的，且随半径的增大而减小。因此，圆筒壁导热是计算单位长度的热流量，用符号 q_l 表示，q_l 不因半径的变化而变化。

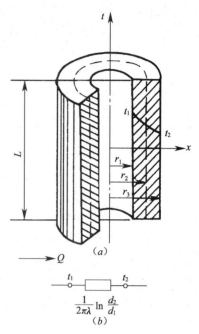

图 3-10 单层圆筒壁的导热及热阻网络图

通过单层圆筒壁的热流量可用一维径向傅里叶简化导热定律计算，即

$$Q = \frac{t_1 - t_2}{\frac{1}{2\pi\lambda l}\ln\frac{d_2}{d_1}} = \frac{t_1 - t_2}{\frac{1}{2\pi\lambda l}\ln\frac{r_2}{r_1}} \text{W} \tag{3-16}$$

单位长度热流量

$$q_l = \frac{Q}{l} = \frac{t_1 - t_2}{\frac{1}{2\pi\lambda}\ln\frac{d_2}{d_1}} = \frac{t_1 - t_2}{\frac{1}{2\pi\lambda}\ln\frac{r_2}{r_1}} \text{W/m} \tag{3-17}$$

上两式中的热阻分别为

$R = \frac{1}{2\pi\lambda l}\ln\frac{d_2}{d_1}$——$l$ 长度圆筒壁的导热热阻，℃/W；

$R_l = \frac{1}{2\pi\lambda}\ln\frac{d_2}{d_1}$——单位长度圆筒壁导热热阻，m·K/W。

由式（3-17）可知，通过单层圆筒壁单位长度的热流量仍和温差成正比，与热阻成反比。而热阻与导热系数成反比，与外、内半径（或直径）之比的自然对数成正比。圆筒壁导热也可用热阻网络图表示，如图 3-10（b）所示。

圆筒壁导热热流量与平壁导热热流量计算公式具有相同的形式，只是热阻的形式不同。

根据公式 3-17，若已知 q_l、t_1、$R_{\lambda l}$ 则可求出 t_2

$$t_2 = t_1 - q_l \frac{1}{2\pi\lambda}\ln\frac{d_2}{d_1} \quad ℃$$

同理，在圆筒壁内，距轴心 x 处的温度为

$$t_x = t_1 - q_l \frac{1}{2\pi\lambda}\ln\frac{d_x}{d_1} \quad ℃ \tag{3-18}$$

上式为一对数曲线方程式，所以导热系数为常数时，单层圆筒壁的内部温度沿径向按对数曲线分布（图 3-10）。

对于多层圆筒壁，如敷设绝热材料的管道，管内结垢，管外积灰的省煤器管、过热器管等，其导热计算类同于多层平壁的导热计算，可将各层热阻叠加求得导热总热阻后来计算。

如图 3-11 所示为一段由三层不同材料组成的多层圆筒壁，设各层之间接触良好，两接触面具有相同的温度。已知各层直径分别为 d_1、d_2、d_3 和 d_4；各层导热系数分别为 λ_1、λ_2 和 λ_3；各层的表面温度分别为 t_1、t_2、t_3 和 t_4，且 $t_1 > t_4$（t_2、t_3 未知）。则其单位长度导热热阻为

$$R_l = R_1 + R_2 + R_3$$
$$= \frac{1}{2\pi\lambda_1}\ln\frac{d_2}{d_1} + \frac{1}{2\pi\lambda_2}\ln\frac{d_3}{d_2} + \frac{1}{2\pi\lambda_3}\ln\frac{d_4}{d_3}$$

根据导热欧姆定律及公式（3-12），不难写出三层圆筒壁的热流量 q_l 计算式

$$q_l = \frac{2\pi(t_1 - t_4)}{\frac{1}{\lambda_1}\ln\frac{d_2}{d_1} + \frac{1}{\lambda_2}\ln\frac{d_3}{d_2} + \frac{1}{\lambda_3}\ln\frac{d_4}{d_3}} \text{W/m} \tag{3-19}$$

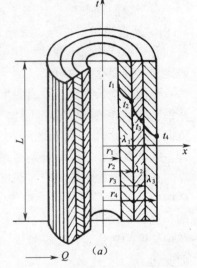

图 3-11 多层圆筒壁的导热及热阻网络图

各层接触面的温度

$$\left.\begin{array}{l} t_2 = t_1 - \dfrac{q_l}{2\pi\lambda_1}\ln\dfrac{d_2}{d_1} \\[6pt] t_3 = t_2 - \dfrac{q_l}{2\pi\lambda_2}\ln\dfrac{d_3}{d_2} = t_4 + \dfrac{q_l}{2\pi\lambda_3}\ln\dfrac{d_4}{d_3} \end{array}\right\} \tag{3-20}$$

对于 n 层圆筒壁，单位长度导热量 q_l 为

$$q_l = \frac{2\pi(t_1 - t_{n+1})}{\sum_{i=1}^{n}\frac{1}{\lambda_i}\ln\frac{d_{i+1}}{d_i}} \text{W/m} \tag{3-21}$$

单位时间通过 l m 圆筒壁的热流量为

$$Q = q_l \cdot l \quad \text{W} \tag{3-22}$$

2.5.3 圆筒壁导热的简化计算

当圆筒壁的内、外直径分别 d_1，d_2，其直径比 $d_2/d_1 \leq 2$ 时，可认为该圆筒壁为薄形圆筒。此时，圆筒的曲率对导热热阻的影响可以忽略，可作为平壁处理，其 l 米长的导热

热阻可按下式计算

$$R = \frac{\delta}{\lambda F} \quad \text{℃/W} \qquad (3\text{-}23a)$$

式中 $\delta = \frac{d_2 - d_1}{2}$ 为圆筒壁的厚度；$F = \pi d_m l$ 为圆筒壁的平均导热面积，$d_m = \frac{d_2 + d_1}{2}$ 为圆筒壁的平均直径。故式 (3-23a) 可以改写为

$$R = \frac{\delta}{\lambda \pi d_m l} \quad \text{℃/W} \qquad (3\text{-}23b)$$

利用圆筒壁简化热阻式 (3-21b)，计算圆筒壁导热热流量为

$$Q = \frac{t_1 - t_2}{\dfrac{\delta}{\lambda \pi d_m l}} \text{W} \qquad (3\text{-}24)$$

其计算误差小于4%，在工程计算中是完全允许的。

对于多层圆筒壁，若每一层的内、外直径比 $d_{i+1}/d_i \leq 2$ 时，则用下式简化计算导热热流量为

$$Q = \frac{t_1 - t_{n+1}}{\sum_{i=1}^{n} \dfrac{\delta_i}{\lambda_i \pi d_{mi} l}} \text{W} \qquad (3\text{-}25)$$

【例3-4】在外径为159mm，表面温度为350℃的蒸气管道外包有80mm厚的保温层。其保温材料的导热系数 $\lambda = 0.06\text{W}/(\text{m·K})$，保温层外表面温度为50℃，求每米长管道的热损失。

【解】已知 $d_1 = 159\text{mm}$；$d_2 = 159 + 2 \times 80 = 319\text{mm}$

根据式 (3-17)，得

$$q_l = \frac{Q}{l} = \frac{t_1 - t_2}{\dfrac{1}{2\pi\lambda}\ln\dfrac{d_2}{d_1}} = \frac{350 - 50}{\dfrac{1}{2\pi \times 0.06}\ln\dfrac{319}{159}} = 162.43\text{W/m}$$

【例3-5】外径、温度、保温层厚度都同例题3-4。只是将保温层分做两层，内层厚度为 $\delta_1 = 60\text{mm}$，材料的导热系数 $\lambda_1 = 0.06\text{W}/(\text{m·K})$，外层厚度为 $\delta_2 = 20\text{mm}$，材料的导热系数 $\lambda_2 = 0.15\text{W}/(\text{m·K})$，试求此时单位长度管道的热损失。

【解】已知 $d_1 = 159\text{mm}$；$d_2 = 159 + 2 \times 60 = 279\text{mm}$；$d_3 = 279 + 2 \times 20 = 319\text{mm}$

根据式 (3-21)，得

$$q_l = \frac{Q}{l} = \frac{t_1 - t_3}{\dfrac{1}{2\pi\lambda_1}\ln\dfrac{d_2}{d_1} + \dfrac{1}{2\pi\lambda_2}\ln\dfrac{d_3}{d_2}}$$

$$= \frac{350 - 50}{\dfrac{1}{2\pi \times 0.06}\ln\dfrac{279}{159} + \dfrac{1}{2\pi \times 0.15}\ln\dfrac{319}{279}}$$

$$= 183.58\text{W/m}$$

本题中，由于 $d_2/d_1 = \dfrac{279}{159} = 1.755 < 2$；$d_3/d_2 = \dfrac{319}{279} = 1.143 < 2$，该两层保温层都可视为薄型圆筒，其单位管长的热损失，根据式 (3-25) 简化计算

$$q_l = \frac{Q}{l} = \frac{t_1 - t_3}{\dfrac{\delta_1}{\lambda_1 \pi d_{m1}} + \dfrac{\delta_2}{\lambda_2 \pi d_{m2}}}$$

式中 $\delta_1 = 60\text{mm}$；$\delta_2 = 20\text{mm}$；

$$d_{m1} = \frac{159 + 279}{2} = 219\text{mm}; d_{m2} = \frac{279 + 319}{2} = 299\text{mm},$$

于是

$$q_l = \frac{350 - 50}{\dfrac{60}{0.06 \times \pi \times 219} + \dfrac{20}{0.15 \times \pi \times 299}} = 187.94 \text{W/m}$$

计算误差为

$$\frac{187.94 - 183.58}{183.58} \times 100\% = 2.39\%$$

课题3 对流换热

3.1 影响对流换热的因素

概括地讲，影响对流换热的因素主要为下述四个方面：

3.1.1 流体的物理性质

流体的物理性质，即流体的种类对对流换热有着很大的影响。例如热物体在水中要比在同样温度的空气中冷却得快。对对流换热强弱有影响的物理参数，常称之为流体的热物理性质参数，简称热物性参数。它主要有：热导率 λ、密度 ρ、比热容 c、动力黏度 μ 等。流体的热导率 λ 值大，导热能力强；流体的比热容和密度之积 $c\rho$ 大，则单位体积的流体转移时所能携带的热量也多，热对流作用也就强；而动力黏度 μ 大，说明流体流动的内阻大，使热对流作用下降而不利于换热。

对于每一种流体来说，其热物性参数值又会随温度（气体还随压力）的改变而改变，而当温度（压力）一定时，这些参数都有一定的对应数值。在换热时，由于流体内温度各不相同，使热物性参数也各处不等。为方便计算，通常是选择一特征温度（称为定性温度）来确定热物性参数值，把热物性参数当作常量处理。

3.1.2 流体运动的原因

按流体运动发生的原因，流体运动可分成两类。一类是由于流体冷热各部分的密度不同所引起的自然运动；另一类是受外力，如风机或水泵的作用所发生的强迫运动。一般情况下，强迫运动的换热强度要比自然换热高得多。

流体发生强迫运动时，也会发生自然运动。当强迫运动速度很大时，自然运动对换热的影响可以忽略不计；而当强迫运动不太强烈时，自然运动的影响便相对增大而应加以考虑，这种情况称之为混合对流换热。

3.1.3 流体运动的状态

由课程《流体力学泵与风机》可以知道，流体运动的状态可分为层流和紊流。层流时雷诺数 $Re \leqslant 2300$，流体各部分均沿流道壁面作平行运动，互不干扰；紊流时 $Re \geqslant 10^4$，流动处于不规则的混乱状态，只在靠近流道壁面处存在一厚度很薄的边界层流。当流体处

于 $2300 < Re < 10^4$ 时,则称其流动处于过渡流状态。

在对流换热中,流体运动的状态对热量转移有着重要的影响。层流时,沿壁面法线方向的热量转移主要依靠导热,其大小取决于流体的导热系数;紊流时,依靠导热转移热量的方式只保留在很薄的边界层流中,而紊流核心中的传热则依靠流体各部分的剧烈运动实现。由于紊流核心的热阻远小于边界层的热阻,因此紊流换热的强弱主要取决于边界层流的热阻。

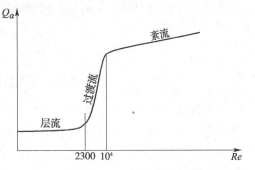

图 3-12 Re 对对流换热量的影响

紊流的边界层流厚度因远小于层流时的厚度,故紊流的热交换强度要远大于层流。

如图 3-12 反映了流态准则数 Re 对对流换热量 $Q\alpha$ 的影响关系。从图可看出,对流换热量是随 Re 的增加而增强,但层流阶段 $Q\alpha$ 增加很慢,过渡阶段增加最快,紊流阶段增加又减慢。工程上,为了有效地增强换热,通常用增加流体流速的方法控制 Re 在 $10^4 \sim 10^5$ 之间。而 Re 太大,虽可进一步增加换热量,但势必引起流动动力的很大消耗。

3.1.4 换热表面的几何形状、尺寸和布置方式

影响对流换热强弱的因素还有换热物体表面的几何形状、大小、粗糙度、以及相对于流体运动方向的位置等。例如,换热的平板面可以平放、竖放或斜放,换热面还可以朝上或朝下,这都将引起不同的换热条件与效果。

综上所述,影响对流换热的因素很多。对流换热量 $Q\alpha$ 是诸多物理参量:换热面形状 φ、尺寸 l、换热面面积 F、壁温 t_w、流体温度 t_f、速度 ω、热导率 λ、比热容 c、密度 ρ、动力黏度 μ、体积膨胀系数 β 等的函数。即

$$Q\alpha = f(\omega, \rho, c, \mu, \beta, t_f, t_w, F, l, \varphi, \ldots) \tag{3-26}$$

3.2 对流换热的计算与对流换热系数

一般情况下,计算流体和固体壁面间的对流换热量 $Q\alpha$ 的基本公式是牛顿冷却公式

$$Q\alpha = \alpha \cdot \Delta t \cdot F \quad \text{W} \tag{3-27}$$

式中 Δt——流体与壁面之间的温差,℃;

F——换热表面的面积,m^2;

α——对流换热系数,简称换热系数,$W/(m^2 \cdot ℃)$。

换热系数 α 的大小表达了对流换热过程的强弱,在数值上等于单位面积上,当流体同壁面之间温度相差 1℃时,在单位时间内所能传递的热量。

利用热阻的概念,将公式(3-25)改写成

$$Q\alpha = \frac{\Delta t}{\frac{1}{(\alpha \cdot F)}} = \frac{\Delta t}{R\alpha} \tag{3-28}$$

式中 $R\alpha = \dfrac{1}{\alpha \cdot F}$,表示 F 面积上的对流换热热阻,℃/W。对流换热的模拟电路如图 3-13 所示。

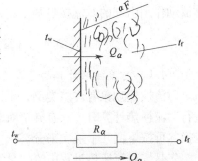

图 3-13 对流换热的模拟电路

流体和固体壁面间单位面积上的对流换热量常叫做对流热流密度，用字母 q 表示。对流热流密度 q 等于

$$q = Q\alpha/F = \alpha \cdot \Delta t \quad W/m^2 \tag{3-29}$$

3.3 与对流换热相关的准则

对流换热过程是十分复杂的，牛顿冷却公式中的换热系数集中了影响对流换热过程的一切复杂因素，研究对流换热问题的关键就是如何求解换热系数。

理论和实验都表明，影响对流换热作用的不是简单的单个物理量，而起作用的是由若干个物理量组成的准则。描述对流换热情况的任何方程均可表述为各相似准则之间的函数关系式。例如，在对流换热中，换热影响不是流体的运动黏度 ν、速度 ω、壁温 t_w、流体温度 t_f、热导率 λ、比热容 c、密度 ρ、体积膨胀系数 β 等单个起作用，而是由下列准则在影响：

3.3.1 普朗特（Prandtl）准则 Pr

普朗特准则 $Pr = \dfrac{\nu}{a}$，是用来说明工作流体的物理性质（简称流体物性）对对流换热影响的准则。Pr 越大，表示流体的运动黏度 ν 越大，而热扩散率 a（$= \dfrac{\lambda}{c\rho}$）越小。前者说明运动引起的传热量将下降，后者说明流体对温度变化的传递能力下降，导热降低。故对流换热量是随 Pr 准则数的上升而下降。

3.3.2 雷诺（Reynolds）准则 Re

雷诺准则 $Re = \dfrac{\omega l}{\nu}$，是用来反映流体运动的状态（简称流体流态）对对流换热影响的准则，如图 3-12 所示。

3.3.3 格拉晓夫（Grashof）准则 Gr

格拉晓夫准则 $Gr = \dfrac{g\beta\Delta t l^3}{\nu^2}$，是反映流体自然流动时浮升力与黏滞力相对大小的准则。流体自然流动状态是浮升力与黏滞力相互矛盾和作用的结果，Gr 增大，浮升力将引起换热量的增大。

3.3.4 努谢尔特（Nusselt）准则 Nu

努谢尔特准则 $Nu = \dfrac{\alpha l}{\lambda}$，是用来说明对流换热自身特性的准则，其数值越大，表示流体流动作用引起的对流换热强度越强。

3.4 计算对流换热系数的基本准则方程

3.4.1 对流换热计算的基本类型

对流换热现象有许多类型，不同的类型与不同形式的对流换热准则方程式相对应。在进行对流换热计算时，只有弄清对流换热的类型，才能找出正确的计算式。总体来讲，对流换热可按下面几个层次来分类：

先是按对流换热过程中流体是否改变相态，区分出换热是单相流体的对流换热还是变相流体的对流换热。这里的相态是指流体的液态和气态。所谓单相流体的对流换热是指流体在换热过程中相态保持不变，而变相流体的对流换热则是流体在换热过程中发生了相态

的变化,如液态流体变成了气态流体的沸腾换热,气态流体变成液态流体的凝结换热。

其次,在单相流体的换热中,按照流体流动的原因,可分成自然对流换热、强迫对流换热和综合对流换热三类。它们可用 Gr 与 Re^2 的比值范围来区分。一般,$Gr/Re^2 > 10$ 时,定为主要以运动浮升力引起的自然换热;$Gr/Re^2 < 0.1$ 时,定为由机械外力作用引起运动的强迫换热;$0.1 \leqslant Gr/Re^2 \leqslant 10$ 时,则定为既考虑自然换热影响,又考虑强迫换热影响的综合对流换热。

再次,流体与换热面的换热位置或空间大小又可引起不同情况的换热。如强迫对流换热可分为流体管内的换热和流体外掠管壁的换热;自然对流换热可分为无限大空间的换热和有限空间的换热。这里有限与无限空间的区别是以换热时冷、热流体的自由运动是否相互干扰为界的。一般规定,换热方向的空间厚度 δ 与换热面平行方向的长度 h 的比值 $\frac{\delta}{h} \leqslant 0.3$ 时,为有限空间;$\frac{\delta}{h} > 0.3$ 时,为无限空间,见表3-3。

此外,上面各类对流换热还可根据流体流动的形态可分成层流($Re < 2300$)、过渡流($2300 \leqslant Re \leqslant 10^4$)和紊流($Re > 10^4$)三种情况。

3.4.2 对流换热准则方程的一般形式

描述对流换热现象的方程式,原则上是由与对流换热相关的准则组成的函数关系,称之为准则方程式。对于稳态无相变的对流换热的准则方程,可描述为

$$Nu = f(Re, Gr, Pr) \tag{3-30}$$

方程式的具体形式由实验确定。对于强迫紊流的对流换热,由于 Gr 对换热的影响可以不计,可写成 $Nu = f(Re, Pr)$ 函数,一般整理成如下的幂函数形式

$$Nu = CRe^n Pr^m \tag{3-31}$$

若上述情况的流体为空气时,Pr 可作为常数来处理(取 $Pr \approx 0.7$),于是式(3-31)又可简化成 $Nu = f(Re)$,通常写成如下形式

$$Nu = CRe^n$$

对于自由流动的对流换热,$Re = f(Gr)$,Re 不是一个独立的准则,式(3-30)可写成如下形式

$$Nu = f(Gr, Pr) = C(Gr \cdot Pr)^n \tag{3-32}$$

以上各式中的 C、n、m 都是由实验可确定的常数。

在对流换热准则方程中,待解量换热系数 α 包含在 Nu 准则中,所以称 Nu 准则为待定准则。对于求解 Nu 的其他准则,由于准则中所含的量都是已知量,故这些准则通称已定准则。已定准则的数值一经确定,待定准则,如 Nu 就可以通过准则方程很方便地求解出来。

3.4.3 定性温度、定型尺寸和特性速度的确定

(1) 定性温度

确定准则中热物性参数数值的温度叫定性温度。由于流体的物性随温度而变,且换热中不同换热面上有不同的温度,这给换热的分析计算带来困难。为了使问题简化,常经验地按某一特征温度,即定性温度来确定流体的物性,以使物性作为常数处理。

如何选取物性的定性温度是一个重要的问题。它主要有以下三种选择:

1) 流体平均温度 t_f,简称流体温度;
2) 壁表面平均温度 t_w,简称壁温;

3) 流体与壁的算术平均温度 t_m，即 $t_m = \dfrac{t_f + t_w}{2}$，也称边界层平均温度。

(2) 定型尺寸

相似准则所包含的几何尺寸，如 Re、Gr 和 Nu 中的 l，都是定型尺寸。所谓定型尺寸是指反映与对流换热有决定影响的特征尺寸。通常，管内流动换热的定型尺寸取管内径 d，管外流动换热的取外径 D，而非圆管道内换热的则取当量直径 de：

$$de = \dfrac{4F}{U}(\mathrm{m})$$

式中　F——通道断面面积，m^2；

　　　U——断面湿周长，m。

(3) 特征速度

它是指 Re 准则中的流体速度 ω。通常管内流体是取管截面上的平均流速，流体外掠单管则取来流速度，外掠管簇时取管与管之间最小流通截面的最大流速。

总之，在对流换热计算中，对所用的准则方程式一定要注意它的定性温度，定型尺寸和特征速度等选定，不然会引起计算上的错误。

3.5 对流换热系数计算简介

公式 (3-33) 中的 C、n 值　　　　表 3-2

表面形状及位置	流动情况示意	流态	C	n	定型尺寸 l (m)	适用范围 $Gr \cdot Pr$	空气简化公式
垂直平壁及垂直圆柱		层流 紊流	0.59 0.12	$\dfrac{1}{4}$ $\dfrac{1}{3}$	高度 h	$10^4 \sim 10^9$ $10^9 \sim 10^{12}$	$\alpha = 1.28\left(\dfrac{\Delta t}{h}\right)^{\frac{1}{4}}$ $\alpha = 1.17\Delta t^{\frac{1}{3}}$
水平圆柱		层流 紊流	0.53 0.13	$\dfrac{1}{4}$ $\dfrac{1}{3}$	圆柱外径 D	$10^4 \sim 10^9$ $10^9 \sim 10^{12}$	$\alpha = 1.16\left(\dfrac{\Delta t}{D}\right)^{\frac{1}{4}}$ $\alpha = 1.17\Delta t^{\frac{1}{3}}$
热面朝上或冷面朝下的水平壁		层流 紊流	0.54 0.14	$\dfrac{1}{4}$ $\dfrac{1}{3}$	矩形取两个边长的平均值；圆盘取 0.9 倍直径	$10^5 \sim 2\times 10^7$ $2\times 10^7 \sim 3\times 10^{10}$	$\alpha = 1.19\left(\dfrac{\Delta t}{l}\right)^{\frac{1}{4}}$ $\alpha = 1.37\Delta t^{\frac{1}{3}}$
热面朝下或冷面朝上的水平壁		层流	0.27	$\dfrac{1}{4}$	同上	$3\times 10^5 \sim 3\times 10^{10}$	$\alpha = 0.59\left(\dfrac{\Delta t}{l}\right)^{\frac{1}{4}}$

3.5.1　单相流体自然流动时的换热

(1) 无限空间中的自然换热计算

稳定状态下自然换热的准则方程形式为

$$Nu_m = f(Pr, Gr) = C(Gr \cdot Pr)_m^n \tag{3-33}$$

式中的 C 和 n 是根据换热表面的形状、位置及 $Gr \cdot Pr$ 的数值范围由表 3-2 选取。下标 m 表示求准则时的定性温度采用边界层的平均温度 $t_m = \dfrac{t_f + t_w}{2}$。

由表 3-2 可知,在紊流换热中,式(3-33)中的 $n = \dfrac{1}{3}$,这时 Gr 和 Nu 中的定型尺寸 l 可以相抵消,故自然流动的紊流换热与定型尺寸无关。

对于常温常压空气,Pr 作常数处理,可采用表 3-2 中的简化公式计算 α。计算用到的有关空气的物理参数值见附录 3-1。

对于工程中遇到的倾斜壁的自然换热,通常是先分别算出倾斜板在水平面和垂直面上的投影换热系数 α_1 和 α_2,然后平方相加再开方来计算倾斜壁的自然换热系数 $\alpha = (\sqrt{\alpha_1^2 + \alpha_2^2})$。

【例 3-6】 一室外水平蒸汽管外包保温材料,其表面温度为 40℃,外径 $D = 100$mm,室外温度是 0℃。试求蒸汽管外表面的换热系数和每米管长的散热量。

【解】 求定性温度:$t_m = \dfrac{1}{2}(t_{w1} + t_{w2}) = \dfrac{40+0}{2} = 20℃$。定型尺寸 $l = D = 0.1$m。按定性温度查附录 3-1,得空气的有关物理参数

$$\lambda = 2.57 \times 10^{-2} W/(m \cdot ℃); Pr = 0.703$$

$$\nu = 15.05 \times 10^{-6} m^2/s; \beta = \dfrac{1}{273 + 20} K^{-1}$$

$$Gr = \dfrac{\beta g \Delta t l^3}{\nu^2} = \dfrac{1}{293} \times \dfrac{9.81 \times (40 - 0) \times 0.1^3}{(15.06 \times 10^{-6})^2} = 5.905 \times 10^6$$

$$(Gr \cdot Pr)_m = 5.905 \times 10^6 \times 0.703 = 4.151 \times 10^6$$

由表 3-2 查得:$C = 0.53$,$n = \dfrac{1}{4}$ 代入方程 (3-33)

$$Nu = C(Gr \cdot Pr)_m^n = 0.53(4.151 \times 10^6)^{0.25} = 23.92$$

由 $Nu = \dfrac{\alpha l}{\lambda}$ 可得换热系数 α 为

$$\alpha = \dfrac{Nu \cdot \lambda}{l} = \dfrac{23.92 \times 2.57 \times 10^{-2}}{0.1} = 6.147 W/(m^2 \cdot ℃)$$

每米管长的散热量 ql 为:

$$ql = \alpha \Delta t \pi D \times 1 = 6.147 \times (40 - 0) \pi \times 0.1 \times 1 = 77.16 W/m$$

(2) 有限空间中的自然换热计算

有限空间的自然换热实际是夹层冷表面和热表面换热的综合结果。计算这一复杂过程换热量的方法是把它当做平壁或圆筒壁的导热来处理。若引入"当量导热系数 λ_{dl}",则通过夹层的热流密度为

$$q = \dfrac{\lambda_{dl}}{\delta}(t_{w1} - t_{w2}) W/m^2 \tag{3-34}$$

式中 t_{w1}、t_{w2}——分别为夹层的热表面温度和冷表面温度,℃;

δ——夹层厚度,m。

由于
$$q = \alpha \cdot \Delta t = \frac{\alpha \cdot \delta}{\lambda} \cdot \frac{\lambda}{\delta} \Delta t = Nu \frac{\lambda}{\delta} \Delta t$$

将此式与式（3-32）相比较，可知

$$Nu = \frac{\lambda \mathrm{d}l}{\lambda} = f(Gr \cdot Pr) \tag{3-35}$$

通过实验可得式（3-35）的具体关联式，从而求出 Nu（或 α）和 $\lambda \mathrm{d}l$。空气在夹层中自然流动换热的计算公式见表 3-3 所列。

空气在夹层中自然流动换热计算公式　　　　表 3-3

夹层位置	$\lambda \mathrm{d}l$ 计算公式	适用范围
垂直夹层	$\dfrac{\lambda \mathrm{d}l}{\lambda} = 0.18 Gr^{\frac{1}{4}} \left(\dfrac{\delta}{h}\right)^{\frac{1}{9}}$ $\dfrac{\lambda \mathrm{d}l}{\lambda} = 0.065 Gr^{\frac{1}{3}} \left(\dfrac{\delta}{h}\right)^{\frac{1}{9}}$	$2000 < Gr < 2 \times 10^4$ $2 \times 10^4 < Gr < 1.1 \times 10^7$
水平夹层（热面在下）	$\dfrac{\lambda \mathrm{d}l}{\lambda} = 0.195 Gr^{\frac{1}{4}}$ $\dfrac{\lambda \mathrm{d}l}{\lambda} = 0.068 Gr^{\frac{1}{3}}$	$10^4 < Gr < 4 \times 10^5$ $Gr > 4 \times 10^5$

计算时，对于垂直夹层，若 $Gr < 2000$ 时，夹层中空气几乎是不运动，取 $\lambda \mathrm{d}l = \lambda$，按导热过程计算；对于水平夹层，若热面在上，冷面在下，也按导热过程计算，取 $\lambda \mathrm{d}l = \lambda$。

应用表 3-3 时，定性温度为夹层冷、热表面的平均温度，即 $t_\mathrm{m} = \dfrac{1}{2}(t_{w1} + t_{w2})$；定性尺寸为夹层厚度 δ，m。

【例 3-7】一个竖封闭空气夹层，两壁由边长为 0.5m 的方形壁组成，夹层厚 25mm，两壁温度分别为-15℃和15℃。试求夹层的当量导热系数和通过此空气夹层的自然对流换热量。

【解】定性温度 $t_\mathrm{m} = \dfrac{1}{2}(t_{w1} + t_{w2}) = \dfrac{1}{2}(15 - 15) = 0℃$。查附录 3-1，得空气的物理参数如下：

$$\lambda = 2.44 \times 10^{-2} \mathrm{W/(m \cdot ℃)}; Pr = 0.707;$$

$$\nu = 13.28 \times 10^{-6} \mathrm{m^2/s}; \beta = \frac{1}{273} K^{-1}$$

$$Gr = \frac{\beta g \Delta t l^3}{\nu^2} = \frac{1}{273} \times \frac{9.81 \times (15+15) \times 0.025^3}{(13.28 \times 10^{-6})^2} = 9.551 \times 10^4$$

由表 3-3 查得当量导热系数计算式为

$$\lambda dl = 0.065 Gr^{\frac{1}{3}} \left(\frac{\delta}{h}\right)^{\frac{1}{9}} \cdot \lambda = 0.065 \times (9.551 \times 10^4)^{\frac{1}{3}} \times \left(\frac{0.025}{0.5}\right)^{\frac{1}{9}} \times 2.44 \times 10^{-2}$$
$$= 0.052 \text{W}/(\text{m} \cdot \text{°C})$$

通过夹层的自然对流换热量为

$$Q = \frac{\lambda dl}{\delta}(t_{w2} - t_{w1})F = \frac{0.052}{0.025} \times (15 + 15) \times 0.5 \times 0.5 = 15.6\text{W}$$

3.5.2 单相流体强迫流动时的换热

（1）流体在管内强迫流动的换热

1）换热影响的分析

流体管内强迫流动换热时，影响换热量大小的因素除与流体的流态（层流、紊流、过渡状态）有关外，还应考虑如下问题：

A. 进口流动不稳定的影响。流体在刚进入管内时，流体的运动是不稳定的，只有流动一段距离后，才能达到稳定。图 3-14 为沿管道长度因流体进口不稳定流动影响引起的换热系数 α 的变化情况。在入口段（$x \leqslant x_{cm}$ 内），α 值变化较大，而过了 $x > x_{cm}$ 后，α 趋于稳定近似为常数。实验表明，对于层流，x_{cm} 距离约 $0.03 dRe$，即 $\leqslant 70d$；对于旺盛紊流来说，x_{cm} 约 $40d$。流体在进口段不稳定流动时对换热程度的影响称之为进口效应。工程上一般以管长 l 与管径 d 的比值 $\geqslant 50$，称为长管的换热，它可忽略进口效应；但对于 $l/d < 50$ 的短管，则需考虑

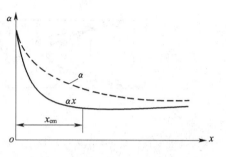

图 3-14 管内流动局部换热系数 α_x 和平均换热系数 α 的变化

进口效应。计算上是在准则方程式的左边乘以修正系数 C_l，见表 3-4 和表 3-5。

层流时的修正系数 C_l　　　　表 3-4

l/d	1	2	5	10	15	20	30	40	50
C_l	1.90	1.70	1.44	1.28	1.18	1.13	1.05	1.02	1

紊流时的修正系数 C_l　　　　表 3-5

Re_l \ l/d	1	2	5	10	15	20	30	40	50
1×10^4	1.65	1.50	1.34	1.23	1.17	1.13	1.07	1.03	1
2×10^4	1.51	1.40	1.27	1.18	1.13	1.10	1.05	1.02	1
5×10^4	1.34	1.27	1.18	1.13	1.10	1.08	1.04	1.02	1
1×10^5	1.28	1.22	1.15	1.10	1.08	1.06	1.03	1.02	1
1×10^6	1.14	1.11	1.08	1.05	1.04	1.03	1.02	1.01	1

B. 热流方向的影响。流体与管壁进行换热的过程中，流体流动为非等温过程。在沿管长方向，流体会被加热或被冷却，流体温度的变化必然改变流体的热物理性质，从而影响管内速度场的形状，进而影响换热程度，如图 3-15 所示。图中曲线 a 为等温流动时的

速度分布。当液体被加热（或气体被冷却）时，近壁处液体的黏度比管中心区低，因而壁面处速度相对加大，中心区相对减小，见曲线 c；当液体被冷却（或气体被加热）时，结果与上面相反，速度分布为曲线 b。

对流换热中为了修正流体加热或冷却（即热流方向）对热物理性质的影响，是在流体温度 t_f 为定性温度的准则方程式的左边，乘上修正项 $(Pr_f/Pr_w)^n$ 或 $(\mu_f/\mu_w)^m (T_f/T_w)^k$ 等。

C. 管道弯曲的影响。流体在弯曲管道流动时，产生的离心力会引起流体在流道内外之间的二次环流，如图 3-16 所示，增加了换热的效果，因而使它的换热与直管有所不同。当弯管在整个管道中所占长度比例较大时，必须在直管道换热计算的基础上加以修正，通常是在关联式的左边乘上修正系数 C_R。对于螺旋管，即蛇形盘管 C_R 由下式确定：

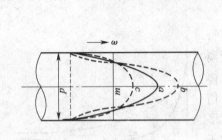
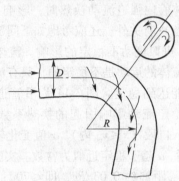

图 3-15　热流方向对速度场的影响　　　　图 3-16　弯管流动中的二次环流
　　a—等温流；b—冷却液体或加热气体；
　　c—加热液体或冷却气体

$$\left.\begin{array}{ll} \text{对于气体} & C_R = 1 + 1.77\dfrac{d}{R} \\[2mm] \text{对于液体} & C_R = 1 + 10.3\left(\dfrac{d}{R}\right)^3 \end{array}\right\} \tag{3-36}$$

式中　R——螺旋管弯曲半径，m；
　　　d——管子直径，m。

2）流体管内层流的换热计算式

流体在管内强迫层流时的换热准则方程式形式为：
$$Nu = C\,Re^n\,Pr^m\,Gr^p$$

计算时可采用下列公式

$$Nu = 0.15\,Re_l^{0.33}\,Pr_f^{0.43}\,Gr_f^{0.1}\left(\frac{Pr_f}{Pr_w}\right)^{0.25} C_l \cdot C_R \tag{3-37}$$

式中各准则的下标为 f 时，表示定性温度取流体温度 t_f，下标为 w 时，定性温度取壁面温度 t_w。

在运用公式（3-37）时，若流体为黏度较大的油类，由于自然对流被抑制，流体呈严格的层流状态，需取式中准则 $Gr = 1$。此时换热系数为层流时最低值。

由于层流时的放热系数小，除少数应用黏性很大流体的设备有应用外，绝大多数的换热设备都是按紊流设计。

3）流体管内紊流的换热计算式

流体管内强迫紊流时的换热，可忽略自由运动部分的换热，其准则方程具有如下形式
$$Nu_f = C Re_f^n Pr_f^m$$

根据实验整理，当 $t_f - t_w$ 为中等温差以下时（指气体 $\leq 50℃$；水 $\leq 30℃$；油类 $\leq 10℃$），Re_f 为 $10^4 \sim 1.2 \times 10^5$，$Pr_f = 0.7 \sim 120$ 范围内，用下式计算：

$$Nu_f = 0.023 Re_f^{0.8} Pr_f^n \cdot C_R \cdot C_l \tag{3-38}$$

式中 n 当流体被加热时取 0.4，流体被冷却时取 0.3。当 $t_f - t_w$ 超过中等温差时，$Re_f = 10^4 \sim 5 \times 10^5$，$Pr_f = 0.6 \sim 2500$ 范围内，可采用下式计算

$$Nu_f = 0.021 Re_f^{0.8} Pr_f^{0.43} \left(\frac{Pr_f}{Pr_w}\right)^{0.25} C_l \cdot C_R \tag{3-39}$$

对于空气，$Pr = 0.7$，上式可简化为

$$Nu_f = 0.018 Re_f^{0.8} \cdot C_l \cdot C_R \tag{3-40}$$

（2）流体管内过渡状态流动的换热计算式

对于 $Re_f = 2300 \sim 10^4$ 的过渡区，换热系数既不能按层流状态计算，也不能按紊流状态计算。整个过渡区换热规律是多变的，换热系数将随 Re_f 数值的变化而变化较大。根据实验整理可用下关联式计算

$$Nu_f = C Pr_f^{0.43} \left(\frac{Pr_f}{Pr_w}\right)^{0.25} \tag{3-41}$$

式中 C 根据 Re_f 数值由表 3-6 定。

$Re_f = 2200 \sim 10^4$ 时 C 的数值　　　　　　表 3-6

$Re_f \cdot 10^{-2}$	2.2	2.3	2.5	3.0	3.5	4.0	5.0	6.0	7.0	8.0	9.0	10
C	2.2	3.6	4.9	7.5	10	12.2	16.5	20	24	27	29	30

【例 3-8】内径 $d = 32mm$ 的管内水流速 $0.8m/s$，流体平均温度 $70℃$，管壁平均温度 $40℃$，管长 $L = 100d$。试计算水与管壁间的换热系数。

【解】由定性温度 $t_f = 70℃$ 和 $t_w = 40℃$ 从附录 3-2 查得水的物性参数如下

$$\nu_f = 0.415 \times 10^{-6} m^2/s; Pr_f = 2.55$$
$$\lambda_f = 66.8 \times 10^{-2} W/(m \cdot ℃);$$

因为
$$Re_f = \frac{\omega d}{\nu_f} = \frac{0.032 \times 0.8}{0.415 \times 10^{-6}} = 6.169 \times 10^4 > 10^4$$

所以，管内流动为旺盛紊流。由于温差 $t_f - t_w = 30℃$ 未超过 $30℃$，故用式（3-38）计算：

$$Nu_f = 0.023 Re_f^{0.8} Pr_f^{0.3} C_R C_l = 0.023 \times (6.169 \times 10^4)^{0.8} \times 2.55^{0.3} \times 1 \times 1$$
$$= 207$$

于是换热系数 α 为

$$\alpha = \frac{Nu_f \cdot \lambda_f}{d} = \frac{207 \times 66.8 \times 10^{-2}}{0.032} = 4321 W/(m^2 \cdot ℃)$$

（3）流体外掠管壁的强迫换热

1）换热影响的分析

流体外掠管壁的强迫换热除了与流体的 Pr 和 Re 有关外，还与以下因素有关：

A. 单管换热还是管束换热。流体横向流过管束时的流动情况要比单管绕流复杂，管束后排管由于受前排管尾流的扰动，使得后排管的换热得到增强，因而管束的平均换热系数要大于单管。

B. 与流体冲刷管子的角度（俗称冲击角 φ）有关。显然正向冲刷（$\varphi=90$）管子或管束的换热强度要比斜向冲刷（$\varphi \leqslant 90°$）管子或管束的大。对于斜向冲刷的换热系数计算是在正向冲刷管子计算的结果上，乘上冲击角修正系数 C_φ。C_φ 值可由表 3-7、表 3-8 查得。

单圆管冲击角修正系数 C_φ　　　　　　　　　　表 3-7

冲击角 φ	90°~80°	70°	60°	45°	30°	15°
C_φ	1.0	0.97	0.94	0.83	0.70	0.41

圆管管束的冲击角修正系数 C_φ　　　　　　　　　表 3-8

冲击角 φ		90°~80°	70°	60°	50°	40°	30°	20°	10°	0°
C_φ	顺排	1.0	0.98	0.94	0.88	0.78	0.67	0.52	0.42	0.38
	叉排	1.0	0.98	0.92	0.83	0.70	0.53	0.43	0.37	0.34

C. 对于管束换热，还与管子的排列方式、管间距及管束的排数有关。管子的排列方式一般有顺排和叉排两种。如图 3-17 所示，流体流过顺排和叉排管束时，除第一排相同外，叉排后排管由于受到管间流体弯曲、交替扩张与收缩的剧烈扰动，其换热强度要比顺排要大得多。当然叉排管束比起顺排来说，也有阻力损失大，管束表面清刷难的缺点。实际上，设计选用时，叉排和顺排的管束均有运用。

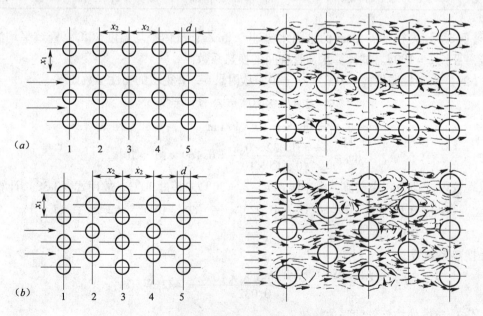

图 3-17　管束排列方式及流体在管束间的流动情况
(a) 顺排；(b) 叉排

对于同一种排列方式的管束，管间相对距离 $l_1 = \dfrac{x_1}{d}$ 和 $l_2 = \dfrac{x_2}{d}$ 的大小对流体的运动性质和流过管面的状况也有很大的影响，进而影响换热的强度。

实验还表明，管束前排对后排的扰动作用对平均换热系数的影响要到 10 排以上的管子才能消失。计算时，这种管束排数影响的处理方法是：在不考虑排数影响的基本实验关联式的右边乘上排数修正系数 C_z，见表 3-9。

管排数的修正系数 C_z 表 3-9

总排数	1	2	3	4	5	6	7	8	9	≥10
顺排	0.64	0.80	0.87	0.90	0.92	0.94	0.96	0.98	0.99	1
叉排	0.68	0.75	0.83	0.89	0.92	0.95	0.97	0.98	0.99	1

2) 流体外掠单管时的换热计算

虽然外掠单管沿管面局部换热系数变化较复杂，但平均换热系数 α 随 Re 和 Pr 变化而变化的规律，根据实验数据来看却较明显，可按 Re 数的不同分段用下列关联式计算：

$$Nu_f = C Re_f^n Pr_f^{0.37} \left(\dfrac{Pr_f}{Pr_w}\right)^{0.25} \cdot C_\varphi \tag{3-42}$$

式中 C、n 的取值由表 3-10 定。

式 (3-42) 中的 C 和 n 值   表 3-10

Re_f	1~40	40~10^3	10^3~2×10^5	2×10^5~10^6
C	0.75	0.51	0.26	0.076
n	0.4	0.5	0.6	0.7

公式 (3-42) 适用于 $0.7 < Pr_f < 500$，$1 < Re_f < 10^6$ 的情况。当流体 $Pr_f > 10$ 时，Pr_f 的幂次应改为 0.36。定性温度为来流温度；定型尺寸为管外径；速度取管外流速最大值。

【例 3-9】试求水横向流过单管时的换热系数。已知管外径 $D = 20\text{mm}$，水的温度为 $20℃$，管壁温度为 $50℃$，水流速度 1.5m/s。

【解】当 $t_f = 20℃$ 时，从附录 3-2 查得：

$$\lambda_f = 59.9 \times 10^{-2} \text{W}/(\text{m} \cdot ℃); Pr_f = 7.02$$

$$\nu_f = 1.006 \times 10^{-6} \text{m}^2/\text{s}$$

当 $t_w = 50℃$ 时，$Pr_w = 3.54$。

由于

$$Re_f = \dfrac{\omega l}{\nu} = \dfrac{1.5 \times 0.02}{1.006 \times 10^{-6}} = 2.982 \times 10^4$$

故由公式 (3-42) 及表 3-10，得计算关联式

$$Nu_f = 0.26 Re_f^{0.6} Pr_f^{0.37} \left(\dfrac{Pr_f}{Pr_w}\right)^{0.25} C_\varphi$$

$$= 0.26 \times (2.982 \times 10^4)^{0.6} \times 7.02^{0.37} \times \left(\dfrac{7.02}{3.54}\right)^{0.25} \times 1$$

$$= 307.01$$

所以换热系数

$$\alpha = \frac{Nu_f \lambda_f}{D} = \frac{307.01 \times 59.9 \times 10^{-2}}{0.02}$$
$$= 9195 W/(m^2 \cdot ℃)$$

3) 流体外掠管束时的换热计算

外掠管束换热的一般函数式为 $Nu = f\left[Re, Pr, \left(\frac{Pr_f}{Pr_w}\right)^{0.25}, \frac{x_1}{d}, \frac{x_2}{d}, C_\varphi, C_z\right]$，写成幂函数为：

$$Nu_m = C Re_m^m \cdot Pr_m^{\frac{1}{3}} \left(\frac{Pr_f}{Pr_w}\right)^{0.25} \cdot C_\varphi \cdot C_z \tag{3-43}$$

式中 C、m 取值由表 3-11 定。

公式 (3-43) 中的 C 和 m 值　　　　表 3-11

x_2/d \ x_1/d		1.25		1.5		2		3	
		C	m	C	m	C	m	C	m
顺排	1.25	0.348	0.592	0.275	0.608	0.100	0.704	0.0633	0.752
	1.5	0.367	0.586	0.250	0.620	0.101	0.702	0.0678	0.744
	2	0.418	0.570	0.299	0.602	0.229	0.632	0.198	0.648
	3	0.290	0.601	0.357	0.584	0.374	0.581	0.286	0.608
叉排	0.6							0.213	0.636
	0.9					0.446	0.571	0.401	0.581
	1			0.497	0.558				
	1.125					0.478	0.565	0.518	0.560
	1.25	0.518	0.556	0.505	0.554	0.519	0.556	0.522	0.562
	1.5	0.451	0.568	0.460	0.562	0.452	0.568	0.488	0.568
	2	0.404	0.572	0.416	0.568	0.482	0.556	0.449	0.570
	3	0.310	0.592	0.356	0.580	0.440	0.562	0.421	0.574

式 (3-43) 的定性温度为 $t_m = (t_f + t_w)/2$；定型尺寸为管外径；Re 中的流速为截面最窄处的流速，适用范围为 $2000 < Re < 4 \times 10^4$。

【例 3-10】试求空气加热器的换热系数和换热量。已知加热器管束为 5 排，每排 20 根管，长为 1.5m，外径 $D = 25mm$，采用叉排。管间距 $x_1 = 50mm$、$x_2 = 37.5mm$，管壁温度 $t_w = 110℃$，空气平均温度为 30℃，流经管束最窄断面处的速度为 2.4m/s。

【解】由定性温度 $t_m = (t_w + t_f)/2 = (110 + 30) \div 2 = 70℃$，从附录 3-1 查得空气物性参数为

$$\lambda_m = 2.96 \times 10^{-2} W/(m \cdot ℃); Pr_m = 0.694$$
$$\nu_m = 20.2 \times 10^{-6} m^2/s;$$

$t_w = 110℃$ 时　　　　　$Pr_w = 0.687$
$t_f = 30℃$ 时　　　　　$Pr_f = 0.703$

$$Re_m = \frac{\omega D}{\nu} = \frac{2.4 \times 0.025}{20.02 \times 10^{-6}} = 2997$$

由 $\frac{x_1}{d} = \frac{50}{25} = 2$ 和 $\frac{x_2}{d} = \frac{37.5}{25} = 1.5$ 查表 3-11 得 $m = 0.568$，$C = 0.452$。根据式（3-43）知

$$Nu_m = 0.452 Re_m^{0.568} Pr_m^{\frac{1}{3}} \left(\frac{Pr_f}{Pr_w}\right)^{0.25} \cdot C_\varphi \cdot C_z$$

式中 $C_\varphi = 1$，C_z 由表 3-9 根据 $Z = 5$ 查，$C_z = 0.92$

$$Nu_m = 0.452 \times 2997^{0.568} \times 0.694^{\frac{1}{3}} \times \left(\frac{0.703}{0.687}\right)^{0.25} \times 1 \times 0.92 = 34.94$$

$$\alpha = Nu_m \frac{\lambda_m}{D} = 34.94 \times \frac{2.96 \times 10^{-2}}{0.025}$$
$$= 41.369 \text{W}/(\text{m}^2 \cdot \text{°C})$$

换热量
$$Q_\alpha = aF(t_w - t_f) = 41.369 \times \pi \times 0.025 \times 5 \times 20 \times (110 - 30)$$
$$= 25980 \text{W}$$

3.5.3 单相流体综合流动时的换热（$0.1 \leqslant \frac{Gr}{Re^2} \leqslant 10$）

在综合流动换热中，流体层流时浮升力的换热量或流体紊流时强迫换热量虽然占主要作用，但作层流时强迫流动的换热或作紊流时自由流动的换热都不可忽略，不然所引起的误差将超过工程的精度要求。关于综合对流换热分析计算已超出本书的范围，这里只介绍横管管内的两个综合换热计算的关联式：

横管内紊流时

$$Nu_m = 4.69 Re_m^{0.27} Pr_m^{0.21} Gr_m^{0.07} \left(\frac{d}{L}\right)^{0.36} \tag{3-44}$$

横管内层流时

$$Nu_m = 1.75 \left(\frac{\mu_f}{\mu_w}\right)^{0.14} \left[Re_m Pr_m \frac{d}{L} + 0.012 \times \left(Re_m Pr_m \frac{d}{L} Gr_m^{\frac{1}{3}}\right)^{\frac{4}{3}}\right]^{\frac{1}{3}} \tag{3-45}$$

3.5.4 变相流体的对流换热

变相流体的对流换热，由于在换热中潜热的作用，过冷或过热度的影响以及在换热过程中流体温度保持基本不变，使得变相流体的对流换热与单相流体的对流换热有很大的差别。

变相流体的对流换热可分液体沸腾时的换热和蒸汽凝结时的换热两大类。

（1）蒸汽凝结时的换热

蒸汽同低于饱和温度的冷壁接触，就会凝结成液体。在壁面上凝结液体的形式有两种，如图 3-18 所示。一种是膜状凝结，其凝结液能很好地润湿壁面，在壁面上形成一层完整的液膜向下流动；另一种是珠状凝结，其凝结液不能润湿壁面而聚结为一个个液珠向下滚动。由于珠状凝结，壁面除液珠占住的部分外，其余都裸露于蒸汽中，其换热热阻要比膜状凝结的要小得

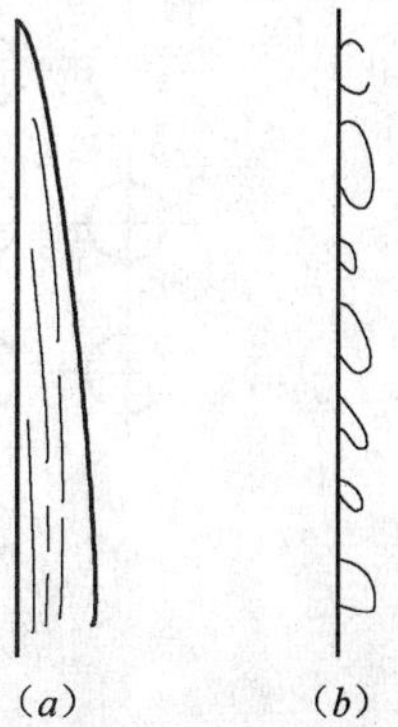

图 3-18 蒸汽的凝结形式
(a) 膜状凝结；(b) 珠状凝结

多，因此珠状凝结的换热系数可达膜状凝结的10余倍。在光滑的冷却壁面上涂油，可得到人工珠状凝结，但这样的珠状凝结不能持久。工业设备中，实际上大多数场合为膜状凝结，故这里仅介绍膜状凝结的计算。

根据相似理论进行的实验整理，蒸汽膜状凝结时的换热系数计算式为：

$$\alpha = C \left[\frac{\rho^2 \lambda^3 g \gamma}{\mu L (t_{bh} - t_w)} \right]^{\frac{1}{4}} \tag{3-46}$$

式中 γ 是汽化潜热。系数 C，对于竖管、竖壁取0.943；对于横管，C 取0.725，并取定型尺寸 $L=d$（管外径）。定性温度除汽化潜热按蒸汽饱和温度 t_{bh} 确定外，其他物性均取膜层平均温度 $t_m = \frac{t_{bh} + t_w}{2}$。

对于单管，在其他条件相同时，横管平均换热系数 α_H 与竖管平均换热系数 α_V 的比值为：

$$\frac{\alpha_H}{\alpha_V} = \frac{0.725}{0.943} \left(\frac{L}{d}\right)^{\frac{1}{4}} = 0.77 \left(\frac{L}{d}\right)^{\frac{1}{4}}$$

由此可知，当管长 L 与管外径 d 的比值 $\frac{L}{d} = 2.86$ 时，$\alpha_H = \alpha_V$；而当 $\frac{L}{d} > 2.86$ 时，$\alpha_H > \alpha_V$。例如当 $d = 0.02\mathrm{m}$，$L = 1\mathrm{m}$ 时，$\alpha_H = 2.07 \alpha_V$。因此工业上的冷凝器多半采用卧式。

在进行蒸汽凝结换热计算时还需考虑以下几点的影响：

1) 不凝气体的影响。蒸汽中含有不凝性气体，如空气，当它们附在冷却面上时，将引起很大的热阻，使凝结换热强度下降。实验表明，当蒸汽中含1%质量的空气时，α 将降低60%。

2) 冷却表面情况的影响。冷却壁面不清洁，有水垢、氧化物、粗糙，会使膜层加厚，可使 α 降低30%左右。

3) 对于多排的横向管束，还与管子的排列方式有关。如图3-19所示，由于凝结液要从上面管排流至下面管排，使得越下面管排上的液膜越厚，α 也就越小。图中齐纳白排列方式由于可减少凝结液在下排上暂留，平均换热系数较大。

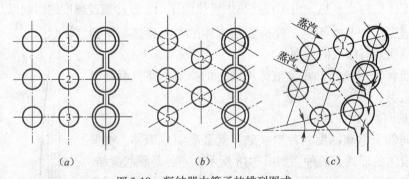

图3-19 凝结器中管子的排列图式
(a) 顺排式；(b) 斜方形排列式；(c) 齐纳白排列式

各排平均换热系数按下式计算

$$\alpha_n = \varepsilon_n \alpha \tag{3-47}$$

式中　α——按式（3-44）计算的第一排换热系数；
　　　α_n——第 n 排管的换热系数；
　　　ε_n——第 n 排管的修正系数，由图 3-20 曲线图查得。

管束的平均换热系数 α_P 再按下式计算

$$\alpha_P = \sum_{i=1}^{n} \frac{\alpha_i}{n} = \frac{\alpha}{n} \sum_{i=1}^{n} \varepsilon_i \quad (3-48)$$

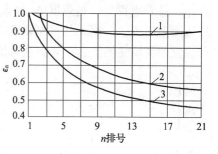

图 3-20　修正系数 ε_n
1—齐纳白排列式；2—斜方形排列式；3—顺排式

【例 3-11】横向排列的黄铜管，顺排 8 排管子，管外径为 16mm，水蒸气饱和温度为 120℃，若管表面温度为 60℃时，试计算管束的平均凝结换热系数。

【解】由水蒸气饱和温度 t_{bh} = 120℃查水蒸气表，得汽化热 γ = 2202.9kJ/kg。液膜平均温度为 $t_m = \frac{t_{bh} + t_w}{2} = \frac{120 + 60}{2} = 90℃$，据此查凝结水物性参数：

$$\rho = 965.3 \text{kg/m}^3; \lambda = 0.86 \text{W/(m·℃)}$$
$$\mu = 314.9 \times 10^{-6} \text{kg/(m·s)}$$

由式（3-46）求得顶排平均换热系数 α：

$$\alpha = C \left[\frac{\rho^2 \lambda^3 g \gamma}{\mu L (t_{bh} - t_w)} \right]^{\frac{1}{4}} = 0.725 \left[\frac{965.3^2 \times 0.68^3 \times 9.81 \times 2202900}{314.9^{-6} \times 0.016 \times (120 - 60)} \right]^{\frac{1}{4}}$$

$$= 8721.75 \text{W/(m}^2\text{·℃)}$$

根据式（3-48）和图 3-20，管束的平均换热系数为

$$\alpha_P = \frac{\alpha}{n} \sum_{i=1}^{n} \varepsilon_i$$

$$= \frac{8721.75}{8} \times (1 + 0.85 + 0.77 + 0.71 + 0.67 + 0.64 + 0.62 + 0.6)$$

$$= 6388.7 \text{W/(m}^2\text{·℃)}$$

（2）流体沸腾时的换热

1）沸腾换热的分析及类型

液体在沸腾换热时，液体的实际温度是要比饱和温度略高一些，即是过热的。如图 3-21 所示，液体各处过热的程度是不同的，离加热面越近，过热度越大。与加热面接触的那部分液体的温度就等于加热面的温度 t_w，其过热度 Δt 等于 t_w 与液体饱和温度 t_{bh} 的差，而 Δt 大小又与加热面上的加热强度 q 有关。一般情况 Δt 随 q 的增大而增大。而 Δt 越大，不仅加热面上的汽化核心数增多，而且汽泡核心迅速扩大、浮升的能力增强，从而加剧了紧贴加热面处的液体扰动，使换热系数增大。

如图 3-22 所示，随着 Δt 不同有三种基本沸腾的状态：一是图中 AB 段过程，壁面过热度 Δt 较小（≤4℃），加热面上产生的汽泡不多，换热以近似单相流体自然流动的规律进行，称之为对流沸腾，α 随 Δt 变化曲线较平缓；二是 BC 段，此范围内 Δt 约 5~25℃，加热面上的汽泡能大量迅速地生成和长大，并因大量汽泡的膨胀浮升引起液体的激烈运动，使 α 急剧上升。在此区域沸腾换热强度主要取决于汽泡的存在和运动，故称为泡态沸

腾；三是 C 点以后，过热度 Δt 更大，由于生成的汽泡数目太多，以致它们相互汇合，在加热面上形成了汽膜，几乎把液体与加热面隔开，传热要靠汽膜的导热、对流辐射来进行，反而使换热的能力下降。这时的沸腾换热叫做膜态沸腾。

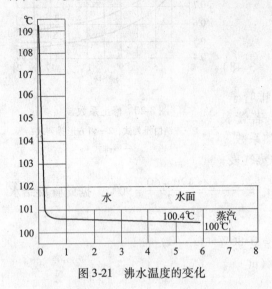
图 3-21　沸水温度的变化

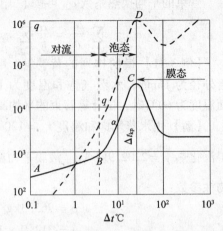
图 3-22　水在大容器中三种基本沸腾的状态

工程上把泡态沸腾与膜态沸腾的热负荷转化点叫做临界热负荷 q_C。当热负荷 $q > q_C$ 时，将发生膜态沸腾，α 值下降，Δt 迅速上升，就会使加热面因过热而被烧坏。因此工程上，设计锅炉、水冷壁、蒸发器等设备时，必须控制在 $q < q_C$ 的范围内。

此外，沸腾时液面上的压力 p 对换热也有重要的影响。压力越大，汽化中的汽泡半径将减小，使汽泡核数增多，沸腾换热也随之增强。

2）大空间泡态沸腾的换热计算

综上所述，影响换热系数的因素主要是过热度 Δt（或加热负荷 q）和压力 p。根据实验结果，水从 0.2～100 个大气压在大空间泡态沸腾时的换热系数可按下列公式计算

$$\alpha = 3p^{0.15}q^{0.7} \text{W}/(\text{m}^2 \cdot \text{℃}) \tag{3-49}$$

或

$$\alpha = 38.7 \Delta t^{2.33} p^{0.5} \tag{3-50}$$

式中　p——沸腾时的绝对压力，bar；

q——热流密度或加热负荷，W/m^2；

Δt——加热面过热度，$t_w - t_{bh}$，℃。

3）管内沸腾的换热

液体在管内发生沸腾时，由于空间的限制，沸腾产生的蒸汽不能逸出而和液体混合在一起，形成了汽液两相混合在管内流动，如图 3-23 所示。可以看出，管子的位置，汽液的比例、压力、液体的流速、方向，管子的管径等都将对换热产生很大的影响，从而使它的换热计算比大空间泡态沸腾要复杂得多。有关管内沸腾换热计算的详细论述可参 1982 年科学出版社出版的，J·G-科利尔著，魏先英等译的《对流沸腾和凝结》有关章节，本处因受篇幅限制不再讨论。

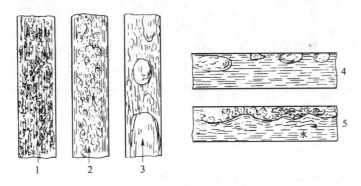

图 3-23 两相混合物在管内流动情况

【例 3-12】 在 $p = 10^5$ Pa 的绝对压力下，水在 $t_w = 114$℃ 的清洁铜质加热面上作大容器内沸腾。试求热流密度和单位加热面积的汽化量。

【解】 由附录 3-2 查得 $p = 10^5$ Pa 时，$t_{bh} = 100$℃、$\gamma = 2258$ kJ/kg。壁面过热度 $\Delta t = t_w - t_{bh} = 114 - 100 = 14$℃，在泡态沸腾的区域内，故可按式（3-49）和式（3-50）来计算，得

$$q^{0.7} = \frac{38.7 \Delta t^{2.33} p^{0.5}}{3 p^{0.15}} = \frac{38.7 \times 14^{2.33} \times 1^{0.5}}{3 \times 1^{0.15}}$$
$$= 6040.4$$

所以，热流密度为

$$q = \sqrt[0.7]{6040.4} = 252070 \text{ W/m}^2$$

单位加热面积的汽化量为

$$m = \frac{q}{r} = \frac{252070}{2258 \times 10^3} = 0.1116 \text{ kg/(m}^2 \cdot \text{s)}$$

课题 4　辐 射 换 热

4.1　热辐射的基本概念

4.1.1　热辐射是以不同波长的电磁波来传播能量的

理论上，物体热辐射的电磁波波长可以包括整个波谱，即波长从零至无穷大，它们包括 γ 射线、x 射线、紫外线、红外线、可见光、无线电波等。理论和实验表明，在工业上所遇到的温度范围内，即 2000K 以下，有实际意义的热辐射波长（指能被物体吸收转化为物体热能的电磁波波长）位于 0.38～100μm 之间，如图 3-24 所示，且大部分能量位于红外线区段的 0.76～20μm 范围内。在可见光区段，即波长为 0.38～0.76μm 的区段，热辐射能量的相对密度并不大。太阳的温度约 5800K，其温度比一般工业所遇温度高出很多，其辐射的能量主要集中在 0.2～2μm 的波长范围内，可见光区段占有很大的相对密度。

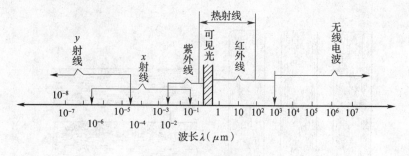

图 3-24 电磁波的波谱

4.1.2 热辐射的吸收、反射和透射能量的规律

当热辐射的能量投射到物体表面上时,和可见光一样会发生能量被吸收、反射和透射现象。如图 3-25 所示,假设投射到物体上的总能量 Q 中,有 Q_A 的能量被吸收,Q_R 的能量被反射,Q_D 的能量穿透过物体,则按能量守恒定律有:

$$Q = Q_A + Q_R + Q_D$$

等号两边同除以 Q,得

$$1 = \frac{Q_A}{Q} + \frac{Q_R}{Q} + \frac{Q_D}{Q}$$

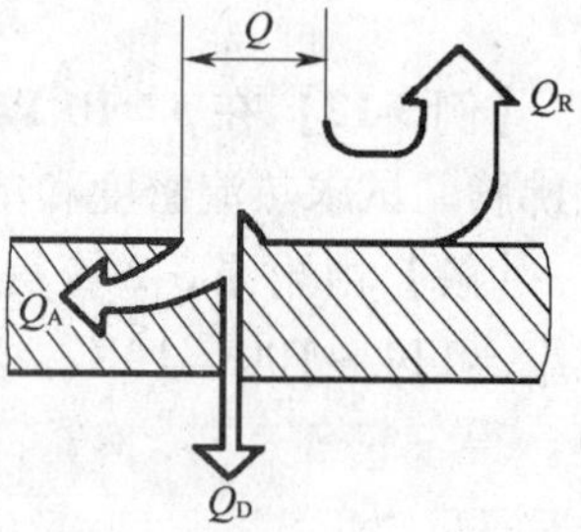

令式中能量百分比 $Q_A/Q = A$,$Q_R/Q = R$,$Q_D/Q = D$,分别称之为该物体对投入辐射能的吸收率、反射率和透射率,于是有

图 3-25 物体对热辐射的吸收、反射和透射

$$A + R + D = 1 \tag{3-51}$$

显然,A、R、D 的数值均在 $0 \sim 1$ 的范围内变化,其大小主要与物体的性质,温度及表面状况等有关。

当 $A = 1$,$R = D = 0$ 时,这时投射在物体上的辐射能被全部吸收,这样的物体叫做绝对黑体,简称黑体。

当 $R = 1$,$A = D = 0$ 时,投射的辐射能被物体全部反射出去,这样的物体叫做绝对白体,简称白体。

当 $D = 1$,$A = R = 0$ 时,说明投射的辐射能全部透过物体,这样的物体被叫做透明体。与此对应的把 $D = 0$ 的物体叫做非透明体。对于非透明体来说,如大多数工程材料,各种金属、砖、木等,由于 $D = 0$,因此有式

$$A + R = 1$$

当 A 增大,则 R 减小;反之当 R 增大,A 则减小。由此可知,凡是善于反射的非透明体物质,就一定不能很好地吸收辐射能;反之,凡是吸收辐射能能力强的物体,其反射能力也就差。

要指出的是,前面所讲的黑体、白体、透明体是对所有波长的热射线而言的。在自然界里,还没有发现真正的黑体、白体和透明体,它们只是为方便问题分析而假设的模型。自然界里虽没有真正的黑体、白体和透明体,但很多物体由于 A 近似等于 1(如石油、煤烟、雪和霜等的 $A = 0.95 \sim 0.98$)或 R 近似等于 1(如磨光的金属表面,$R = 0.97$)或 D

近似等于1（如一些惰性气体、双原子气体）可分别近似作为黑体、白体和透明体处理。另外，物体能否作黑体、或白体、或透明体处理，或者物体的 A、R、D 数值的大小与物体的颜色无关。例如，雪是白色的，但对于热射线其吸收率高达 0.98，非常接近于黑体；白布和黑布对于热射线的吸收率实际上基本相近。影响热辐射的吸收和反射的主要因素不是物体表面的颜色，而是物体的性质、表面状态和温度。物体的颜色只是对可见光而言。

研究黑体热辐射的基本规律，对于研究物体辐射和吸收的性质，解决物体间的辐射换热计算有着重要的意义。如图 3-26 所示，为人工方法制得的黑体模型，在空心体的壁面上开一个很小的小孔，则射入小孔的热射线经过壁面的多次吸收和反射后，几乎全被吸收，因此，此小孔就像一个黑体表面。在工程上，锅炉的窥视孔就是这种人工黑体的实例。在研究热辐射时，为了与一般物体有所区别，黑体所有量的右下角都标有"0"角码。

图 3-26　黑体模型

4.1.3　辐射力和单色辐射力的概念

（1）辐射力 E：表示物体在单位时间内，单位表面积上所发射的全波长（$\lambda = 0 \sim \infty$）的辐射能总量。绝对黑体的辐射力用 E_0 表示，单位为 W/m^2。

（2）单色辐射力 E_λ：它表示单位时间内单位表面积上所发射的某一特定波长 λ 的辐射能。黑体的单色辐射力用 $E_{0\lambda}$ 表示，其单位与辐射力的单位差一个长度单位，为 $W/(m^2 \cdot \mu m)$。

在热辐射的整个波谱内，不同波长的单色辐射力是不同的。图 3-27 表示了黑体各相应温度下不同波长发射出的单色辐射力的变化。对于某一温度下，特定波长 λ 到 $d\lambda$ 区间

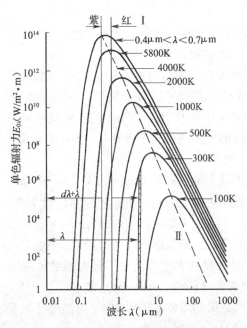

图 3-27　黑体在不同温度、波长下的单色辐射力 $E_{0\lambda}$
Ⅰ—可见光区域；Ⅱ—最大能量轨迹线

发射出的能量，可用图中有阴影的面积 $E_{0\lambda} \cdot d\lambda$ 来表示。而在此温度下全波长的辐射总能量，即辐射力 E_0 为图中曲线下的面积。显然，辐射力与单色辐射力之间存在着如下关系

$$E_0 = \int_0^\infty E_{0\lambda} \cdot d\lambda \tag{3-52}$$

4.2 热辐射的基本定律

4.2.1 普朗克（Planck）定律

普朗克定律揭示了黑体的单色辐射力与波长、温度的依变关系。根据普朗克研究的结果，黑体单色辐射力 $E_{0\lambda}$ 与波长和温度有如下关系

$$E_{0\lambda} = \frac{C_1 \cdot \lambda^{-5}}{e^{\frac{C_2}{\lambda \cdot T}} - 1} \quad (W/(m^2 \cdot \mu m)) \tag{3-53}$$

式中　λ——波长，μm；

　　　e——自然对数的底；

　　　T——黑体的绝对温度，K；

　　　C_1——实验常数，其值为 3.743×10^{-8} $(W \cdot \mu m^4)/m^2$；

　　　C_2——实验常数，其值为 $1.4387 \times 10^4 \mu m \cdot K$。

图 3-27 实际上就是普朗克定律表达式（3-53）的图示。由图或由式（3-53）可知：

（1）当温度一定，$\lambda = 0$ 时，$E_{0\lambda} = 0$；随着 λ 的增加，$E_{0\lambda}$ 也跟着增大，当波长增大到某一特定数值 λ_{max} 时，$E_{0\lambda}$ 为最大值，然后又随着 λ 的增加而减小，当 $\lambda = \infty$ 时，$E_{0\lambda}$ 又重新降至零。

（2）单色辐射力 $E_{0\lambda}$ 的最大值随温度的增大而向短波方向移动。

（3）当波长一定时，单色辐射力 $E_{0\lambda}$ 将随温度的升高而增大。

（4）某一温度下，黑体所发出的总辐射能即为曲线下的面积。E_0 随着温度的升高而增大，而其在波长中的分布区域将缩小，并朝短波（可见光）方向移动。如工业温度下（<2000K，热辐射能量主要集中在 $0.76 \sim 10^2 \mu m$ 的红外线波长范围内，而太阳的温度高（5800K 以上），其热辐射的能量则主要集中于 $0.2 \sim 2 \mu m$ 的可见光波长范围内。

4.2.2 维恩（Wien）定律

维恩定律是反映对应于最大单色辐射力的波长 λ_{max} 与绝对温度 T 之间关系的。通过对式（3-53）中 λ 的求导等数学处理，就可得到维恩定律的数学表达式：

$$\lambda_{max} \cdot T = 2.9 \times 10^{-3} \mu m \cdot K \tag{3-54}$$

此式说明，随着温度的升高，最大单色辐射力的波长 λ_{max} 将缩短，即前面所说的朝短波（可见光）方向移动。图 3-27 中的虚线所示了最大能量轨迹线。

4.2.3 斯蒂芬—波尔茨曼（Stefan-Boltzman）定律

斯蒂芬—波尔茨曼定律是揭示黑体的辐射力 E_0 与温度 T 之间关系的定律。将式（3-53）代入式（3-52），通过积分，可得 E_0 的计算式

$$E_0 = C_0 \left(\frac{T}{100}\right)^4 \quad (W/m^2) \tag{3-55}$$

式中 C_0——黑体的辐射系数，$C_0 = 5.67 \text{W}/(\text{m}^2 \cdot \text{K}^4)$。

式（3-55）为斯蒂芬—波尔兹曼定律的数学表达式。此式表明，绝对黑体的辐射力同它的绝对温度的四次方成正比，故斯蒂芬—波尔兹曼定律又俗称四次方定律。

实际物体的辐射一般不同于黑体，其单色辐射力 E_λ 随波长、温度的变化是不规则的，并不严格遵守普朗克定律。图3-28中的曲线2示意了通过辐射光谱实验测定的实际物体在某一温度下的 $E_\lambda = f(\lambda, T)$ 关系。曲线1为同温度下黑体的 $E_{0\lambda}$。为了便于实际物体辐射力 E 的计算，工程上常把物体作为一种假想的灰体处理。这种灰体，其辐射光谱曲线 $E_\lambda = f(\lambda)$，即图3-28中的曲线3是连续的，且与同温度下的黑体 $E_{0\lambda}$ 曲线相似（即在所有的波长下，保持 $E_\lambda / E_{0\lambda} =$ 定值 ε），曲线下方所包围的面积与曲线2的相等，则灰体的辐射力 E，也就是实际物体的辐射力，为

$$E = \int_0^\infty E_\lambda \mathrm{d}\lambda = \int_0^\infty \varepsilon E_{0\lambda} \mathrm{d}\lambda = \varepsilon \cdot E_0$$
$$= \varepsilon \cdot C_0 \left(\frac{T}{100}\right)^4 \tag{3-56}$$

式中定值 ε 称为物体的黑度，也叫发射率。它反映了物体辐射力接近黑体辐射力的程度，其大小主要取决于物体的性质、表面状况和温度，数值在 0~1 之间。附录3-3列出了常用材料的黑度值，它们是用实验测得的。

4.2.4 克希荷夫（Kirchhoff）定律

克希荷夫定律确定了物体辐射力和吸收率之间的关系。这种关系可从两个表面之间的辐射换热来推出。

如图3-29为两个平行平壁构成的绝热封闭辐射系统。假定两表面，一个为黑体（表面Ⅰ）、一个为任意物体（表面Ⅱ）。两物体的温度、辐射力和吸收率分别为 T_0、E_0、A_0 和 T、E、A。并设两表面靠得很近，以致一个表面所放射的能量都全部落在另一个表面上。这样，物体表面Ⅱ的辐射力 E 投射到黑体表面Ⅰ上时，全部被黑体所吸收；而黑体表面Ⅰ的辐射力 E_0 落到物体表面Ⅱ上时，只有 $A \cdot E_0$ 部分被吸收，其余部分被反射回去，重新落到黑体表面Ⅱ上，而被其全部吸收。物体表面能量的收支差额 q 为

$$q = E - AE_0 \quad (\text{W}/\text{m}^2)$$

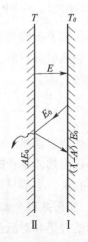

图3-28 物体辐射表面单色辐射力的比较　　图3-29 两平行平壁的辐射系统

当 $T_0 = T$ 时，即系统处于热辐射的动态平衡时，$q = 0$，上式变成

$$E = AE_0 \text{ 或 } \frac{E}{A} = E_0$$

由于物体是任意的物体，可把这种关系写成

$$\frac{E_1}{A_1} = \frac{E_2}{A_2} = \frac{E_3}{A_3} = \cdots = \frac{E}{A} = E_0 = f(T) \tag{3-57}$$

此式就是克希荷夫定律的数学表达式。它可表述为：任何物体的辐射力与吸收率之比恒等于同温度下黑体的辐射力，并且只与温度有关。比较（3-57）与（3-56）两式，可得出克希荷夫定律的另一种表达形式

$$A = \frac{E}{E_0} = \varepsilon$$

由上面的分析，可得到以下两个结论：
（1）由于物体的吸收率 A 永远小于 1，所以在同温度下黑体的辐射力最大；
（2）物体的辐射力（或发射率）越大，其吸收率就越大，物体的吸收率恒等于同温下的黑度。即善于发射的物体必善于吸收。

克希荷夫定律也同样适用于单色辐射，即任何物体在一定波长下的辐射力 E_λ 与同样波长下的吸收率 A_λ 的比值恒等于同温度下黑体同波长的发射力 $E_{0\lambda}$，即

$$\frac{E_\lambda}{A_\lambda} = E_{0\lambda} \text{ 或 } A_\lambda = \frac{E_\lambda}{E_{0\lambda}} = \varepsilon_\lambda \tag{3-58}$$

根据此道理，可以按物体的放射光谱（图 3-30）求出该物体的吸收光谱（图 3-31）。

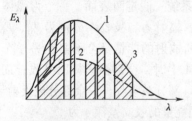

图 3-30　放射光谱
1—绝对黑体；2—灰体；3—气体

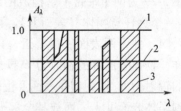

图 3-31　吸收光谱
1—绝对黑体；2—灰体；3—气体

反之，已知了吸收光谱也就已知了放射光谱。当物体在某一种波长下不吸收辐射能时，也就不会放射辐射能；如果物体在一定波长下是白体或是透明体时，它在该波长下也就不会放射辐射能。

4.3　两物体表面间的辐射换热计算

物体间的辐射换热是指若干物体之间相互辐射换热的总结果，实际物体吸收与反射能量的多少不仅与物体本身的情况有关，而且还与投射来的辐射能量，辐射物体间的相对位置与形状等有关。本节只讨论工程中常遇到的两个物体之间几种比较简单的辐射换热。

4.3.1　空间热阻和表面热阻

在前面的导热和对流换热计算中，曾利用导热热阻、对流换热热阻的概念来分析解决问题。物体间的辐射换热同样也可以用辐射热阻的概念来分析。物体间的辐射换热热阻可

归纳为空间热阻和表面热阻两个方面。

（1）空间热阻

空间热阻是指由于物体表面尺寸、形状和相对位置等的影响，使一物体所辐射的能量不能全部投落到另一物体上而相当的热阻。空间热阻用 R_g 表示。

设有两个物体互相辐射，它们的表面积分别为 F_1 和 F_2，把表面 1 发出的辐射能落到表面 2 上的百分数称之为表面 1 对表面 2 的角系数 $\varphi_{1,2}$，而把表面 2 对表面 1 的角系数记为 $\varphi_{2,1}$，则两物体间的空间热阻可按下式计算

$$R_g = \frac{1}{\varphi_{1,2} \cdot F_1} = \frac{1}{\varphi_{2,1} \cdot F_2} \tag{3-59}$$

由此式可以看出 $\varphi_{1,2} \cdot F1 = \varphi_{2,1} \cdot F_2$，反映了两个表面在辐射换热时，角系数的相对性。只要已知 $\varphi_{1,2}$ 和 $\varphi_{2,1}$ 中的一个，另一个角系数也就可以通过式（3-59）求出。

角系数 φ 的大小只与两物体的相对位置、大小、形状等几何因素有关，即只要几何因素确定，角系数就可以通过有关的计算式或线算图、手册等求得。附录 3-4 列出了两平行平壁和两垂直平壁的角系数线算图。对于有些特别的情况，可以直接写出角系数的数值。例如，对于两无穷大平行平壁（或平行平壁的间距远小于平壁的两维尺寸时）来说，$\varphi_{1,2} = \varphi_{2,1} = 1$；对于空腔内物体与空腔内壁来说，如图 3-33 所示，则 $\varphi_{1,2} = 1$，而 $\varphi_{2,1} = \varphi_{1,2} \times \frac{F_1}{F_2}$。

（2）表面热阻

表面热阻是指由于物体表面不是黑体，以致于对投射来的辐射能不能全部吸收，或它的辐射力不如黑体那么大而相当的热阻。表面热阻用 R_b 表示。

对于实际物体来说，其表面热阻可用下式计算

$$R_b = \frac{1-\varepsilon}{\varepsilon \cdot F} \tag{3-60}$$

对于黑体，由于 $\varepsilon = 1$，所以其 $R_b = 0$

4.3.2 任意两物体表面间的辐射换热计算

设两物体的面积分别为 F_1 和 F_2，成任意位置，温度分别为 T_1 和 T_2，辐射力分别为 E_1 和 E_2，黑度分别为 ε_1 和 ε_2，则这两物体表面间的辐射换热模拟电路如图 3-32 所示。图中 E_{o1} 和 E_{o2} 分别是物体看作黑体时的辐射力，分别等于 $C_0 \cdot \left(\frac{T_1}{100}\right)^4$ 和 $C_0 \cdot \left(\frac{T_2}{100}\right)^4$，它们相当于电路电源的电位。$J_1$ 和 J_2 分别表示了由于表面热阻的作用，实际物体表面的有效辐射电位。按照串联电路的计算方法，写出两物体表面间的辐射换热计算式为

$$Q_{1,2} = \frac{E_{01} - E_{02}}{\frac{1-\varepsilon_1}{\varepsilon_1 F_1} + \frac{1}{\varphi_{1,2} F_1} + \frac{1-\varepsilon_2}{\varepsilon_2 F_2}} W$$

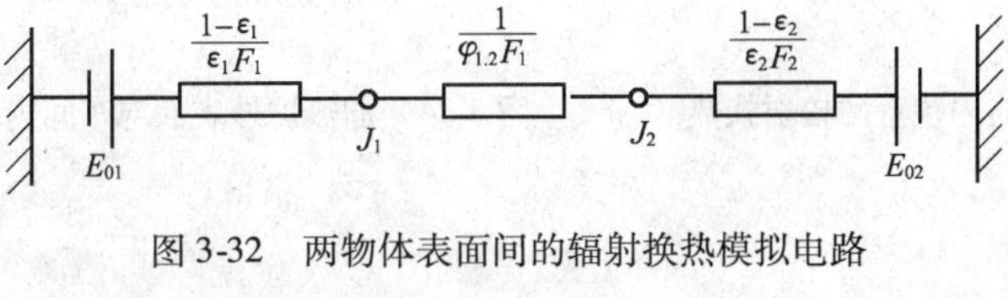

图 3-32　两物体表面间的辐射换热模拟电路

如用 F_1 作为计算表面积，上式可写成

$$Q_{1,2} = \frac{F_1(E_{01} - E_{02})}{\left(\dfrac{1}{\varepsilon_1} - 1\right) + \dfrac{1}{\varphi_{1,2}} + \dfrac{F_1}{F_2}\left(\dfrac{1}{\varepsilon_2} - 1\right)} \text{W} \tag{3-61}$$

4.3.3　特殊位置两物体间的辐射换热计算

（1）两无限大平行平壁间的辐射换热

所谓两无限大平行平壁是指两块表面尺寸要比其相互之间的距离大很多的平行平壁。由于 $F_1 = F_2 = F$，且 $\varphi_{2,1} = \varphi_{1,2} = 1$，式（3-61）可简化为

$$Q_{1,2} = \frac{F_1(E_{01} - E_{02})}{\dfrac{1}{\varepsilon_1} + \dfrac{1}{\varepsilon_2} - 1} = \frac{C_0 F}{\dfrac{1}{\varepsilon_1} + \dfrac{1}{\varepsilon_2} - 1}\left[\left(\frac{T_1}{100}\right)^4 - \left(\frac{T_2}{100}\right)^4\right]$$

$$= \varepsilon_{1,2} F C_0 \left[\left(\frac{T_1}{100}\right)^4 - \left(\frac{T_2}{100}\right)^4\right]$$

$$= C_{1,2} F \left[\left(\frac{T_1}{100}\right)^4 - \left(\frac{T_2}{100}\right)^4\right] \text{W} \tag{3-62}$$

式中 $\varepsilon_{1,2} = \dfrac{1}{\dfrac{1}{\varepsilon_1} + \dfrac{1}{\varepsilon_2} - 1}$——叫无限大平行平壁的相当黑度，$C_{1,2} = \varepsilon_{1,2} C_0$ 叫做无限大平行平壁的相当辐射系数。

（2）空腔与内包壁之间的辐射换热

空腔与内包壁之间的辐射换热如图 3-33 所示。工程上用来计算热源（如加热炉、辐射式散热器等）外壁表面与车间内壁之间的辐射换热，如图 3-34 所示，就属于这种情况。

设内包壁面 I 系凸形表面，则 $\varphi_{1,2} = 1$，式（3-61）可简化为

$$Q_{1,2} = \frac{F_1(E_{01} - E_{02})}{\dfrac{1}{\varepsilon_1} + \dfrac{F_1}{F_2}\left(\dfrac{1}{\varepsilon_2} - 1\right)} = \frac{F_1 C_0 \left[\left(\dfrac{T_1}{100}\right)^4 - \left(\dfrac{T_2}{100}\right)^4\right]}{\dfrac{1}{\varepsilon_1} + \dfrac{F_1}{F_2}\left(\dfrac{1}{\varepsilon_2} - 1\right)}$$

$$= C'_{1,2} F_1 \left[\left(\frac{T_1}{100}\right)^4 - \left(\frac{T_2}{100}\right)^4\right] \text{W} \tag{3-63}$$

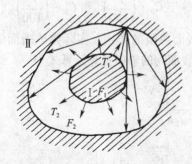
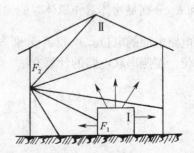

图 3-33　空腔与内包壁的辐射换热　　图 3-34　加热炉外表面与车间内壁之间辐射换热

式中 $C'_{1,2} = \dfrac{C_0}{\dfrac{1}{\varepsilon_1} + \dfrac{F_1}{F_2}\left(\dfrac{1}{\varepsilon_2} - 1\right)}$ 称为空腔与内包壁面的相当辐射系数。

如果 $F_1 \ll F_2$，且 ε_2 数值较大，接近于 1，如车间内的辐射采暖板与室内周围墙壁之间的辐射换热就属于这种情况，此时 $\dfrac{F_1}{F_2}\left(\dfrac{1}{\varepsilon_2} - 1\right) \ll \dfrac{1}{\varepsilon_1}$，可以忽略计，这时公式（3-63）可简化为

$$Q_{1,2} = \varepsilon_1 F_1 C_0 \left[\left(\frac{T_1}{100}\right)^4 - \left(\frac{T_2}{100}\right)^4\right]$$

$$= F_1 C_1 \left[\left(\frac{T_1}{100}\right)^4 - \left(\frac{T_2}{100}\right)^4\right] \tag{3-64}$$

式中 $C_1 = \varepsilon_1 C_0$，是内包壁面 I 的辐射系数。

(3) 有遮热板的辐射换热

为了减少物体或人员受到外界高温热源辐射的影响，可在物体或人与热源之间使用固定的屏障，如在热辐射的方向放置遮热板、夏天太阳下戴草帽或打阳伞等，都是十分有效的。下面从在两平行平面之间放置一块遮热板后的辐射换热热阻变化来说明。

如图 3-35 所示，设两平行平板的温度为 T_1 和 T_2，黑度为 ε_1 和 ε_2，放置一块面积与平行板相同的遮热板后，T_1 和 T_2 温度不变。遮热板两面的黑度相等，设为 ε_3；遮热板较薄，热阻不计，则其两边的温度相同为 T_3；并设这些平板的尺寸远大于它们之间的距离，则它们辐射换热的模拟电路如图 3-36 所示，热阻 R_f 为

$$R_f = \frac{1-\varepsilon_1}{F\varepsilon_1} + \frac{1}{F} + \frac{1-\varepsilon_3}{F\varepsilon_3} + \frac{1-\varepsilon_3}{F\varepsilon_3} + \frac{1}{F} + \frac{1-\varepsilon_2}{F\varepsilon_2}$$

换热量为 $Q_{1,2} = (E_{01} - E_{02})/R_f$。未加遮热板的热阻 R'_f 为

$$R'_f = \frac{1-\varepsilon_1}{\varepsilon_1 F} + \frac{1}{F} + \frac{1-\varepsilon_2}{\varepsilon_2 F}$$

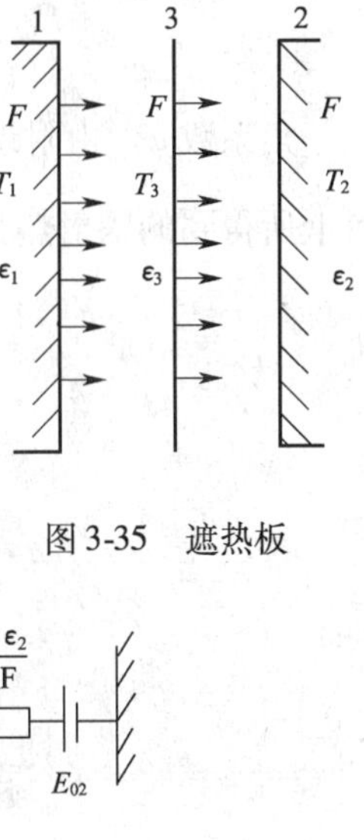

图 3-35 遮热板

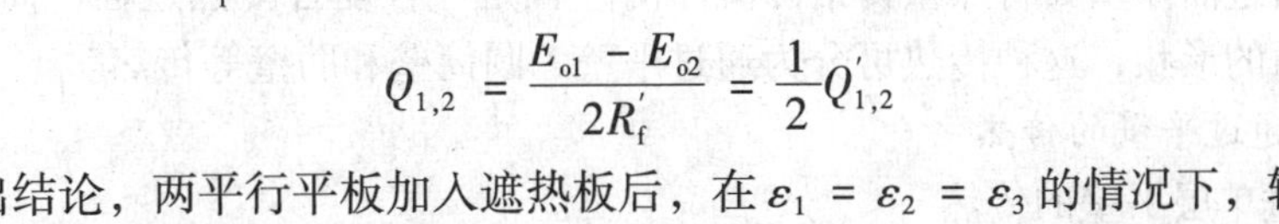

图 3-36 加遮热板后的模拟电路

换热量 $Q'_{1,2} = \dfrac{E_{01} - E_{02}}{R'_f}$。设 $\varepsilon_1 = \varepsilon_2 = \varepsilon_3$，则 $R_f = 2R'_f$，从而

$$Q_{1,2} = \frac{E_{o1} - E_{o2}}{2R'_f} = \frac{1}{2} Q'_{1,2}$$

由此得出结论，两平行平板加入遮热板后，在 $\varepsilon_1 = \varepsilon_2 = \varepsilon_3$ 的情况下，辐射换热量减少 1/2；若所用遮热板的 $\varepsilon_3 < \varepsilon_1$ 或 ε_2，（如选反射率 R 较大的遮热板），则遮热的效果将更好；若两平行平板间加入 n 块与 ε_1 或 ε_2 相同黑度的遮热板，则换热量可减少到 $(n+1)$ 分之一。

【例 3-13】 某车间的辐射采暖板的尺寸为 $1.5m \times 1m$，辐射板面的黑度 $\varepsilon_1 = 0.94$，板

面平均温度 $t_1=100℃$，车间周围壁温 $t_2=11℃$。如果不考虑辐射板背面及侧面的热作用，试求辐射板面与四周壁面的辐射换热量。

【解】 由于辐射板面积 F_1 比周围壁面 F_2 小得多，故由式（3-64）得辐射板与四周壁面的辐射换热量为

$$Q_{1,2}=\varepsilon_1 F_1 C_0\left[\left(\frac{T_1}{100}\right)^4-\left(\frac{T_2}{100}\right)^4\right]$$

$$=1.5\times1\times0.94\times5.67\times\left[\left(\frac{273+100}{100}\right)^4-\left(\frac{273+11}{100}\right)^4\right]$$

$$=1027.4\mathrm{W}$$

【例 3-14】 水平悬吊在屋架下的采暖辐射板的尺寸为 $1.8\mathrm{m}\times0.9\mathrm{m}$，辐射板表面温度 $t_1=107℃$，黑度 $\varepsilon_1=0.95$。已知辐射板与工作台距离为 $3\mathrm{m}$，平行相对，尺寸相同；工作台温度 $t_2=12℃$，黑度 $\varepsilon_2=0.9$，试求工作台上所得到的辐射热。

【解】 按照题意，工作台获得的辐射热可按式（3-63）计算。已知式中

$$F_1=F_2=1.8\times0.9=1.62\mathrm{m}^2；$$

$$E_{01}=C_0\left(\frac{T_1}{100}\right)^4=5.67\left(\frac{107+273}{100}\right)^4=1182.3\mathrm{W/m}^2；$$

$$E_{02}=C_0\left(\frac{T_2}{100}\right)^4=5.67\left(\frac{12+273}{100}\right)^4=374.08\mathrm{W/m}^2。$$

角系数 $\varphi_{1,2}$ 由附录 3-4，根据 $\frac{b}{h}=\frac{0.9}{3}=0.3$，$\frac{a}{h}=\frac{1.8}{3}=0.6$ 查得 $\varphi_{1,2}=0.05$。工作台上所得到的辐射热为

$$Q_{1,2}=\frac{F_1(E_{01}-E_{02})}{\left(\frac{1}{\varepsilon_1}-1\right)+\frac{1}{\varphi_{1,2}}+\frac{F_1}{F_2}\left(\frac{1}{\varepsilon_2}-1\right)}$$

$$=\frac{1.62\times(1182.3-374.08)}{\left(\frac{1}{0.95}-1\right)+\frac{1}{0.05}+\left(\frac{1}{0.9}-1\right)}$$

$$=40.08\mathrm{W}$$

课题 5 传热过程与传热的增强与削弱

5.1 通过平壁、圆筒壁、肋壁的传热计算

热流体通过固体壁面将热量传给冷流体的过程是一种复合传热过程，简称它为传热。根据固体壁面的形状，这种传热可分为通过平壁、圆筒壁和肋壁等传热。

5.1.1 通过平壁的传热

（1）通过单层平壁的传热

设有一单层平壁，面积为 F，厚度为 δ，导热系数为 λ，平壁两侧的流体温度为 t_{f1}、t_{f2}，放热系数为 α_1 和 α_2，平壁两侧的表面温度用 t_{b1} 和 t_{b2} 表示，如图 3-37（a）所示。

在此传热过程中，按热流方向依次存在热流体与壁面 1 间的对流换热热阻 $\frac{1}{\alpha_1\cdot F}$，壁

面 1 至壁面 2 间的导热热阻 $\dfrac{\delta}{\lambda \cdot F}$ 和壁面 2 与冷流体间的对流换热热阻 $\dfrac{1}{\alpha_2 \cdot F}$。因此，其传热的模拟电路如图 3-37（b）所示，传热量的计算式为

$$Q = \dfrac{t_{l1} - t_{l2}}{\dfrac{1}{\alpha_1 F} + \dfrac{\delta}{\lambda F} + \dfrac{1}{\alpha_2 F}} \quad \text{W} \tag{3-65}$$

单位面积的传热量

$$q = \dfrac{Q}{F} = \dfrac{t_{l1} - t_{l2}}{\dfrac{1}{\alpha_1} + \dfrac{\delta}{\lambda} + \dfrac{1}{\alpha_2}} \quad \text{W/m}^2$$

或

$$q = (t_{l1} - t_{l2})/R = K \cdot (t_{l1} - t_{l2}) \tag{3-66}$$

式中 R 为单位面积的传热热阻，$R = \dfrac{1}{\alpha_1} + \dfrac{\delta}{\lambda} + \dfrac{1}{\alpha_2}$；$K = \dfrac{1}{R}$，称为传热系数，单位为 W/（m²·K）。

平壁两侧的表面温度为

$$t_{b1} = t_{l1} - \dfrac{Q}{\alpha_1 F} = t_{l1} - \dfrac{q}{\alpha_1} \quad \text{℃}$$

$$t_{b2} = t_{l2} + \dfrac{Q}{\alpha_2 F} = t_{l2} + \dfrac{q}{\alpha_2} \quad \text{℃} \tag{3-67}$$

（2）通过多层平壁的传热

多层平壁的传热，其传热的总热阻等于各部分热阻之和。如图 3-38 所示，三层平壁的传热热阻为

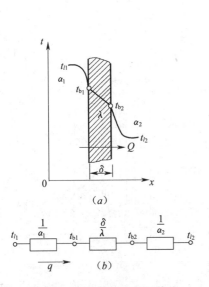

图 3-37　通过单层平壁的传热

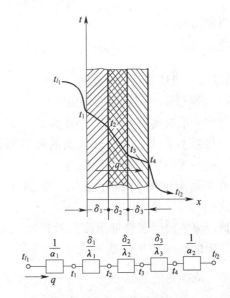

图 3-38　通过多层平壁的传热

$$R = \dfrac{1}{\alpha_1} + \dfrac{\delta_1}{\lambda_1} + \dfrac{\delta_2}{\lambda_2} + \dfrac{\delta_3}{\lambda_3} + \dfrac{1}{\alpha_2} \quad (\text{m}^2 \cdot \text{℃})/\text{W}$$

当平壁为 n 层时，热阻为

$$R = \frac{1}{\alpha_1} + \sum_{i=1}^{n} \frac{\delta_i}{\lambda_i} + \frac{1}{\alpha_2} \quad (m^2 \cdot ℃)/W \tag{3-68}$$

热流量 q 为

$$q = \frac{t_{l1} - t_{l2}}{\dfrac{1}{\alpha_1} + \sum_{i=1}^{n} \dfrac{\delta_i}{\lambda_i} + \dfrac{1}{\alpha_2}} \quad W/m^2 \tag{3-69}$$

根据图中的模拟电路不难写出壁表面温度和中间夹层处的温度计算式来。

【例3-15】 某教室有一厚380mm，导热系数 $\lambda_2 = 0.7 W/(m \cdot ℃)$ 的砖砌外墙，两边各有15mm厚的粉刷层，内、外粉刷层的导热系数分别为 $\lambda_1 = 0.6 W/(m \cdot ℃)$ 和 $\lambda_3 = 0.75 W/(m \cdot ℃)$，墙壁内、外侧的放热系数为 $\alpha_1 = 8 W/(m^2 \cdot ℃)$ 和 $\alpha_2 = 23 W/(m^2 \cdot ℃)$，内、外空气温度分别为 $t_{l1} = 18℃, t_{l2} = -10℃$。试求通过单位面积墙壁上的传热量和内墙壁面的温度。

【解】 总传热热阻 R 为

$$\begin{aligned} R &= \frac{1}{\alpha_1} + \sum_{i=1}^{n} \frac{\delta_i}{\lambda_i} + \frac{1}{\alpha_2} \\ &= \frac{1}{8} + \frac{0.015}{0.6} + \frac{0.38}{0.7} + \frac{0.015}{0.75} + \frac{1}{23} \\ &= 0.753 (m^2 \cdot ℃)/W \end{aligned}$$

根据式（3-69）可知通过墙壁的热流量 q 为

$$q = (t_{l1} - t_{l2})/R = \frac{18 - (-10)}{0.753}$$
$$= 37.18 W/m^2$$

内壁表面温度为

$$t_{b1} = t_{l1} - \frac{q}{\alpha_1} = 18 - \frac{37.18}{8} = 13.35℃$$

5.1.2 通过圆筒壁的传热

（1）通过单层圆筒壁的传热

设有一根长度为 l，内、外径为 d_1、d_2 的圆筒管，导热系数为 λ，内、外表面的放热系数分别为 α_1、α_2；壁内、外的流体温度为 t_{l1} 和 t_{l2}，筒壁内、外表面温度用 t_{b1} 和 t_{b2} 表示，如图3-39（a）所示。

假定流体温度和管壁温度只沿径向发生变化，则在径向的热流方向依次存在的热阻有：热流体与内壁对流换热的热阻 $\dfrac{1}{\alpha_1 \cdot \pi \cdot d_1 \cdot l}$，内壁至外壁之间的导热热阻 $\dfrac{1}{2\pi\lambda l}\ln\left(\dfrac{d_2}{d_1}\right)$ 和外壁与冷流体对流换热的热阻 $\dfrac{1}{\alpha_2 \cdot \pi \cdot d_2 \cdot l}$。因此，其传热的模拟电

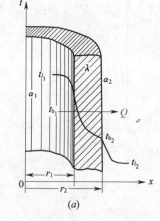

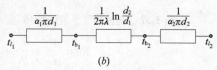

图3-39 通过圆筒壁的传热

路如图 3-39（b）所示，传热量的计算式为

$$Q = \frac{t_{f1} - t_{f2}}{\dfrac{1}{\alpha_1 \pi d_1 l} + \dfrac{1}{2\pi \lambda l}\ln\left(\dfrac{d_2}{d_1}\right) + \dfrac{1}{\alpha_2 \pi d_2 l}} \text{W} \tag{3-70}$$

单位长度的传热量为

$$q = \frac{Q}{l} = \frac{t_{f1} - t_{f2}}{\dfrac{1}{\alpha_1 \pi d_1} + \dfrac{1}{2\pi \lambda}\ln\left(\dfrac{d_2}{d_1}\right) + \dfrac{1}{\alpha_2 \pi d_2}}$$

$$= (t_{f1} - t_{f2})/R_l = K_l(t_{f1} - t_{f2}) \quad \text{W/m} \tag{3-71}$$

式中 $R_l = \dfrac{1}{\alpha_1 \pi d_1} + \dfrac{1}{2\pi \lambda}\ln\left(\dfrac{d_2}{d_1}\right) + \dfrac{1}{\alpha_2 \pi d_2}$ 称每米长圆筒壁传热的总热阻，(m·℃)/W；$K_l = 1/R_l$，称为每米长圆筒壁的传热系数。由传热的模拟电路图不难得到筒壁内、外侧表面的温度为

$$\left. \begin{array}{l} t_{b1} = t_{f1} - \dfrac{q_l}{\alpha_1 \pi d_1} \\[2mm] t_{b2} = t_{f2} + \dfrac{q_l}{\alpha_2 \pi d_2} \end{array} \right\} \tag{3-72}$$

当圆筒壁不太厚，即 $\dfrac{d_2}{d_1} < 2$，计算精度要求不高时，可将圆筒壁作为平壁来近似计算。通过每米长单层圆筒壁的传热量为

$$q_l = \frac{t_{f1} - t_{f2}}{\dfrac{1}{\alpha_1 \pi d_1} + \dfrac{\delta}{\lambda \cdot \pi d_m} + \dfrac{1}{\alpha_2 \pi d_2}} \quad \text{W/m} \tag{3-73}$$

式中 δ——管壁的厚度，$\delta = (d_2 - d_1)/2$；

d_m——圆筒壁的平均直径；$d_m = (d_2 + d_1)/2$。

在计算时，若圆筒壁导热热阻较小（相对两侧对流换热热阻而言，如较薄的金属圆筒壁），则可略去导热热阻，使计算更加简化。

（2）通过多层圆筒壁的传热

对于 n 层多层圆筒壁，由于其总热阻等于各层热阻之和，用传热模拟电路的概念，不难写出每米长圆筒壁的总传热热阻为

$$R_l = \frac{1}{\alpha_1 \pi d_1} + \sum_{i=1}^{n} \frac{1}{2\pi \lambda_i}\ln\left(\frac{d_{i+1}}{d_i}\right) + \frac{1}{\alpha_2 \pi d_{n+1}} \tag{3-74}$$

每米长多层圆筒壁的传热量为

$$q = \frac{t_{f1} - t_{f2}}{R_l} \quad \text{W/m} \tag{3-75}$$

同样，不难写出多层圆筒壁的内、外侧筒壁表面的温度和中间夹层处的温度计算式来。

当多层圆筒壁各层的厚度较小，即 $\dfrac{d_{i+1}}{d_i} < 2$，计算精度要求不高时，也可用如下简化近似公式计算

$$q_l = \frac{t_{l1} - t_{l2}}{\dfrac{1}{\alpha_1 \pi d_1} + \sum_{i=1}^{n} \dfrac{\delta_i}{\lambda_i \pi d_{mi}} + \dfrac{1}{\alpha_2 \pi d_{n+1}}} \quad \text{W/m} \tag{3-76}$$

式中 δ_i——圆筒的各层厚度，$\delta_i = (d_{i+1} - d_i)/2$；

d_{mi}——圆筒的各层平均直径，$d_{mi} = (d_{i+1} + d_i)/2$。

在计算时，还可根据具体情况，将比较小的热阻略去不计，使计算更加简化。

【例3-16】 直径为200mm/216mm的蒸汽管道，外包有厚度为60mm的岩棉保温层，已知管材的导热系数 $\lambda_1 = 45$W/(m·℃)，保温岩棉层的导热系数 $\lambda_2 = 0.04$W/(m·℃)；管内蒸汽温度 $t_{l1} = 220$℃，蒸汽与管壁面之间的对流换热系数 $\alpha_1 = 1000$W/(m²·℃)；管外空气温度 $t_{l2} = 20$℃，空气与保温层外表面的对流换热系数 $\alpha_2 = 10$W/(m²·℃)。试求单位管长的热损失及保温层外表面的温度。

【解】 根据题意，管内径 $d_1 = 0.2$m，外径 $d_2 = 0.216$m，保温层外径 $d_3 = 0.216 + 2 \times 0.06 = 0.336$m，由公式（3-74）知每米长保温管道的传热热阻为

$$R_l = \frac{1}{\alpha_1 \pi d_1} + \sum_{i=1}^{2} \frac{1}{2\pi \lambda_i} \ln\left(\frac{d_{i+1}}{d_i}\right) + \frac{1}{\alpha_2 \pi d_3}$$

$$= \frac{1}{1000\pi \times 0.2} + \frac{1}{2\pi \times 45} \ln\left(\frac{0.216}{0.2}\right) + \frac{1}{2\pi \times 0.04} \ln\left(\frac{0.336}{0.216}\right) + \frac{1}{10\pi \times 0.336}$$

$$= 1.855 \text{m·℃/W}$$

单位管长的热损失为

$$q = \frac{t_{l1} - t_{l2}}{R_l} = \frac{220 - 20}{1.855} = 107.8 \text{W/m}$$

保温层外表面的温度为

$$t_{b2} = t_{l2} + \frac{q}{\alpha_2 \cdot \pi d_3} = 20 + \frac{107.8}{10\pi \times 0.336}$$

$$= 30.21℃$$

【例3-17】 试用简化法计算例3-16的热损失。

【解】 由于 $\dfrac{d_2}{d_1} = \dfrac{0.216}{0.2} < 2$，$\dfrac{d_3}{d_2} = \dfrac{0.336}{0.216} < 2$，故可用简化法来计算。由公式（3-76），得热损失为

$$q_l = \frac{t_{l1} - t_{l2}}{\dfrac{1}{\alpha_1 \pi d_1} + \dfrac{\delta_1}{\lambda_1 \pi d_{m1}} + \dfrac{\delta_2}{\lambda_2 \pi d_{m2}} + \dfrac{1}{\alpha_2 \pi d_3}}$$

$$= \frac{220 - 20}{\dfrac{1}{1000\pi \times 0.2} + \dfrac{0.008}{45\pi \times 0.208} + \dfrac{0.06}{0.04\pi \times 0.276} + \dfrac{1}{10\pi \times 0.336}}$$

$$= 109.5 \text{W/m}$$

相对误差为

$$\frac{109.5 - 107.8}{107.8} \times 100\% = 1.577\%$$

5.1.3 通过肋壁的传热

工程上常采用在壁面上添加肋片的方式,即采用肋壁来增加冷、热流体通过固体壁面的传热效果。那么什么情况下才需要采用肋壁来传热呢?肋壁是做单侧还是两侧都做?做单侧又应设在冷、热流体的哪一侧?肋片面积需多大?这些都是肋壁传热中常碰到的问题。下面我们通过如图 3-40 所示的肋壁传热分析来解决这些问题。

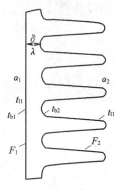

图 3-40 通过肋壁的传热

当以平壁传热时,其单位面积的传热系数 K 为

$$K = \frac{1}{R} = \frac{1}{\frac{1}{\alpha_1} + \frac{\delta}{\lambda} + \frac{1}{\alpha_2}} \quad \text{W/(m}^2 \cdot \text{℃)}$$

在换热设备中,换热面一般由金属制成,导热系数 λ 较大,而壁厚 δ 较小,一般可忽略金属热阻 δ/λ 一项,传热系数近似等于

$$K = \frac{1}{\frac{1}{\alpha_1} + \frac{1}{\alpha_2}} = \frac{\alpha_1 \alpha_2}{\alpha_1 + \alpha_2} \tag{3-77}$$

由此式可以看出:传热系数 K 永远小于放热系数 α_1 和 α_2 中最小的一个,所以要想有效地增大 K 值必须把放热系数中最小的一项增大;当取两侧换热系数代数和 $\alpha_1 + \alpha_2$ 不变时,以两侧换热系数相等时传热系数为最大。例如,蒸汽散热器蒸汽侧的换热系数若 $\alpha_1 = 1000$ W/(m^2 · ℃),空气侧的换热系数 $\alpha_2 = 10$ W/(m^2 · ℃),则由式(3-77)得传热系数为

$$K = \frac{1000 \times 10}{1000 + 10} = 9.90 \text{W/(m}^2 \cdot \text{℃)}$$

令蒸汽侧的 α_1 增大到 2000W/(m^2 · ℃),则

$$K' = \frac{2000 \times 10}{2000 + 10} = 9.95 \text{W/(m}^2 \cdot \text{℃)}$$

这时 $K'/K = 1.005$。若令空气侧的 α_2 增大到 20W/(m^2 · ℃),则

$$K'' = \frac{1000 \times 20}{1000 + 20} = 19.6 \text{W/(m}^2 \cdot \text{℃)}$$

这时 $K''/K = 1.98 > K'/K$,几乎增加了 K 值的一倍。由此可见,只有增大换热系数最小的一个,即降低传热中热阻值最大一项的数值,才能最有效地增加传热。

此例中,若取代数和 $\alpha_1 + \alpha_2$ 数值不变,令 $\alpha_1 = \alpha_2 = 505$ W/(m^2 · ℃),这时,可证明传热系数最大,为

$$K''' = \frac{\alpha_1 \cdot \alpha_2}{\alpha_1 + \alpha_2} = \frac{\alpha_1}{2} = \frac{505}{2} = 252.5 \text{W/(m}^2 \cdot \text{℃)}$$

由此表明,降低换热系数 α 较小一侧的热阻,最理想的热阻匹配应是 α_1 和 α_2 两侧的热阻相等。

为了增大较小一侧的换热系数 α_2(这里假设 $\alpha_2 < \alpha_1$),可以增大此侧流体的流速或流量,但它会引起流动阻力及能耗的增大,技术经济上不合理。通过在 α_2 侧加肋壁来传热,可减小这一侧的热阻,某种意义上讲就是增大了换热系数 α_2。

当以肋壁传热时，总传热系数为

$$K_{总} = \frac{1}{\frac{1}{\alpha_1 F_1} + \frac{\delta}{\lambda F_1} + \frac{1}{\alpha_2 F_2}} \quad \text{W/℃} \tag{3-78}$$

若以光面为计算基准面的单位面积传热系数为

$$K = \frac{K_{总}}{F_1} = \frac{1}{\frac{1}{\alpha_1} + \frac{\delta}{\lambda} + \frac{F_1}{F_2}\frac{1}{\alpha_2}} \text{W/(m}^2 \cdot \text{℃)} \tag{3-79}$$

令肋面面积 F_2 与光面面积 F_1 的比值 $F_2/F_1 = \beta$，叫肋化系数，并略去较小的金属导热热阻 δ/λ，则

$$K = \frac{1}{\frac{1}{\alpha_1} + \frac{1}{\beta \cdot \alpha_2}} \quad \text{W/(m}^2 \cdot \text{℃)}$$

将式（3-79）与式（3-77）比较，由于 $F_2/F_1 = \beta > 1$，所以 $\frac{1}{\beta \cdot \alpha_2} < \frac{1}{\alpha_2}$，使 α_2 一侧的热阻得到了降低，也可说 α_2 得到了上升。

理论上，肋化系数 β 可取到等于 α_1/α_2，即可取很大的肋面面积，但受工艺和肋片间形成的小气候对换热影响等因素的限制，目前，常取 $F_2/F_1 = 10 \sim 20$。而当 α_1 和 α_2 无明显差别时，则不必加肋片或两侧同时加肋片，如锅炉空气预热器中烟气和空气两侧的放热系数。

综上分析可知：当两侧换热系数 α_1 和 α_2 相差较大时，在 α_1 和 α_2 小的一侧加肋片，可有效地增加传热，肋面面积 F_2 理论上可达 $F_1 \times (\alpha_1/\alpha_2)$，实际 F_2 取 $(10 \sim 20)F_1$。

【例3-18】有一厚度 $\delta = 10\text{mm}$，导热系数 $\lambda = 52\text{W/(m} \cdot \text{℃)}$ 的壁面，其热流体侧的换热系数 $\alpha_1 = 240\text{W/(m}^2 \cdot \text{℃)}$，冷流体侧的换热系数 $\alpha_2 = 12\text{W/(m}^2 \cdot \text{℃)}$；冷热流体的温度分别为 $t_{l2} = 15\text{℃}$、$t_{l1} = 75\text{℃}$。为了增加传热效果，试在冷流体侧加肋片，肋化系数 $\beta = F_2/F_1 = 13$，试分别求出通过光面和加肋片每平方米的传热量（假设加肋片后的换热系数 α_2 不变）。

【解】光面时，单位面积的传热系数为

$$K = \frac{1}{\frac{1}{\alpha_1} + \frac{\delta}{\lambda} + \frac{1}{\alpha_2}} = \frac{1}{\frac{1}{240} + \frac{0.01}{52} + \frac{1}{12}} = 11.40\text{W/(m}^2 \cdot \text{℃)}$$

传热量 $q = K(t_{l1} - t_{l2}) = 11.40 \times (75 - 15) = 684\text{W/m}^2$

加肋片后，单位面积的传热系数为

$$K' = \frac{1}{\frac{1}{\alpha_1} + \frac{\delta}{\lambda} + \frac{1}{\beta \cdot \alpha_2}} = \frac{1}{\frac{1}{240} + \frac{0.01}{52} + \frac{1}{13 \times 12}} = 96.31\text{W/(m}^2 \cdot \text{℃)}$$

传热量 $q' = K'(t_{l1} - t_{l2}) = 96.31 \times (75 - 15) = 5778.6\text{W/m}^2$

相比较，$\frac{q'}{q} = \frac{5778.6}{684} = 8.45$，可见加肋片的传热是光面传热的8.45倍。

5.2 传热的增强

在工程中，经常遇到如何来增强热工设备的传热的问题。解决这些问题，对于提高换

热设备的生产能力、减小热工设备的尺寸等具有重要的意义。

5.2.1 增强传热的基本途径

由传热的基本公式 $Q=KF\Delta t$ 可知，增加传热可以从提高传热系数 K，扩大传热面积 F 和增大传热温度差 Δt 三种基本途径来实现。

(1) 增大传热温度差 Δt

增大传热温差有下面两种方法：

一是提高热流体的温度 t_{t1} 或是降低冷流体的温度 t_{t2}。在采暖工程上，冷流体的温度通常是技术上要求达到的温度，不是随意变化的，增加传热可采用提高热媒流体的温度来增强采暖的效果。例如，提高热水采暖的热水温度和提高辐射采暖板管内的蒸汽压力等。在冷却工程上，热流体的温度一般是技术上要求的温度，不随意改动，增加传热可采用降低冷流体的温度来提高冷却的效果。例如，夏天冷凝器中冷却水用温度较低的地下水来代替自来水，空气冷却器中降低冷冻水的温度，都能提高传热。

另一种方法是通过传热面的布置来提高传热温差。由后面第十四章换热器中第二节换热器平均温度差的计算分析可知，当冷热流体的进口温度、流量一定的条件下，其传热的平均温差与流体的流动方式有关。当传热面的布置使冷、热流体同向流动，即顺流时，其平均温差最小；当布置成冷、热流体相互逆向流动，即逆流时，其平均温差最大。对于其他冷热流体的布置方式，平均温差则介于顺流与逆流之间。所以，为了增加换热器的换热效果应尽可能采用逆流的流动方式。

增加传热温差常受到生产、设备、环境及经济性等方面条件的限制。例如，提高辐射采暖板的蒸汽温度，不能超过辐射采暖允许的辐射强度，同时蒸汽的压力也受到锅炉条件的限制，并不是可以随意设定的；再如，采用逆流布置时，由于冷、热流体的最高温度在同一端，使得该处壁温特别高，对于高温换热器将受到材料高温强度的限制。因此，采用增大传热温差方案时，应全面分析，统筹兼顾。

(2) 扩大传热面积 F

扩大传热面积是增加传热的一种有效途径。这里的面积扩大，不应理解为是通过增大设备的体积来扩大传热面积，而是应通过传热面结构的改进，如采用肋片管、波纹管、板翅式和小管径、密集布置的换热面等，来提高设备单位体积的换热面积，以达到换热设备高效紧凑的目的。

(3) 提高传热系数 K

提高传热系数是增加传热量的重要途径。由于传热系数的大小是由传热过程中各项热阻所决定，因此，要增大传热系数必须分析传热过程中各项热阻对它的不同影响。通过上一节肋壁传热的分析可知，传热系数受到各项热阻值的影响程度是不同的，其数值主要是由最大一项的热阻决定。所以，在由不同项热阻串联构成的传热过程中，虽然降低每一项热阻都能提高传热系数值，但提高 K 值最有效的方法应是减小最大一项热阻的热阻值。若在各项热阻中，有两项热阻差不多最大，则应同时减小这两项热阻值，才能较有效地提高 K 值。

当最大一项热阻是对流换热热阻时，则应通过增加这一侧的对流换热，如扰动流体，加大流体流动速度，加肋片等措施来提高传热系数；当导热热阻是最大一项热阻时，或是其上升到不可忽视的热阻项时，应通过减少壁厚，选用导热系数较大的材料，清扫垢层等

措施来提高 K 值。

5.2.2 增强传热的分类

上面通过传热基本公式引出的三种增强传热的基本途径，实际上就是增强传热的一种分类方法。除此之外，还有以下两种常见的增强传热分类方法：

(1) 按被增强的传热类型分：可分为导热的增强，单相流对流换热的增强，变相流对流换热的增强和辐射换热的增强。

导热增强可通过减少壁厚（在满足材料的强度、刚度条件下）和选用导热系数较大的材料来实现；单相流换热的增强，则可通过搅动流体，增大流速成为紊流，清除垢层等实现；变相流换热的增强，可通过增大流速，改膜状凝结换热为珠状凝结换热，使沸腾换热为泡态换热等实现；辐射换热可以设法增加辐射面的黑度，提高表面温度等来实现。

(2) 按措施是否消耗外界能量分：可分为被动式和主动式两类。被动式增强传热的措施，不需要直接消耗外界动力就能达到增强传热的目的。如通过表面处理（即表面涂层，增加表面粗糙度等），扩展表面（如加肋片、肋条等），加旋转流动装置（如旋涡流装置、螺旋管）和加添加剂等都是被动式增强传热的措施。主动式增强传热的措施，则需要在增强传热效果的同时消耗一定的外部能量。如采用机械表面振动，流体振动，流速增大，喷射冲击，电场和磁场等。

上述各种传热增强措施，可以单独使用，也可以综合使用，以得到更好的传热效果。

5.3 传热的减弱

在工程中，不仅要考虑增强热工设备传热的问题，有时还需要考虑如何减弱热力管道或其他用热设备的对外传热的问题，这对减少热量损失、节约能源等具有重要的意义。

传热的减弱措施可以从增强传热的相反措施中得到。如减小传热系数、传热面积和传热温差等都可使传热减弱。正如增强传热分析的那样，减小传热系数应着重使各项热阻中最大一项的热阻值增大，才能最有效地减弱传热。其他通过降低流速，改变表面状况，使用导热系数小的材料，加遮热板等措施都可以在某种程度上收到隔热的效果。本处着重讨论热绝缘和圆管的临界热绝缘直径问题。

5.3.1 热绝缘的目的和技术

热绝缘的目的主要有以下两个方面：一是以经济、节能为目的的热绝缘，它是从经济的角度来考虑选择热绝缘的材料和计算热绝缘的厚度；二是从改善劳动卫生条件，防止固体壁面结露或创造实现技术过程所需的环境的热绝缘，它则是着眼于卫生和技术的要求来选择和计算保温层的。

在工程上，一般采用的热绝缘技术是在传热的表面上包裹热绝缘材料，如石棉、泡沫塑料、微孔硅酸钙等。随着科学技术的不断发展，已出现了如下一些新型热绝缘技术：

(1) 真空热绝缘。它是将换热设备的外壳做成夹层，除把夹层抽成真空（$<10^{-4}$Pa）外，并在夹层内壁涂以反射率较高的涂层。由于夹层中仅存在稀薄气体的传热和微弱的辐射，故热绝缘效果极好。如所用的双层玻璃保温瓶、双层金属的电热热水器保温外壳和电饭煲外壳等都是这一技术的具体应用。

(2) 泡沫热绝缘。它是利用发泡技术，使泡沫热绝缘层具有蜂窝状的结构，并在里面形成多孔封闭气包，使其具有良好的热绝缘作用。这种热绝缘技术已在热力管道工程中有较广泛的应用。在使用这种方法热绝缘时，应注意材料的最佳重度，并要注意保温层的受潮、龟裂，以防丧失良好的热绝缘性能。

（3）多层热绝缘。它是把若干片表面反射率高的材料（如铝箔）和导热系数低的材料（如玻璃纤维板）交替排列，并将其抽成真空而形成一个多层真空热绝缘体。由于辐射换热与遮热板数量成反比，与发射率成正比，故这种多层热绝缘体可把辐射换热减至最小，并由于稀薄气体使自由分子的导热作用也减至最小，多层热绝缘具有很高的绝热性能。现在它多用于深度低温装置中。

5.3.2 热绝缘的经济厚度

对于以经济节能为目的的热绝缘，主要是确定最经济的绝缘层厚度。它不仅要考虑不同热绝缘厚度时的热损失减少带来的年度经济利益（图 3-41 曲线 1），同时还应考虑对应于这种不同热绝缘层厚度的投资、维护管理带来的年度经济损失（费用增大，图 3-41 曲线 2），才能如图 3-41 所示的不同绝缘层厚度时两种费用的总和曲线 1+2 中，得到最低费用的热绝缘层厚度 δ_j 来。δ_j 就叫做热绝缘的经济厚度。

要注意的是，上面所讲的热绝缘经济厚度是在热阻随热绝缘厚度增加而增大的条件下得出的，这对平壁和大管径圆管来说无疑是正确的。但在管径较小的圆管上覆盖保温材料是否是这样呢？从下面所述的圆管保温临界热绝缘直径的概念，可以看出是不一定的。

5.3.3 临界热绝缘直径

如图 3-42 所示的圆管外包有一层热绝缘材料，根据公式（3-71）可知这一保温管子单位长度的总传热热阻为

$$R_l = \frac{1}{\alpha_1 \pi d_1} + \frac{1}{2\pi\lambda_1}\ln\left(\frac{d_2}{d_1}\right) + \frac{1}{2\pi\lambda_2}\ln\left(\frac{d_x}{d_2}\right) + \frac{1}{\alpha_2 \pi d_x} \tag{3-80}$$

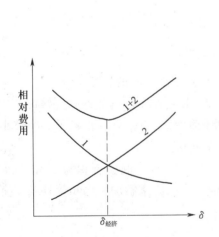

图 3-41 确定最经济绝热层厚度的图解法

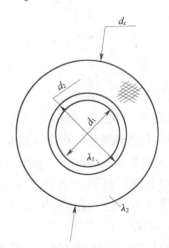

图 3-42 管子外包热绝缘层时临界热绝缘直径的推演图

当针对某一管道分析时，式中管道的内、外径 d_1、d_2 是给定的。α_1 和 α_2 分别是热流体和冷流体与壁面之间的对流换热系数，保温层厚度的变化对其影响可以不考虑，故可看作是常数。所以，R_l 表达式（3-80）中的前两项热阻数值不变。当保温材料选定后，R_l

只与表达式后两项热阻中的绝缘层外径 d_x 有关。当热绝缘层变厚时，d_x 增大，热绝缘层热阻 $\frac{1}{2\pi\lambda_2}\ln\left(\frac{d_x}{d_2}\right)$ 随之增大，而绝缘层外侧的对流换热热阻 $\frac{1}{\alpha_2\pi d_x}$ 却随之减小。图 3-43 显示出了总热阻 R_l 及构成 R_l 各项热阻随绝缘层外径 d_x 变化的情况，从中不难看出，总热阻 R_l 是先随 d_x 的增大而逐渐减小，当过了 C 点后，才随 d_x 的增大而逐渐增大。图中 C 点是总热阻的最小值点，对应于此点的热绝缘层外径称为临界热绝缘直径 d_c，它可通过式（3-80）中 R_l 对 d_x 的求导，并令其为零来求得。即

$$\frac{\mathrm{d}R_l}{\mathrm{d}d_x} = \frac{1}{\pi d_x}\left(\frac{1}{2\lambda_2} - \frac{1}{\alpha_2 d_x}\right) = 0$$

$$d_c = 2\lambda_2/\alpha_2 \tag{3-81}$$

因此，必须注意，当管道外径 $d_2 < d_c$ 时，保温材料在 d_2 至 d_3 范围内不仅没起到热绝缘的作用，使热阻增大，反而由于热阻的变小，使热损失增大；只有当管子的外径 d_2 大于临界热绝缘直径 d_c 时，热绝缘热阻才随保温层厚度的增加而增大，保温材料全部起到热绝缘减少热损失的作用。

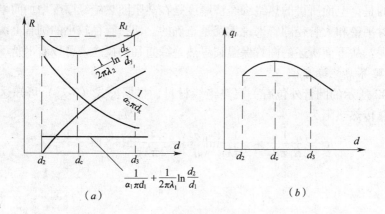

图 3-43　临界热绝缘直径 d_c

从式（3-81）可以看出，临界热绝缘直径 d_c 与热绝缘材料的导热系数 λ_2 和外层对流换热系数 α_2 有关。一般 α_2 由外界条件所定，所以可以选用不同的热绝缘层材料以改变 d_c 的数值。在供热通风工程中，通常所遇的管道外径都大于 d_c，只有当管子直径较小，且热绝缘材料性能较差时，才会出现管子的外径小于 d_c 的问题。

【例 3-19】 现用导热系数 $\lambda = 0.17\mathrm{W/(m \cdot ℃)}$ 的泡沫混凝土保温瓦作一外径为 15mm 管子的保温，是否适用？若不适用，应采取什么措施来解决？已知管外表面换热系数 $\alpha_2 = 14\mathrm{W/(m^2 \cdot ℃)}$。

【解】 由于用泡沫混凝土保温瓦时

$$d_c = \frac{2\lambda_2}{\alpha_2} = \frac{2 \times 0.17}{14} = 0.0243 > 0.015\mathrm{m}$$

故这种保温材料不适合用。解决方法有两种：① 采用导热系数 $\lambda < \frac{d_2 \cdot \alpha_2}{2} = \frac{0.015 \times 14}{2} = 0.105\mathrm{W/(m \cdot ℃)}$ 的材料作保温材料，如岩棉制品 [$\lambda = 0.038\mathrm{W/(m \cdot ℃)}$]，或玻璃

棉 [$\lambda = 0.058\text{W}/(\text{m}\cdot\text{℃})$] 等；② 在条件允许的情况下，不改变保温材料，改用管外径 $d_2 > d_c = 0.0243\text{mm}$ 的管子。

课题6 换 热 器

换热器是实现两种（或两种以上）温度不同的流体相互换热的设备。由于应用场合、工艺要求和设计方案的不同，工程上应用的换热器种类很多。按工作原理的不同，换热器可分为间壁式换热器、混合式换热器和回热式换热器。间壁式换热器是工程中应用最广泛的一种换热设备。本节主要就间壁式换热器的构造及应用进行介绍。

6.1 换热器的工作原理

6.1.1 表面式换热器的工作原理

表面式换热器（又称间壁式换热器）是冷、热流体被一壁面分开，热流体通过壁面把热量传给冷流体的换热设备，如锅炉、冷凝器、空气加热器和散热器等，如图3-44所示。

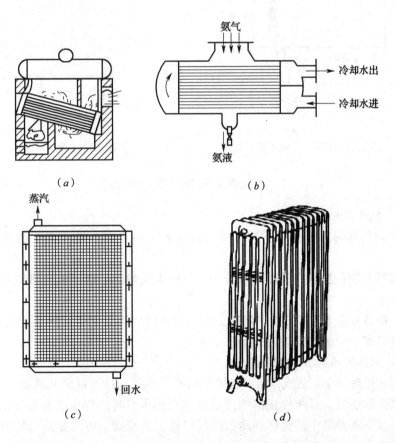

图 3-44 间壁式换热器
(a) 锅炉；(b) 冷凝器；(c) 空气过热器；(d) 散热器

6.1.2 混合式换热器的工作原理

混合式换热器是冷热流体直接接触,彼此混合进行换热,在热交换的同时进行质交换,将热流体的热量直接传给冷流体,并同时达到某一共同状态的换热设备,如采暖系统中的蒸汽喷射泵、空调工程中的喷淋室等,如图 3-45 所示。

6.1.3 回热式换热器的工作原理

回热式换热器是换热面交替地吸收和放出热量,当热流体流过时换热面吸收热量并转化为本身的内能积存在换热面中;当冷流体流过时,换热面将所积存的这部分热量又传给冷流体,如锅炉中回热式空气预热器,全热回收式空气调节器等,如图 3-46 所示。

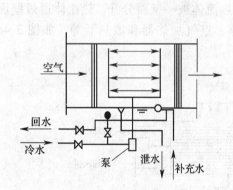 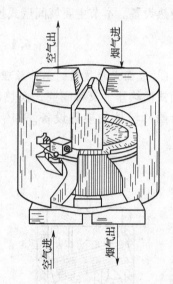

图 3-45 混合式换热器(空调用喷淋室)　　图 3-46 回热式换热器(回热式空气预热器)

6.2 换热器的分类及流动方式

6.2.1 换热器的分类

(1) 按换热器的工作原理不同可分为:表面式换热器、混合式换热器和回热式换热器。

(2) 按换热器的换热介质不同可分为:汽—水换热器、水—水换热器及其他介质换热器。

另外,在各专业上还常把换热器按工程性质不同分为空调用换热器、供热用换热器、卫生热水换热器、开水炉等。

6.2.2 换热器的流动方式

在表面式换热器中,热流体与冷流体可以平行流动,也可以交叉流动。平行流动时,还可分为顺流和逆流,当两种流体的流动方向互相垂直时,则称之为叉流或横流,如图 3-47 所示。实际换热器中的流体流动的情况往往更为复杂,可能是这三种流动方式的多种组合,称之为混合流。

对于顺流与逆流而言,从图 3-48 和图 3-49 中它们的进、出口温度的情况及冷、热体的温差变化分析可以得出:

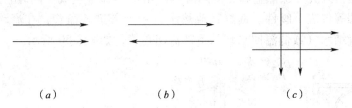

(a)　　　　　　　(b)　　　　　　　(c)

图 3-47　流体在换热器中的流动方式

(a) 顺流；(b) 逆流；(c) 横流

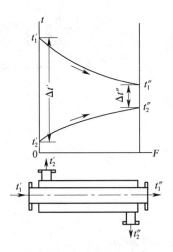 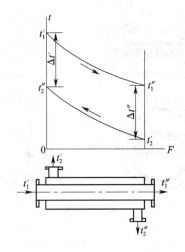

图 3-48　顺流温差的变化　　　　　图 3-49　逆流温差的变化

(1) 顺流时，冷、热流体沿换热面的温差 Δt 比逆流时大，但其温差的平均值比逆流时小。因此，工程上换热器一般尽可能地布置成逆流，以获得较好的换热效果。要提出的是，当冷、热流体之一在换热时发生相变，如在蒸发器或冷凝器中，则由于变相流体保持温度不变，顺流或逆流的平均温差及传热效果也就没有差别了。

(2) 顺流时冷流体的出口温度 t''_2 总是低于热流体的出口温度 t''_1，而逆流时 t''_2 则有可能大于 t''_1 获得较高的冷流体出口温度。反过来说，顺流时热流体的出口温度 t''_1 总是高于冷流体的出口温度 t''_2，而逆流时 t''_1 则有可能小于 t''_2 获得较低的热流体出口温度。

逆流也有缺点，即冷、热流体的最高温度 t''_2 和 t'_1 集中在换热器的同一端，使得该处的壁温特别高。为了降低这里的壁温，如锅炉中的高温过热器，有时有意改用顺流。

6.3　常用换热器的构造

常用的换热器为间壁式换热器。间壁式换热器的种类很多，从构造上主要可分为：管壳式、肋片管式、螺旋板式、板翅式、板式和浮动盘管式等，下面就这几种常用的换热器形式进行介绍。

6.3.1　管壳式换热器

管壳式换热器又分为容积式和壳程式（一根大管中套一根小管）。容积式换热器是一种既能换热又能贮存热量的换热设备，从外形不同可分为立式和卧式两种。根据加热管的形式不同又分为：固定管板的壳管式换热器、带膨胀节的壳管式换热器以及浮动头式壳管式换热器。它是由外壳、加热盘管、冷热流体进出口等部分组成。同时它还装有温度计、压力表和安全阀等仪表、阀件。蒸汽（或热水）由上部进入盘管，在流动过程中进行换热，最后变成凝结水（或低温回水）从下部流出盘管，如图3-50所示。

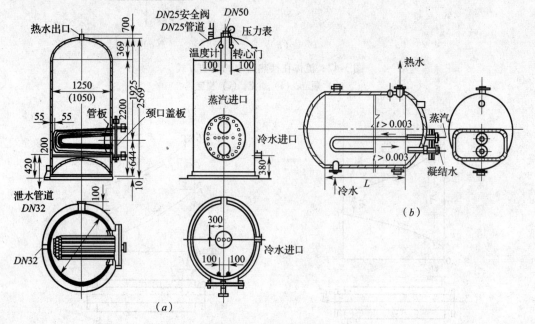

图 3-50 容积式换热器
(a) 立式容积式换热器；(b) 卧式容积式换热器

壳程式换热器如图3-51所示，又称快速加热器。根据管程和壳程的多少，壳程式换热器有不同的型式，图3-51（a）为两壳程四管程，即2-4型换热器，图3-51（b）为三壳程六管程，即3-6型换热器。

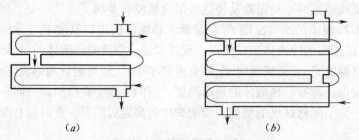

图 3-51 壳程式换热器
(a) 2 壳程 4 管程；(b) 3 壳程 6 管程

壳管式换热器结构坚固，易于制造，适应性强，处理能力大，高温高压情况下也能使用，换热表面清洗较方便。其缺点是材料消耗大，不紧凑，占用空间大。容积式换热器运行稳定，常用于要求工质参数稳定、噪声低的场所。壳程式换热器容量较大，常用于容量大且容量较均匀的场所，如卫生热水供应中。

常见的容积式换热器型号见附录3-5。

6.3.2 肋片管式换热器

如图3-52所示为肋片管式换热器结构示意图,在管子的外壁加肋片,大大的增加了对流换热系数小的一侧的换热面积,强化了传热,与光管相比,传热系数可提高1～2倍。这类换热器的结构紧凑,对于换热面两侧流体换热系数相差较大的场合非常适用。

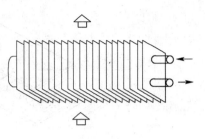

图3-52 肋片管式换热器

肋片管式换热器在结构上最主要的问题是:肋片的形状、结构以及和管子的连接方式。肋片形状可分为:圆盘形、带槽或孔式、皱纹式、钉式和金属丝式等。与管子的连接方式可分为张力缠绕式、嵌片式、热套胀接、焊接、整体轧制、铸造及机加工等。肋片管的主要缺点是肋片侧阻力大,不同的结构与不同的连接方法,对于流体流动阻力,特别是传热性能有很大影响,当肋片与基管接触不良而存在缝隙时,肋片与基管之间将形成接触热阻而降低肋片的传热系数。

6.3.3 螺旋板式换热器

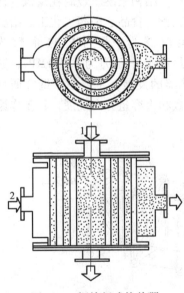

图3-53 螺旋板式换热器

如图3-53所示为螺旋板式换热器结构原理图,它是由两张平行的金属板卷制而成,构成两个螺旋通道,再加上下盖及连接管组成。冷热两种流体分别在两螺旋通道中流动。如图3-53所示为逆流式,流体1从中心进入,螺旋流到周边流出;流体2则从周边流入,螺旋流到中心流出。这种螺旋流动有利于提高换热系数。同时螺旋流动的污垢形成速度约是管壳式换热器的$\frac{1}{10}$。这是因为当流动壁面结垢后,通道截面减小,使流速增加,从而对污垢起到了冲刷作用。此外这种换热器结构紧凑,单位体积可容纳的换热面积约是管壳式换热器的2倍多,而且用钢板代替管材,材料范围广。但缺点是不易清洗、检修困难、承压能力小,贮热能力小。常用于城市供热站、浴水加热等。常用的螺旋板式换热器型号见附录3-6。

6.3.4 板翅式换热器

板翅式换热器结构方式很多,但都是由若干层基本换热单元组成。如图3-54(a)所示,在两块平隔板1中央放一块波纹型号热翅片3,两端用侧条2封闭,形成一层基本换热元件,许多层这样的换热元件叠积焊接起来就构成板翅式换热器,如图3-54(b)所示,为一种叠积方式。波纹板可做成多种形式,以增加流体的扰动,增强换热。板翅式换热器由于两侧都有翅片,作为气—气换热器时,传热系数有很大的改善,约为管壳程换热器的10倍。板翅式换热器结构紧凑,每立方米换热体积中,可容纳换热面积2500m²,承压可达10MPa。其缺点为容易堵塞,清洗困难,不易检修。它适用于清洁和腐蚀性低的流体换热。

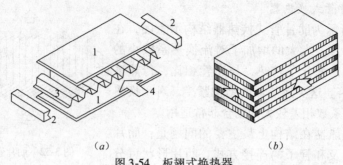

图 3-54 板翅式换热器

6.3.5 板式换热器

板式换热器是由具有波形凸起或半球形凸起的若干个传热板叠积压紧组成。传热板片间装有密封垫片。垫片用来防止介质泄漏和控制构成板片流体的流道。如图 3-55 所示，冷热流体分别由上、下角孔进入换热器并相间流过偶、奇数流道，并且分别从上、下角孔流出换热器。传热板片是板式换热器的关键元件板片，形式的不同直接影响到换热系数、流动阻力和承压能力。板式换热器具有传热系数高、阻力小、结构紧凑、金属耗量低、使用灵活性大和拆装清洗方便等优点，故已广泛应用于供热工程、食品、医药、化工、冶金钢铁等部门。目前板式换热器所达到的主要性能数据为：最佳传热系数为 $7000W/(m^2 \cdot ℃)$（水—水）；最大处理量为 $1000m^3/h$；最高操作压力为 $2.744MPa$；紧凑性为 $250\sim1000m^2/m^3$；金属耗量为 $16kg/m^2$。板式换热器的发展，主要在于继续研究波形与传热性能的关系，以探求更佳的板形，向更高的参数和大容量方向发展，其工作原理如图 3-55 所示。常用板式换热器型号见附录 3-7。

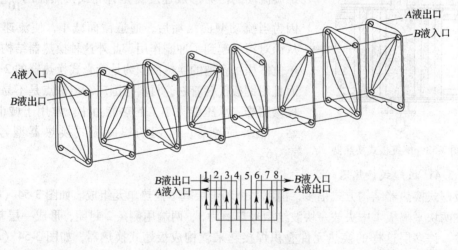

图 3-55 板式换热器的工作原理

6.3.6 浮动盘管式换热器

浮动盘管式换热器是 20 世纪 80 年代从国外引进的一种新型半即热式换热器，它由上（左）、下（右）两个端盖、外筒、热介质导入管、冷凝水（回水）导出管及水平（垂直）浮动盘管组成。端盖、外筒是由优质碳钢和不锈钢制成，热介质导入管和冷凝水（回水）导出管由黄铜管制成。水平（垂直）浮动盘管是由紫铜管经多次成型加工而成。

各部分之间均采用螺栓（或螺纹）连接，为该设备的检修提供了可靠的条件，如图 3-56 所示。常用的浮动盘管换热器型号见附录 3-8。

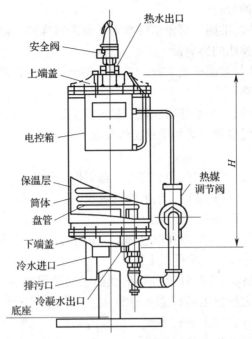

图 3-56　浮动盘管式换热器的结构和附件

该换热器的特点是：换热效率高，传热系数 $K \geqslant 3000\text{W}/(\text{m}^2 \cdot \text{℃})$；设备结构紧凑，体积小；自动化程度高，能很好的调节出水温度；能自动清除水垢，外壳温度低，热损失小。但是，该换热器在运输及安装时严防滚动，同时要求在安装过程中与基础固定牢固，防止运行时产生振动。

小　　结

本单元主要介绍了传热的基本概念，稳定导热对流换热、辐射换热和稳定传热的基本定律与基本计算分析；介绍了换热器的换热原理，基本形式。

一、概述

主要讲述热传递现象，传热学研究的任务，热传递过程的类型，热传递的工程应用，热量传递的基本方式。

二、稳定传热

1. 导热的基本概念　温度场和温度场的描述（用数学的描述和用等温线、等温面的描述），温度梯度的概念和它的数学的描述；

2. 傅里叶简化导热定律　傅里叶导热定律的描述和数学表达式；傅里叶导热定律数学表达式的简化；导热热阻的概念，导热的欧姆定律和导热模拟电路；

3. 导热系数　导热系数的物理含义，影响导热系数大小的因素；

4. 通过平壁、圆筒壁的导热量计算　单层平壁、多层平壁、单层圆筒壁、多层圆筒壁的导热模拟电路和导热量计算。

三、对流换热

1. **影响对流换热的因素** 流体性质（种类）、运动原因、运动状态及换热表面形状、尺寸、位置等影响因素的分析；

2. **与对流换热相关的准则** 努谢尔特准则、普朗特准则、雷诺准则和格拉晓夫准则的物理含义及其对对流换热的影响；

3. **对流换热的计算与对流换热系数** 牛顿冷却公式，对流换热系数的概念，对流换热热阻及其换热模拟电路；

4. **计算对流换热系数的基本准则方程** 对流换热计算的基本类型与准则方程的一般形式，单相流体无限空间自然流动和单相流体管内、管外强迫流动换热计算的简介。

四、辐射换热

1. **热辐射的概念** 热辐射的机理、特点，辐射换热的概念；

2. **热辐射的吸收、反射和透射** 辐射能的吸收率、反射率和透射率的概念及其关系，黑体、白体、透明体和不透明体等的概念；

3. **热辐射的基本定律** 辐射力和单色辐射力的概念及其关系，普朗克定律，维恩定律，斯蒂芬—波尔茨曼定律，克希荷夫定律；

4. **两物体表面间的辐射换热计算** 辐射换热空间热阻和表面热阻的概念、计算式，角系数的概念及计算，表面热阻的概念和计算式，两物体间辐射换热的模拟电路和计算式，特殊位置的两物体（无穷大平行平壁、包腔内物体与包腔内壁、两平行平壁、两垂直壁）辐射换热计算，遮热板遮热的作用。

五、传热过程与传热的增强与削弱

1. **稳定传热** 通过平壁、圆筒壁、肋壁的稳定传热；

2. **传热的增强** 增强传热的基本依据和基本途径，通过扩展传热面积、加大传热温差、提高传热系数来增强传热的分析；

3. **传热的削弱** 削弱传热的目的（节约能源的传热削弱，防止结露，满足卫生要求的传热削弱）与方法，圆管热绝缘的经济厚度，临界热绝缘直径的概念和计算。

六、换热器

1. **换热器的工作原理** 间壁式换热器的概念及工作原理，混合式换热器的概念及工作原理，回热式换热器的概念及工作原理；

2. **换热器的分类及流动方式** 按换热器工作原理的分类，按换热器用途的分类，按换热器换热面的形状和结构的分类，按换热器所用材料的分类，以上各类换热器的主要使用特点，顺流与逆流流动方式的比较；

3. **常用换热器的构造** 管壳式换热器、肋片管式换热器、螺旋板式换热器、板翅式换热器、板式换热器和浮动盘管式换热器等的构造及其特点。

思考题与习题

3-1 热量传递有哪三种基本方式？它们有何区别？

3-2 什么叫复合换热？什么叫复合传热？

3-3 试解释温度场、温度梯度和导热系数概念，并说出影响导热系数的主要因素。

3-4 傅立叶导热定律是如何叙述的？并写出其数学表达式。

3-5 导热"欧姆定律"是怎样的概念？

3-6 一块厚为5mm的大平板，平板两侧面间维持40℃的温差，测得靠近平板中心面处（视为一维导热）的导热热流密度为9500W/m³，试求该平板材料的导热系数。

3-7 某建筑的砖墙高3m，宽4m，高0.25m，墙内、外表面温度分别为15℃和-5℃，已知砖的导热系数为0.7W/(m·℃)，试求通过砖墙的散热量。

3-8 某办公楼墙壁原是由一层厚度为240mm的砖层和一层厚度为20mm的灰泥构成。现在拟安装空调设备，在内表面加贴一层硬泡沫塑料，使导入室内的热量比原来减少80%。已知砖的导热系数为0.7W/(m·℃)，灰泥的导热系数为0.58W/(m·℃)，硬泡沫塑料的导热系数为0.06W/(m·℃)，试求加贴硬泡沫塑料层的最小厚度为多少？

3-9 一双层玻璃窗系由两层厚度为3mm的玻璃组成，其间空气间隙厚度为6mm。设面向室内的玻璃表面温度和面向室外的玻璃表面温度分别为20℃和-15℃。已知玻璃的导热系数为0.78W/(m·℃)，空气的导热系数为0.025W/(m·℃)，玻璃窗的尺寸为670mm×440mm，试确定该双层玻璃窗的热损失。如果采用单层玻璃窗，其他条件不变，其热损失是双层玻璃窗的多少倍？

3-10 蒸汽管道的内、外直径分别为160mm和170mm，管壁面导热系数为58W/(m·℃)，管外覆盖两层保温材料：第一层厚度为30mm，导热系数为0.093W/(m·℃)，第二层厚度为40mm，导热系数为0.17W/(m·℃)，蒸汽管的内表面温度为300℃，保温层外表面温度为50℃。试求：(1) 各层热阻并比较其大小；(2) 每米长蒸气管的热损失；(3) 各层间接触面上的温度 t_{w2} 和 t_{w3}。

3-11 内表面温度为320℃的内径为200mm，外径为210mm的钢管（导热系数为43W/(m·℃)）上涂有8cm厚的保温材料，它的外表面温度保持40℃，如每单位管长损失的热量限制为200W/m时，使用导热系数为多少的保温材料为好？

3-12 影响对流换热的因素主要有哪四个方面？在计算时，它们是用什么准则或方式来概括或考虑的？

3-13 试说出对流换热准则方程的概念，对于稳态无相变的强迫对流换热，其准则方程具有什么样的形式？

3-14 有一表面积为1.5m²的散热器，其表面温度为70℃，它能在10min内向18℃的空气散出936kJ的热量，试求该散热器外表与空气的平均对流换热系数和对流换热热阻值。

3-15 有 a、b 两根管道，内径分别为16mm和32mm，当同一种流体流过时，a 管内流量是 b 管的4倍。已知两管温度场相同，试问管内流态是否相似？如不相似，在流量上采取什么措施才能相似？

3-16 试求一根管外径 $d=50$mm，管长 $l=4$m 的室内采暖水平干管外表面的换热系数和散热量。已知管表面温度 $t_w=80$℃，室内空气温度 $t_f=20$℃。

3-17 试求四柱型散热器表面自然流动的换热系数。已知它的高度 $h=732$mm，表面温度 $t_w=86$℃，室内温度 $t_f=18$℃。

3-18 试求通过水平空气夹层板热面在下的当量导热系数。已知夹层的厚度为 $\delta=50$mm，热表面温度 $t_{w1}=3$℃，冷表面温度 $t_{w2}=-7$℃。

3-19 某房间顶棚面积为4m×5m，表面温度 $t_w=13$℃，室内空气温度 $t_f=25$℃，试求顶棚的散热量。

3-20 试计算水在管内流动时与管壁间的换热系数 α。已知管内径 $d=32$mm，长 $L=4$m，水的平均温度 $t_f=60℃$，管壁平均温度 $t_w=40℃$，水在管内的流速 $\omega=1$m/s。

3-21 试求空气横向掠过单管时的换热系数。已知管外径 $d=12$mm，管外空气最大流速为 14m/s，空气的平均温度 $t_f=29℃$、管壁温度 $t_w=12℃$。

3-22 试求空气横掠过叉排管簇的放热系数。已知管簇为 6 排，空气通过最窄截面处的平均流速 $\omega=14$m/s，空气的平均温度 $t_f=18℃$，管径 $d=20$mm。

3-23 试确定顺排 8 排管簇的平均放热系数。已知管径 $d=40$mm、$\frac{x_1}{d}=1.8$、$\frac{x_2}{d}=2.3$；空气的平均温度 $t_f=300℃$，通过最窄截面的平均流速 $\omega=10$m/s，冲击角 $\varphi=60°$。

3-24 试求空气加热器的平均换热系数。加热器由 9 排管顺排组成，管外径 $d=25$mm，最窄处空气流速 $\omega=5$m/s，空气平均温度 $t_f=50℃$。

3-25 试求水在大空间内，压力 $p=0.9$MPa，管面温度 $t_w=180℃$ 的沸腾换热系数。

3-26 一台横向排列为 12 排黄铜管的卧式蒸汽热水器，管外径 $d=16$mm，表面温度 $t_w=60℃$，水蒸气饱和温度 $t_{bh}=140℃$，其凝结换热系数为多大？

3-27 有一非透明体材料，能将辐射到其上太阳能的 90% 吸收转化为热能，则该材料的反射率 R 为多少？

3-28 试用普朗克定律计算温度 $t=423℃$、波长 $\lambda=0.4\mu m$ 时黑体的单色辐射力 $E_{0\lambda}$，并计算这一温度下黑体的最大单色辐射力 $E_{0\lambda max}$ 为多少？

3-29 上题中黑体的辐射力等于多少？对于黑度 $\varepsilon=0.82$ 的钢板在这一温度下的辐射力、吸收率、反射率各为多少？

3-30 某车间的辐射采暖板的尺寸为 $1.5m \times 1m$，黑度 $\varepsilon_1=0.94$，平均温度 $t_1=123℃$，车间周围壁温 $t_2=13℃$，若不考虑辐射板背面及侧面的热作用，且墙壁面积 $F_2 \gg$ 辐射采暖板面积，则辐射板面与四周壁面的辐射换热量为多少？

3-31 试求直径 $d=70$mm、长 $l=3$m 的汽管在截面为 $0.3m \times 0.3m$ 砖槽内的辐射散热量。已知汽管表面温度为 423℃，黑度为 0.8；砖槽表面温度为 27℃，黑度为 0.9。

3-32 若上题中的汽管裸放在壁温为 27℃ 的很大砖屋内，则汽管的辐射散热量又等于多少？

3-33 水平悬吊在屋架下的采暖辐射板的尺寸为 $2m \times 1.2m$，表面温度 $t_1=127℃$，黑度 $\varepsilon_1=0.95$。现有一尺寸与辐射板相同的工作台，距离辐射板 3m，平行地置于下方，温度为 $t_2=17℃$，黑度 $\varepsilon_2=0.9$，试求工作台上所能得到的辐射热。

3-34 有一建筑物砖墙，导热系数 $\lambda=0.93$W/(m·℃)、厚 $\delta=240$mm，墙内、外空气温度分别为 $t_{l1}=18℃$ 和 $t_{l2}=-10℃$，内、外侧的换热系数分别为 $\alpha_1=8$W/(m²·℃) 和 $\alpha_2=19$W/(m²·℃)，试求砖墙单位面积的散热量和墙内、外表面的温度 t_{b1} 和 t_{b2}。

3-35 上题中，若在砖墙的内外表面分别抹上厚度为 20mm，导热系数 $\lambda=0.81$W/(m·℃) 的石灰砂浆，则墙体的单位面积散热量和两侧墙表面温度 t_{b1} 和 t_{b2} 又各为多少？

3-36 锅炉炉墙一般由耐火砖层，石棉隔热层和烧结普通砖外层组成。若它们的厚度分别为 $\delta_1=0.25$m、$\delta_2=0.05$m、$\delta_3=0.24$m，导热系数分别为 $\lambda_1=1.2$W/(m·℃)、$\lambda_2=0.095$W/(m·℃) 和 $\lambda_3=0.6$W/(m·℃)。炉墙内的烟气温度 $t_{l1}=510℃$，炉墙外的空气温度 $t_{l2}=20℃$；换热系数分别为 $\alpha_1=40$W/(m²·℃) 和 $\alpha_2=14$W/(m²·℃)，试求通

过炉墙的热损失和炉墙的外表面温度 t_{b2} 以及石棉隔热层的最高温度。

3-37 有一直径为 320mm/350mm 的蒸汽供热管道，表面温度为 200℃。现在其外面包上导热系数 $\lambda = 0.035\text{W}/(\text{m}\cdot℃)$ 的岩棉热绝缘层，厚度为 50mm，试问当外界空气温度为 -10℃，保温层外表与空气的换热系数 $\alpha = 14\text{W}/(\text{m}^2\cdot℃)$ 时，管子每米长的热量损失为多少？保温层外表面温度又为多少？

3-38 有一直径为 25mm/32mm 的冷冻水管，冷冻水的温度为 8℃，与管内壁的换热系数 $\alpha_1 = 400\text{W}/(\text{m}^2\cdot℃)$，为防管外表面在 32℃ 空气中的结露，试对其进行保温，使其保温层外表面的温度在 20℃ 以上，问要用导热系数 $\lambda = 0.058\text{W}/(\text{m}\cdot℃)$ 的玻璃棉保温层多厚？已知管道的导热系数 $\lambda_1 = 54\text{W}/(\text{m}\cdot℃)$，保温层外表与空气的换热系数为 $10\text{W}/(\text{m}^2\cdot℃)$。

3-39 一肋壁传热，壁厚 $\delta = 5\text{mm}$，导热系数 $\lambda = 50\text{W}/(\text{m}\cdot℃)$。肋壁光面侧流体温度 $t_{f1} = 80℃$，换热系数 $\alpha_1 = 210\text{W}/(\text{m}^2\cdot℃)$，肋壁肋面侧流体温度 $t_{f2} = 20℃$，换热系数 $\alpha_2 = 7\text{W}/(\text{m}^2\cdot℃)$，肋化系数 $F_2/F_1 = 13$，试求通过每平方米壁面（以光面计）的传热量？若肋化系数 $F_2/F_1 = 1$，即用平壁传热，则传热量又为多少？

3-40 试求在外表面换热系数均为 $14\text{W}/(\text{m}^2\cdot℃)$ 的条件下，下列几种材料的临界热绝缘直径：

（1）泡沫混凝土 $[\lambda = 0.29\text{W}/(\text{m}\cdot℃)]$；
（2）岩棉板 $[\lambda = 0.035\text{W}/(\text{m}\cdot℃)]$；
（3）玻璃棉 $[\lambda = 0.058\text{W}/(\text{m}\cdot℃)]$；
（4）泡沫塑料 $[\lambda = 0.041\text{W}/(\text{m}\cdot℃)]$。

3-41 换热器是如何分类的？

3-42 工程中常用的换热器类型有哪些？各自的应用情况？

3-43 换热器冷、热流体的顺流与逆流流动方式各有何特点？

附 录

饱和水与饱和蒸汽性质表（按温度排列） 附录 2-1

t °C	p MPa	v' m³/kg	v'' m³/kg	ρ' kg/m³	ρ'' kg/m³	h' kJ/kg	h'' kJ/kg	γ kJ/kg	s' kJ/(kg·K)	s'' kJ/(kg·K)
0.01	0.0006108	0.0010002	206.3	999.80	0.004847	0.00	2501	2501	0.0000	9.1544
1	0.0006566	0.0010001	192.6	999.90	0.005192	4.22	2502	2498	0.0154	9.1281
5	0.0008719	0.0010001	147.2	999.90	0.006793	21.05	2510	2489	0.0762	9.0241
10	0.0012277	0.0010004	106.42	999.60	0.009398	42.04	2519	2477	0.1510	8.8994
15	0.0017041	0.0010010	77.97	999.00	0.01282	62.97	2528	2465	0.2244	8.7806
20	0.002337	0.0010018	57.84	998.20	0.01729	83.80	2537	2454	0.2964	8.6665
25	0.003166	0.0010030	43.40	997.01	0.02304	104.81	2547	2442	0.3672	8.5570
30	0.004241	0.0010044	32.92	995.62	0.03037	125.71	2556	2430	0.4366	8.4530
35	0.005622	0.0010061	25.24	993.94	0.03962	146.60	2565	2418	0.5049	8.3519
40	0.007375	0.0010079	19.55	992.16	0.05115	167.50	2574	2406	0.5723	8.2559
45	0.009584	0.0010099	15.28	990.20	0.06544	188.40	2582	2394	0.6384	8.1638
50	0.012335	0.0010121	12.04	988.04	0.08306	209.3	2592	2383	0.7038	8.0753
60	0.019917	0.0010171	7.678	983.19	0.1302	251.1	2609	2358	0.8311	7.9084
70	0.03117	0.0010228	5.045	977.71	0.1982	293.0	2626	2333	0.9549	7.7544
80	0.04736	0.0010290	3.408	971.82	0.2934	334.9	2643	2308	1.0753	7.6116
90	0.07011	0.0010359	2.361	965.34	0.4235	377.0	2659	2282	1.1925	7.4787
100	0.10131	0.0010435	1.673	958.31	0.5977	419.1	2676	2257	1.3071	7.3547
110	0.14326	0.0010515	1.210	951.02	0.8264	461.3	2691	2230	1.4184	7.2387
120	0.19854	0.0010603	0.8917	943.13	1.121	503.7	2706	2202	1.5277	7.1298
130	0.27011	0.0010697	0.6683	934.84	1.496	546.3	2721	2174	1.6345	7.0272
140	0.3614	0.0010798	0.5087	926.10	1.966	589.0	2734	2145	1.7392	6.9304
150	0.4760	0.0010906	0.3926	916.93	2.547	632.2	2746	2114	1.8414	6.8383
160	0.6180	0.0011021	0.3068	907.36	3.258	675.6	2758	2082	1.9427	6.7508
170	0.7920	0.0011144	0.2426	897.34	4.122	719.2	2769	2050	2.0417	6.6666
180	1.0027	0.0011275	0.1939	886.92	5.157	763.1	2778	2015	2.1395	6.5858
190	1.2553	0.0011415	0.1564	876.04	6.394	807.5	2786	1979	2.2357	6.5074
200	1.5551	0.0011565	0.1272	864.68	7.862	852.4	2793	1941	2.3308	6.4318
210	1.9080	0.0011726	0.1043	852.81	9.588	897.7	2798	1900	2.4246	6.3577
220	2.3201	0.0011900	0.08606	840.34	11.62	943.7	2802	1858	2.5179	6.2849
230	2.7979	0.0012087	0.07147	827.34	13.99	990.4	2803	1813	2.6101	6.2133
240	3.3480	0.0012291	0.05967	813.60	16.76	1037.5	2803	1766	2.7021	6.1425
250	3.9776	0.0012512	0.05006	799.23	19.98	1085.7	2801	1715	2.7934	6.0721
260	4.694	0.0012755	0.04215	784.01	23.72	1135.1	2796	1661	2.8851	6.0013
270	5.505	0.0013023	0.03560	767.87	28.09	1185.3	2790	1605	2.9764	5.9297
280	6.419	0.0013321	0.03013	750.69	33.19	1236.9	2780	1542.9	3.0681	5.8573
290	7.445	0.0013655	0.02554	732.33	39.15	1290.0	2766	1476.3	3.1611	5.7827
300	8.592	0.0014036	0.02164	712.45	46.21	1344.8	2749	1404.2	3.2548	5.7049
310	9.870	0.001447	0.01832	691.09	54.58	1402.1	2727	1325.2	3.3508	5.6233
320	11.290	0.001499	0.01545	667.11	64.72	1462.1	2700	1237.8	3.4495	5.5353
330	12.865	0.001562	0.01297	640.20	77.10	1526.1	2666	1139.6	3.5522	5.4412
340	14.608	0.001639	0.01078	610.13	92.76	1594.7	2622	1027.0	3.6605	5.3361
350	16.537	0.001741	0.008803	574.38	113.6	1671	2565	898.5	3.7786	5.2117
360	18.674	0.001894	0.006943	527.98	144.0	1762	2481	719.3	3.9162	5.0530
370	21.053	0.00222	0.00493	450.45	203	1893	2331	438.4	4.1137	4.7951
374	22.087	0.00280	0.00347	357.14	288	2032	2147	114.7	4.3258	4.5029

饱和水与饱和蒸汽性质表（按压力排列）　　　　附录 2-2

压力 p MPa	温度 t ℃	比容		焓		汽化潜热 γ $\dfrac{kJ}{kg}$	熵	
		液体 v' $\dfrac{m^3}{kg}$	蒸气 v'' $\dfrac{m^3}{kg}$	液体 h' $\dfrac{kJ}{kg}$	蒸气 h'' $\dfrac{kJ}{kg}$		液体 s' $\dfrac{kJ}{(kg \cdot K)}$	蒸气 s'' $\dfrac{kJ}{(kg \cdot K)}$
0.001	6.982	0.0010001	129.208	29.33	2513.8	2484.5	0.1060	8.9756
0.002	17.511	0.0010012	67.006	73.45	2533.2	2459.8	0.2606	8.7236
0.003	24.098	0.0010027	45.668	101.00	2545.2	2444.2	0.3543	8.5776
0.004	28.981	0.0010040	34.803	121.41	2554.1	2432.7	0.4224	8.4747
0.005	32.90	0.0010052	28.196	137.77	2561.2	2423.4	0.4762	8.3952
0.006	36.18	0.0010064	23.742	151.50	2567.1	2415.6	0.5209	8.3305
0.007	39.02	0.0010074	20.532	163.38	2572.2	2408.8	0.5591	8.2760
0.008	41.53	0.0010084	18.106	173.87	2576.7	2402.8	0.5926	8.2289
0.009	43.79	0.0010094	16.266	183.28	2580.8	2397.5	0.6224	8.1875
0.01	45.83	0.0010102	14.676	191.84	2584.4	2392.6	0.6493	8.1505
0.015	54.00	0.0010140	10.025	225.98	2598.9	2372.9	0.7549	8.0089
0.02	60.09	0.0010172	7.6515	251.46	2609.6	2358.1	0.8321	7.9092
0.025	64.99	0.0010199	6.2060	271.99	2618.1	2346.1	0.8932	7.8321
0.03	69.12	0.0010223	5.2308	289.31	2625.3	2336.0	0.9441	7.7695
0.04	75.89	0.0010265	3.9949	317.65	2636.8	2319.2	1.0261	7.6711
0.05	81.35	0.0010301	3.2415	340.57	2646.0	2305.4	1.0912	7.5951
0.06	85.95	0.0010333	2.7329	359.93	2653.6	2203.7	1.1454	7.5332
0.07	89.96	0.0010361	2.3658	376.77	2660.2	2283.4	1.1921	7.4811
0.08	93.51	0.0010387	2.0879	391.72	2666.0	2274.3	1.2330	7.4360
0.09	96.71	0.0010412	1.8701	405.21	2671.1	2265.9	1.2696	7.3963
0.1	99.63	0.0010434	1.6946	417.51	2675.7	2258.2	1.3027	7.3608
0.12	104.81	0.0010476	1.4289	439.36	2683.8	2244.4	1.3609	7.2996
0.14	109.32	0.0010513	1.2370	458.42	2690.8	2232.4	1.4109	7.2480
0.16	113.32	0.0010547	1.0917	475.38	2696.8	2221.4	1.4550	7.2032
0.18	116.93	0.0010579	0.97775	490.70	2702.1	2211.4	1.4944	7.1638
0.2	120.23	0.0010608	0.88592	504.7	2706.9	2202.2	1.5301	7.1286
0.25	127.43	0.0010675	0.71881	535.4	2717.2	2181.8	1.6072	7.0540
0.3	133.54	0.0010735	0.60586	561.4	2725.5	2164.1	1.6717	6.9930
0.35	138.88	0.0010789	0.52425	584.3	2732.5	2148.2	1.7273	6.9414
0.4	143.62	0.0010839	0.46242	604.7	2738.5	2133.8	1.7764	6.8966
0.45	147.92	0.0010885	0.41892	623.2	2743.8	2120.6	1.8204	6.8570
0.5	151.85	0.0010928	0.37481	640.1	2748.5	2108.4	1.8604	6.8215
0.6	158.84	0.0011009	0.31556	670.4	2756.4	2086.0	1.9308	6.7598
0.7	164.96	0.0011082	0.27274	697.1	2762.9	2065.8	1.9918	6.7074
0.8	170.42	0.0011150	0.24030	720.9	2768.4	2047.5	2.0457	6.6618
0.9	175.36	0.0011213	0.21484	742.6	2773.0	2030.4	2.0941	6.6212

续表

压力 p MPa	温度 t ℃	比容 液体 v' $\dfrac{m^3}{kg}$	比容 蒸气 v'' $\dfrac{m^3}{kg}$	焓 液体 h' $\dfrac{kJ}{kg}$	焓 蒸气 h'' $\dfrac{kJ}{kg}$	汽化潜热 γ $\dfrac{kJ}{kg}$	熵 液体 s' $\dfrac{kJ}{(kg \cdot K)}$	熵 蒸气 s'' $\dfrac{kJ}{(kg \cdot K)}$
1	179.88	0.0011274	0.19430	762.6	2777.0	2014.4	2.1382	6.5847
1.1	184.06	0.0011331	0.17739	781.1	2780.4	1999.3	2.1786	6.5515
1.2	187.96	0.0011386	0.16320	798.4	2783.4	1985.0	2.2160	6.5210
1.3	191.60	0.0011438	0.15112	814.7	2786.0	1971.3	2.2509	6.4927
1.4	195.04	0.0011489	0.14072	830.1	2788.4	1958.3	2.2836	6.4665
1.5	198.28	0.0011538	0.13165	844.7	2790.4	1945.7	2.3144	6.4418
1.6	201.37	0.0011586	0.12368	858.6	2792.2	1933.6	2.3436	6.4187
1.7	204.30	0.0011633	0.11661	871.8	2793.8	1922.0	2.3712	6.3967
1.8	207.10	0.0011678	0.11031	884.6	2795.1	1910.5	2.3976	6.3759
1.9	209.79	0.0011722	0.10464	896.8	2796.4	1899.6	2.4227	6.3561
2	212.37	0.0011766	0.09953	908.6	2797.4	1888.8	2.4468	6.3373
2.2	217.24	0.0011850	0.09064	930.9	2799.1	1868.2	2.4922	6.3018
2.4	221.78	0.0011932	0.08319	951.9	2800.4	1848.5	2.5343	6.2691
2.6	226.03	0.0012011	0.07685	971.7	2801.2	1829.5	2.5736	6.2386
2.8	230.04	0.0012088	0.07138	990.5	2801.7	1811.2	2.6106	6.2101
3	233.84	0.0012163	0.06662	1008.4	2801.9	1793.5	2.6455	6.1832
3.5	242.54	0.0012345	0.05702	1049.8	2801.3	1751.5	2.7253	6.1218
4	250.33	0.0012521	0.04974	1087.5	2799.4	1711.9	2.7967	6.0670
5	263.92	0.0012858	0.03941	1154.6	2792.8	1638.2	2.9209	5.9712
6	275.56	0.0013187	0.03241	1213.9	2783.3	1569.4	3.0277	5.8878
7	285.80	0.0013514	0.02734	1267.7	2771.4	1503.7	3.1225	6.8126
8	294.98	0.0013843	0.02349	1317.5	2757.5	1440.0	3.2083	5.7430
9	303.31	0.0014179	0.02046	1364.2	2741.9	1377.6	3.2875	5.6773
10	310.96	0.0014526	0.01800	1408.6	2724.4	1315.8	3.3616	5.6143
11	318.04	0.0014887	0.01597	1451.2	2705.4	1254.2	3.4316	5.5531
12	324.64	0.0015267	0.01425	1492.6	2684.8	1192.2	3.4986	5.4930
13	330.81	0.0015670	0.01277	1533.0	2662.4	1129.4	3.5633	5.4333
14	336.63	0.0016104	0.01149	1572.8	2638.3	1065.5	3.6262	5.3737
15	342.12	0.0016580	0.01035	1612.2	2611.6	999.4	3.6877	5.3122
16	347.32	0.0017101	0.009330	1651.5	2582.7	931.2	3.7486	5.2496
17	352.26	0.0017690	0.008401	1691.6	2550.8	859.2	3.8103	5.1841
18	356.96	0.0018380	0.007534	1733.4	2514.4	781.0	3.8739	5.1135
19	361.44	0.0019231	0.006700	1778.2	2470.1	691.9	3.9417	5.0321
20	365.71	0.002038	0.005873	1828.8	2413.8	585.0	4.0181	4.9338
21	369.79	0.002218	0.005006	1892.2	2340.2	448.0	4.1137	4.8106
22	373.68	0.002675	0.003757	2007.7	2192.5	184.8	4.2891	4.5748

未饱和水与过热蒸汽性质表

附录 2-3

p (MPa)	0.001			0.005		
	$t_s = 6.982$			$t_s = 32.90$		
	$v' = 0.0010001$		$v'' = 129.208$	$v' = 0.0010052$		$v'' = 28.196$
	$h' = 29.33$		$h'' = 2513.8$	$h' = 137.77$		$h'' = 2561.2$
	$s' = 0.1060$		$s'' = 8.9756$	$s' = 0.4762$		$s'' = 8.3952$
t	v	h	s	v	h	s
℃	m³/kg	kJ/kg	kJ/(kg·K)	m³/kg	kJ/kg	kJ/(kg·K)
0	0.0010002	0.0	−0.0001	0.0010002	0.0	0.0001
10	130.60	2519.5	8.9956	0.0010002	42.0	0.1510
20	135.23	2538.1	9.0604	0.0010017	83.9	0.2963
40	144.47	2575.5	9.1837	28.86	2574.6	8.4385
60	153.71	2613.0	9.2997	30.71	2612.3	8.5552
80	162.95	2650.6	9.4093	32.57	2650.0	8.6652
100	172.19	2688.3	9.5132	34.42	2687.9	8.7695
120	181.42	2726.2	9.6122	36.27	2725.9	8.8687
140	190.66	2764.3	9.7066	38.12	2764.0	8.9633
160	199.89	2802.6	9.7971	39.97	2802.3	9.0539
180	209.12	2841.0	9.8839	41.81	2840.8	9.1408
200	218.35	2879.7	9.9674	43.66	2879.5	9.2244
220	227.58	2918.6	10.0480	45.51	2918.5	9.3049
240	236.82	2957.7	10.1257	47.36	2957.6	9.3828
260	246.05	2997.1	10.2010	49.20	2997.0	9.4580
280	255.28	3036.7	10.2739	51.05	3036.6	9.5310
300	264.51	3076.5	10.3446	52.90	3076.4	9.6017
350	287.58	3177.2	10.5130	57.51	3177.1	9.7702
400	310.66	3279.5	10.6709	62.13	3279.4	9.9280
450	333.74	3383.4	10.820	66.74	3383.3	10.077
500	356.81	3489.0	10.961	71.36	3489.0	10.218
550	379.89	3596.3	11.095	75.98	3596.2	10.352
600	402.96	3705.3	11.224	80.59	3705.3	10.481

注 粗水平线之上为未饱和水，粗水平线之下为过热蒸汽。

续表

p (MPa)	0.01			0.05		
	$t_s=45.83$ $v'=0.0010102$ $v''=14.676$ $h'=191.84$ $h''=2584.4$ $s'=0.6493$ $s''=8.1505$			$t_s=81.35$ $v'=0.0010301$ $v''=3.2415$ $h'=340.57$ $h''=2646.0$ $s'=1.0912$ $s''=7.5951$		
t ℃	v m³/kg	h kJ/kg	s kJ/(kg·K)	v m³/kg	h kJ/kg	s kJ/(kg·K)
0	0.0010002	0.0	−0.0001	0.0010002	0.0	−0.0001
10	0.0010002	42.0	0.1510	0.0010002	42.0	0.1510
20	0.0010017	83.9	0.2963	0.0010017	83.9	0.2963
40	0.0010078	167.4	0.5721	0.0010078	167.5	0.5721
60	15.34	2611.3	8.2331	0.0010171	251.1	0.8310
80	16.27	2649.3	8.3437	0.0010292	334.9	1.0752
100	17.20	2687.3	8.4484	3.419	2682.6	7.6958
120	18.12	2725.4	8.5479	3.608	2721.7	7.7977
140	19.05	2763.6	8.6427	3.796	2760.6	7.8942
160	19.98	2802.0	8.7334	3.983	2799.5	7.9862
180	20.90	2840.6	8.8204	4.170	2838.4	8.0741
200	21.82	2879.3	8.9041	4.356	2877.5	8.1584
220	22.75	2918.3	8.9848	4.542	2916.7	8.2396
240	23.67	2957.4	9.0626	4.728	2956.1	8.3178
260	24.60	2996.8	9.1379	4.913	2995.6	8.3934
280	25.52	3036.5	9.2109	5.099	3035.4	8.4667
300	26.44	3076.3	9.2817	5.284	3075.3	8.5376
350	28.75	3177.0	9.4502	5.747	3176.3	8.7065
400	31.06	3279.4	9.6081	6.209	3278.7	8.8646
450	33.37	3383.3	9.7570	6.671	3382.8	9.0137
500	35.68	3488.9	9.8982	7.134	3488.5	9.1550
550	37.99	3596.2	10.033	7.595	3595.8	9.2896
600	40.29	3705.2	10.161	8.057	3704.9	9.4182

续表

p (MPa)	0.1			0.2		
	$t_s = 99.63$ $v' = 0.0010434$ $v'' = 1.6946$ $h' = 417.51$ $h'' = 2675.7$ $s' = 1.3027$ $s'' = 7.3608$			$t_s = 120.23$ $v' = 0.0010608$ $v'' = 0.88592$ $h' = 504.7$ $h'' = 2706.9$ $s' = 1.5301$ $s'' = 7.1286$		
t ℃	v m³/kg	h kJ/kg	s kJ/(kg·K)	v m³/kg	h kJ/kg	s kJ/(kg·K)
0	0.0010002	0.1	−0.0001	0.0010001	0.2	−0.0001
10	0.0010002	42.1	0.1510	0.0010002	42.2	0.1510
20	0.0010017	84.0	0.2963	0.0010016	84.0	0.2963
40	0.0010078	167.5	0.5721	0.0010077	167.6	0.5720
60	0.0010171	251.2	0.8309	0.0010171	251.2	0.8309
80	0.0010292	335.0	1.0752	0.0010291	335.0	1.0752
100	1.696	2676.5	7.3628	0.0010437	419.1	1.3068
120	1.793	2716.8	7.4681	0.0010606	503.7	1.5276
140	1.889	2756.6	7.5669	0.9353	2748.4	7.2314
160	1.984	2796.2	7.6605	0.9842	2789.5	7.3286
180	2.078	2835.7	7.7496	1.0326	2830.1	7.4203
200	2.172	2875.2	7.8348	1.080	2870.5	7.5073
220	2.266	2914.7	7.9166	1.128	2910.6	7.5905
240	2.359	2954.3	7.9954	1.175	2950.8	7.6704
260	2.453	2994.1	8.0714	1.222	2991.0	7.7472
280	2.546	3034.0	8.1449	1.269	3031.3	7.8214
300	2.639	3074.1	8.2162	1.316	3071.7	7.8931
350	2.871	3175.3	8.3854	1.433	3173.4	8.0633
400	3.103	3278.0	8.5439	1.549	3276.5	8.2223
450	3.334	3382.2	8.6932	1.665	3380.9	8.3720
500	3.565	3487.9	8.8346	1.781	3486.9	8.5137
550	3.797	3595.4	8.9693	1.897	3594.5	8.6485
600	4.028	3704.5	9.0979	2.013	3703.7	8.7774

续表

p (MPa)	0.5			1		
	$t_s = 151.85$			$t_s = 179.88$		
	$v' = 0.0010928$		$v'' = 0.37481$	$v' = 0.0011274$		$v'' = 0.19430$
	$h' = 640.1$		$h'' = 2748.5$	$h' = 762.6$		$h'' = 2777.0$
	$s' = 1.8604$		$s'' = 6.8215$	$s' = 2.1382$		$s'' = 6.5847$
t	v	h	s	v	h	s
℃	m³/kg	kJ/kg	kJ/(kg·K)	m³/kg	kJ/kg	kJ/(kg·K)
0	0.0010000	0.5	-0.0001	0.0009997	1.0	-0.0001
10	0.0010000	42.5	0.1509	0.0009998	43.0	0.1509
20	0.0010015	84.3	0.2962	0.0010013	84.8	0.2961
40	0.0010076	167.9	0.5719	0.0010074	168.3	0.5717
60	0.0010169	251.5	0.8307	0.0010167	251.9	0.8305
80	0.0010290	335.3	1.0750	0.0010287	335.7	1.0746
100	0.0010435	419.4	1.3066	0.0010432	419.7	1.3062
120	0.0010605	503.9	1.5273	0.0010602	504.3	1.5269
140	0.0010800	589.2	1.7388	0.0010796	589.5	1.7383
160	0.3836	2767.3	6.8654	0.0011019	675.7	1.9420
180	0.4046	2812.1	6.9665	0.1944	2777.3	6.5854
200	0.4250	2855.5	7.0602	0.2059	2827.5	6.6940
220	0.4450	2898.0	7.1481	0.2169	2874.9	6.7921
240	0.4646	2939.9	7.2315	0.2275	2920.5	6.8826
260	0.4841	2981.5	7.3110	0.2378	2964.8	6.9674
280	0.5034	3022.9	7.3872	0.2480	3008.3	7.0475
300	0.5226	3064.2	7.4606	0.2580	3051.3	7.1234
350	0.5701	3167.6	7.6335	0.2825	3157.7	7.3018
400	0.6172	3271.8	7.7944	0.3066	3264.0	7.4606
420	0.6360	3313.8	7.8558	0.3161	3306.6	7.5283
440	0.6548	3355.9	7.9158	0.3256	3349.3	7.5890
450	0.6641	3377.1	7.9452	0.3304	3370.7	7.6188
460	0.6735	3398.3	7.9743	0.3351	3392.1	7.6482
480	0.6922	3440.9	8.0316	0.3446	3435.1	7.7061
500	0.7109	3483.7	8.0877	0.3540	3478.3	7.7627
550	0.7575	3591.7	8.2232	0.3776	3587.2	7.8991
600	0.8040	3701.4	8.3525	0.4010	3697.4	8.0292

续表

p (MPa)	2			3		
	$t_s = 212.37$ $v' = 0.0011766 \quad v'' = 0.09953$ $h' = 908.6 \quad h'' = 2797.4$ $s' = 2.4468 \quad s'' = 6.3373$			$t_s = 233.84$ $v' = 0.0012163 \quad v'' = 0.06662$ $h' = 1008.4 \quad h'' = 2801.9$ $s' = 2.6455 \quad s'' = 6.1832$		
t	v	h	s	v	h	s
℃	m³/kg	kJ/kg	kJ/(kg·K)	m³/kg	kJ/kg	kJ/(kg·K)
0	0.0009992	2.0	0.0000	0.0009987	3.0	0.0001
10	0.0009993	43.9	0.1508	0.0009988	44.9	0.1507
20	0.0010008	85.7	0.2959	0.0010004	86.7	0.2957
40	0.0010069	169.2	0.5713	0.0010065	170.1	0.5709
60	0.0010162	252.7	0.8299	0.0010158	253.6	0.8294
80	0.0010282	336.5	1.0740	0.0010278	337.3	1.0733
100	0.0010427	420.5	1.3054	0.0010422	421.2	1.3046
120	0.0010596	505.0	1.5260	0.0010590	505.7	1.5250
140	0.0010790	590.2	1.7373	0.0010783	590.8	1.7362
160	0.0011012	676.3	1.9408	0.0011005	676.9	1.9396
180	0.0011266	763.6	2.1379	0.0011258	764.1	2.1366
200	0.0011560	852.6	2.3300	0.0011550	853.0	2.3284
220	0.10211	2820.4	6.3842	0.0011891	943.9	2.5166
240	0.1084	2876.3	6.4953	0.06818	2823.0	6.2245
260	0.1144	2927.9	6.5941	0.07286	2885.5	6.3440
280	0.1200	2976.9	6.6842	0.07714	2941.8	6.4477
300	0.1255	3024.0	6.7679	0.08116	2994.2	6.5408
350	0.1386	3137.2	6.9574	0.09053	3115.7	6.7443
400	0.1512	3248.1	7.1285	0.09933	3231.6	6.9231
420	0.1561	3291.9	7.1927	0.10276	3276.9	6.9894
440	0.1610	3335.7	7.2550	0.1061	3321.9	7.0535
450	0.1635	3357.7	7.2855	0.1078	3344.4	7.0847
460	0.1659	3379.6	7.3156	0.1095	3366.8	7.1155
480	0.1708	3423.5	7.3747	0.1128	3411.6	7.1758
500	0.1756	3467.4	7.4323	0.1161	3456.4	7.2345
550	0.1876	3578.0	7.5708	0.1243	3568.6	7.3752
600	0.1995	3689.5	7.7024	0.1324	3681.5	7.5084

续表

p (MPa)	4			5		
	$t_s = 250.33$			$t_s = 263.92$		
	$v' = 0.0012521$ $v'' = 0.04974$			$v' = 0.0012858$ $v'' = 0.03941$		
	$h' = 1087.5$ $h'' = 2799.4$			$h' = 1154.6$ $h'' = 2792.8$		
	$s' = 2.7967$ $s'' = 6.0670$			$s' = 2.9209$ $s'' = 5.9712$		
t	v	h	s	v	h	s
℃	m³/kg	kJ/kg	kJ/(kg·K)	m³/kg	kJ/kg	kJ/(kg·K)
0	0.0009982	4.0	0.0002	0.0009977	5.1	0.0002
10	0.0009984	45.9	0.1506	0.0009979	46.9	0.1505
20	0.0009999	87.6	0.2955	0.0009995	88.6	0.2952
40	0.0010060	171.0	0.5706	0.0010056	171.9	0.5702
60	0.0010153	254.4	0.8288	0.0010149	255.3	0.8283
80	0.0010273	338.1	1.0726	0.0010268	338.8	1.0720
100	0.0010417	422.0	1.3038	0.0010412	422.7	1.3030
120	0.0010584	506.4	1.5242	0.0010579	507.1	1.5232
140	0.0010777	591.5	1.7352	0.0010771	592.1	1.7342
160	0.0010997	677.5	1.9385	0.0010990	678.0	1.9373
180	0.0011249	764.6	2.1352	0.0011241	765.2	2.1339
200	0.0011540	853.4	2.3268	0.0011530	853.8	2.3253
220	0.0011878	944.2	2.5147	0.0011866	944.4	2.5129
240	0.0012280	1037.7	2.7007	0.0012264	1037.8	2.6985
260	0.05174	2835.6	6.1355	0.0012750	1135.0	2.8842
280	0.05547	2902.2	6.2581	0.04224	2857.0	6.0889
300	0.05885	2961.5	6.3634	0.04532	2925.4	6.2104
350	0.06645	3093.1	6.5838	0.05194	3069.2	6.4513
400	0.07339	3214.5	6.7713	0.05780	3196.9	6.6486
420	0.07606	3261.4	6.8399	0.06002	3245.4	6.7196
440	0.07869	3307.7	6.9058	0.06220	3293.2	6.7875
450	0.07999	3330.7	6.9379	0.06327	3316.8	6.8204
460	0.08128	3353.7	6.9694	0.06434	3340.4	6.8528
480	0.08384	3399.5	7.0310	0.06644	3387.2	6.9158
500	0.08638	3445.2	7.0909	0.06853	3433.8	6.9768
550	0.09264	3559.2	7.2338	0.07383	3549.6	7.1221
600	0.09879	3673.4	7.3686	0.07864	3665.4	7.2580

续表

p (MPa)	6			7		
	$t_s = 275.56$ $v' = 0.0013187$ $v'' = 0.03241$ $h' = 1213.9$ $h'' = 2783.3$ $s' = 3.0277$ $s'' = 5.8878$			$t_s = 285.80$ $v' = 0.0013514$ $v'' = 0.02734$ $h' = 1267.7$ $h'' = 2771.4$ $s' = 3.1225$ $s'' = 5.8126$		
t	v	h	s	v	h	s
℃	m³/kg	kJ/kg	kJ/(kg·K)	m³/kg	kJ/kg	kJ/(kg·K)
0	0.0009972	6.1	0.0003	0.0009967	7.1	0.0004
10	0.0009974	47.8	0.1505	0.0009970	48.8	0.1504
20	0.0009990	89.5	0.2951	0.0009986	90.4	0.2948
40	0.0010051	172.7	0.5698	0.0010047	173.6	0.5694
60	0.0010144	256.1	0.8278	0.0010140	256.9	0.8273
80	0.0010263	339.6	1.0713	0.0010259	340.4	1.0707
100	0.0010406	423.5	1.3023	0.0010401	424.2	1.3015
120	0.0010573	507.8	1.5224	0.0010567	508.5	1.5215
140	0.0010764	592.8	1.7332	0.0010758	593.4	1.7321
160	0.0010983	678.6	1.9361	0.0010976	679.2	1.9350
180	0.0011232	765.7	2.1325	0.0011224	766.2	2.1312
200	0.0011519	854.2	2.3237	0.0011510	854.6	2.3222
220	0.0011853	944.7	2.5111	0.0011841	945.0	2.5093
240	0.0012249	1037.9	2.6963	0.0012233	1038.0	2.6941
260	0.0012729	1134.8	2.8815	0.0012708	1134.7	2.8789
280	0.03317	2804.0	5.9253	0.0013307	1236.7	3.0667
300	0.03616	2885.0	6.0693	0.02946	2839.2	5.9322
350	0.04223	3043.9	6.3356	0.03524	3017.0	6.2306
400	0.04738	3178.6	6.5438	0.03992	3159.7	6.4511
450	0.05212	3302.6	6.7214	0.04414	3288.0	6.6350
500	0.05662	3422.2	6.8814	0.04810	3410.5	6.7988
520	0.05837	3469.5	6.9417	0.04964	3458.6	6.8602
540	0.06010	3516.5	7.0003	0.05116	3506.4	6.9198
550	0.06096	3540.0	7.0291	0.05191	3530.2	6.9490
560	0.06182	3563.5	7.0575	0.05266	3554.1	6.9778
580	0.06352	3610.4	7.1131	0.05414	3601.6	7.0342
600	0.06521	3657.2	7.1673	0.05561	3649.0	7.0890

续表

p (MPa)	8			9		
	$t_s = 294.98$ $v' = 0.0013843$ $v'' = 0.02349$ $h' = 1317.5$ $h'' = 2757.5$ $s' = 3.2083$ $s'' = 5.7430$			$t_s = 303.31$ $v' = 0.0014179$ $v'' = 0.02046$ $h' = 1364.2$ $h'' = 2741.8$ $s' = 3.2875$ $s'' = 5.6773$		
t	v	h	s	v	h	s
℃	m³/kg	kJ/kg	kJ/(kg·K)	m³/kg	kJ/kg	kJ/(kg·K)
0	0.0009962	8.1	0.0004	0.0009958	9.1	0.0005
10	0.0009965	49.8	0.1503	0.0009960	50.7	0.1502
20	0.0009981	91.4	0.2946	0.0009977	92.3	0.2944
40	0.0010043	174.5	0.5690	0.0010038	175.4	0.5686
60	0.0010135	257.8	0.8267	0.0010131	258.6	0.8262
80	0.0010254	341.2	1.0700	0.0010249	342.0	1.0694
100	0.0010396	425.0	1.3007	0.0010391	425.8	1.3000
120	0.0010562	509.2	1.5206	0.0010556	509.9	1.5197
140	0.0010752	594.1	1.7311	0.0010745	594.7	1.7301
160	0.0010968	679.8	1.9338	0.0010961	680.4	1.9326
180	0.0011216	766.7	2.1299	0.0011207	767.2	2.1286
200	0.0011500	855.1	2.3207	0.0011490	855.5	2.3191
220	0.0011829	945.3	2.5075	0.0011817	945.6	2.5057
240	0.0012218	1038.2	2.6920	0.0012202	1038.3	2.6899
260	0.0012687	1134.6	2.8762	0.0012667	1134.4	2.8737
280	0.0013277	1236.2	3.0633	0.0013249	1235.6	3.0600
300	0.02425	2785.4	5.7918	0.0014022	1344.9	3.2539
350	0.02995	2988.3	6.1324	0.02579	2957.5	6.0383
400	0.03431	3140.1	6.3670	0.02993	3119.7	6.2891
450	0.03815	3273.1	6.5577	0.03348	3257.9	6.4872
500	0.04172	3398.5	6.7254	0.03675	3386.4	6.6592
520	0.04309	3447.6	6.7881	0.03800	3436.4	6.7230
540	0.04445	3496.2	6.8486	0.03923	3485.9	6.7846
550	0.04512	3520.4	6.8783	0.03984	3510.5	6.8147
560	0.04578	3544.6	6.9075	0.04044	3535.0	6.8444
580	0.04710	3592.8	6.9646	0.04163	3583.9	6.9023
600	0.04841	3640.7	7.0201	0.04281	3632.4	6.9585

续表

p (MPa)	10			12		
	$t_s = 310.96$			$t_s = 324.64$		
	$v' = 0.0014526$	$v'' = 0.01800$		$v' = 0.0015267$	$v'' = 0.01425$	
	$h' = 1408.6$	$h'' = 2724.4$		$h' = 1492.6$	$h'' = 2684.8$	
	$s' = 3.3616$	$s'' = 5.6143$		$s' = 3.4986$	$s'' = 5.4930$	
t	v	h	s	v	h	s
℃	m³/kg	kJ/kg	kJ/(kg·K)	m³/kg	kJ/kg	kJ/(kg·K)
0	0.0009953	10.1	0.0005	0.0009943	12.1	0.0006
10	0.0009956	51.7	0.1500	0.0009947	53.6	0.1498
20	0.0009972	93.2	0.2942	0.0009964	95.1	0.2937
40	0.0010034	176.3	0.5682	0.0010026	178.1	0.5674
60	0.0010126	259.4	0.8257	0.0010118	261.1	0.8246
80	0.0010244	342.8	1.0687	0.0010235	344.4	1.0674
100	0.0010386	426.5	1.2992	0.0010376	428.0	1.2977
120	0.0010551	510.6	1.5188	0.0010540	512.0	1.5170
140	0.0010739	595.4	1.7291	0.0010727	596.7	1.7271
160	0.0010954	681.0	1.9315	0.0010940	682.2	1.9292
180	0.0011199	767.8	2.1272	0.0011183	768.8	2.1246
200	0.0011480	855.9	2.3176	0.0011461	856.8	2.3146
220	0.0011805	946.0	2.5040	0.0011782	946.6	2.5005
240	0.0012188	1038.4	2.6878	0.0012158	1038.8	2.6837
260	0.0012648	1134.3	2.8711	0.0012609	1134.2	2.8661
280	0.0013221	1235.2	3.0567	0.0013167	1234.3	3.0503
300	0.0013978	1343.7	3.2494	0.0013895	1341.5	3.2407
350	0.02242	2924.2	5.9464	0.01721	2848.4	5.7615
400	0.02641	3098.5	6.2158	0.02108	3053.3	6.0787
450	0.02974	3242.2	6.4220	0.02411	3209.9	6.3032
500	0.03277	3374.1	6.5984	0.02679	3349.0	6.4893
520	0.03392	3425.1	6.6635	0.02780	3402.1	6.5571
540	0.03505	3475.4	6.7262	0.02878	3454.2	6.6220
550	0.03561	3500.4	6.7568	0.02926	3480.0	6.6536
560	0.03616	3525.4	6.7869	0.02974	3505.7	6.6847
580	0.03726	3574.9	6.8456	0.03068	3556.7	6.7451
600	0.03833	3624.0	6.9025	0.03161	3607.0	6.8034

续表

p (MPa)	14			16		
	$t_s = 336.63$			$t_s = 347.32$		
	$v' = 0.0016104$		$v'' = 0.01149$	$v' = 0.0017101$		$v'' = 0.009330$
	$h' = 1572.8$		$h'' = 2638.3$	$h' = 1651.5$		$h'' = 2582.7$
	$s' = 3.6262$		$s'' = 5.3737$	$s' = 3.7486$		$s'' = 5.2496$
t	v	h	s	v	h	s
℃	m³/kg	kJ/kg	kJ/(kg·K)	m³/kg	kJ/kg	kJ/(kg·K)
0	0.0009933	14.1	0.0007	0.0009924	16.1	0.0008
10	0.0009938	55.6	0.1496	0.0009928	57.5	0.1494
20	0.0009955	97.0	0.2933	0.0009946	98.8	0.2928
40	0.0010017	179.8	0.5666	0.0010008	181.6	0.5659
60	0.0010109	262.8	0.8236	0.0010100	264.5	0.8225
80	0.0010226	346.0	1.0661	0.0010217	347.6	1.0648
100	0.0010366	429.5	1.2961	0.0010356	431.0	1.2946
120	0.0010529	513.5	1.5153	0.0010518	514.9	1.5136
140	0.0010715	598.0	1.7251	0.0010703	599.4	1.7231
160	0.0010926	683.4	1.9269	0.0010912	684.6	1.9247
180	0.0011167	769.9	2.1220	0.0011151	771.0	2.1195
200	0.0011442	857.7	2.3117	0.0011423	858.6	2.3087
220	0.0011759	947.2	2.4970	0.0011736	947.9	2.4936
240	0.0012129	1039.1	2.6796	0.0012101	1039.5	2.6756
260	0.0012572	1134.1	2.8612	0.0012535	1134.0	2.8563
280	0.0013115	1233.5	3.0441	0.0013065	1232.8	3.0381
300	0.0013816	1339.5	3.2324	0.0013742	1337.7	3.2245
350	0.01323	2753.5	5.5606	0.009782	2618.5	5.3071
400	0.01722	3004.0	5.9488	0.01427	2949.7	5.8215
450	0.02007	3175.8	6.1953	0.01702	3140.0	6.0947
500	0.02251	3323.0	6.3922	0.01929	3296.3	6.3038
520	0.02342	3378.4	6.4630	0.02013	3354.2	6.3777
540	0.02430	3432.5	6.5304	0.02093	3410.4	6.4477
550	0.02473	3459.2	6.5631	0.02132	3438.0	6.4816
560	0.02515	3485.8	6.5951	0.02171	3465.4	6.5146
580	0.02599	3538.2	6.6573	0.02247	3519.4	6.5787
600	0.02681	3589.8	6.7172	0.02321	3572.4	6.6401

续表

p (MPa)	18			20		
	$t_s = 356.96$			$t_s = 365.71$		
	$v' = 0.0018380$ $v'' = 0.007534$			$v' = 0.002038$ $v'' = 0.005873$		
	$h' = 1733.4$ $h'' = 2514.4$			$h' = 1828.8$ $h'' = 2413.8$		
	$s' = 3.8739$ $s'' = 5.1135$			$s' = 4.0181$ $s'' = 4.9338$		
t ℃	v m³/kg	h kJ/kg	s kJ/(kg·K)	v m³/kg	h kJ/kg	s kJ/(kg·K)
0	0.0009914	18.1	0.0008	0.0009904	20.1	0.0008
10	0.0009919	59.4	0.1491	0.0009910	61.3	0.1489
20	0.0009937	100.7	0.2924	0.0009929	102.5	0.2919
40	0.0010000	183.3	0.5651	0.0009992	185.1	0.5643
60	0.0010092	266.1	0.8215	0.0010083	267.8	0.8204
80	0.0010208	349.2	1.0636	0.0010199	350.8	1.0623
100	0.0010346	432.5	1.2931	0.0010337	434.0	1.2916
120	0.0010507	516.3	1.5118	0.0010496	517.7	1.5101
140	0.0010691	600.7	1.7212	0.0010679	602.0	1.7192
160	0.0010899	685.9	1.9225	0.0010886	687.1	1.9203
180	0.0011136	772.0	2.1170	0.0011120	773.1	2.1145
200	0.0011405	859.5	2.3058	0.0011387	860.4	2.3030
220	0.0011714	948.6	2.4903	0.0011693	949.3	2.4870
240	0.0012074	1039.9	2.6717	0.0012047	1040.3	2.6678
260	0.0012500	1134.0	2.8516	0.0012466	1134.1	2.8470
280	0.0013017	1232.1	3.0323	0.0012971	1231.6	3.0266
300	0.0013672	1336.1	3.2168	0.0013606	1334.6	3.2095
350	0.0017042	1660.9	3.7582	0.001666	1648.4	3.7327
400	0.01191	2889.0	5.6926	0.009952	2820.1	5.5578
450	0.01463	3102.3	5.9989	0.01270	3062.4	5.9061
500	0.01678	3268.7	6.2215	0.01477	3240.2	6.1440
520	0.01756	3329.3	6.2989	0.01551	3303.7	6.2251
540	0.01831	3387.7	6.3717	0.01621	3364.6	6.3009
550	0.01867	3416.4	6.4068	0.01655	3394.3	6.3373
560	0.01903	3444.7	6.4410	0.01688	3423.6	6.3726
580	0.01973	3500.3	6.5070	0.01753	3480.9	6.4406
600	0.02041	3554.8	6.5701	0.01816	3536.9	6.5055

续表

p (MPa)	25			30		
t	v	h	s	v	h	s
℃	m³/kg	kJ/kg	kJ/(kg·K)	m³/kg	kJ/kg	kJ/(kg·K)
0	0.0009881	25.1	0.0009	0.0009857	30.0	0.0008
10	0.0009888	66.1	0.1482	0.0009866	70.8	0.1475
20	0.0009907	107.1	0.2907	0.0009886	111.7	0.2895
40	0.0009971	189.4	0.5623	0.0009950	193.8	0.5604
60	0.0010062	272.0	0.8178	0.0010041	276.1	0.8153
80	0.0010177	354.8	1.0591	0.0010155	358.7	1.0560
100	0.0010313	437.8	1.2879	0.0010289	441.6	1.2843
120	0.0010470	521.3	1.5059	0.0010445	524.9	1.5017
140	0.0010650	605.4	1.7144	0.0010621	608.1	1.7097
160	0.0010853	690.2	1.9148	0.0010821	693.3	1.9095
180	0.0011082	775.9	2.1083	0.0011046	778.7	2.1022
200	0.0011343	862.8	2.2960	0.0011300	865.2	2.2891
220	0.0011640	951.2	2.4789	0.0011590	953.1	2.4711
240	0.0011983	1041.5	2.6584	0.0011922	1042.8	2.6493
260	0.0012384	1134.3	2.8359	0.0012307	1134.8	2.8252
280	0.0012863	1230.5	3.0130	0.0012762	1229.9	3.0002
300	0.0013453	1331.5	3.1922	0.0013315	1329.0	3.1763
350	0.001600	1626.4	3.6844	0.001554	1611.3	3.6475
400	0.006009	2583.2	5.1472	0.002806	2159.1	4.4854
450	0.009168	2952.1	5.6787	0.006730	2823.1	5.4458
500	0.01113	3165.0	5.9639	0.008679	3083.9	5.7954
520	0.01180	3237.0	6.0558	0.009309	3166.1	5.9004
540	0.01242	3304.7	6.1401	0.009889	3241.7	5.9945
550	0.01272	3337.3	6.1800	0.010165	3277.7	6.0385
560	0.01301	3369.2	6.2185	0.01043	3312.6	6.0806
580	0.01358	3431.2	6.2921	0.01095	3379.8	6.1604
600	0.01413	3491.2	6.3616	0.01144	3444.2	6.2351

0.1MPa 时的饱和空气状态参数表

干球温度 t (℃)	水蒸气压力 p_{bh} (10^2Pa)	含湿量 d_{bh} (g/kg)	饱和焓 h_{bh} (kJ/kg)	密 度 ρ (kg/m^3)	汽化热 r (kJ/kg)
−20	1.03	0.64	−18.5	1.38	2839
−19	1.13	0.71	−17.4	1.37	2839
−18	1.25	0.78	−16.4	1.36	2839
−17	1.37	0.85	−15.0	1.36	2838
−16	1.50	0.94	−13.8	1.35	2838
−15	1.65	1.03	−12.5	1.35	2838
−14	1.81	1.13	−11.3	1.34	2838
−13	1.98	1.23	−10.0	1.34	2838
−12	2.17	1.35	−8.7	1.33	2837
−11	2.37	1.48	−7.4	1.33	2837
−10	2.59	1.62	−6.0	1.32	2837
−9	2.83	1.77	−4.6	1.32	2836
−8	3.09	1.93	−3.2	1.31	2836
−7	3.38	2.11	−1.8	1.31	2836
−6	3.68	2.30	−0.3	1.30	2836
−5	4.01	2.50	+1.2	1.30	2835
−4	4.37	2.73	+2.8	1.29	2835
−3	4.75	2.97	+4.4	1.29	2835
−2	5.17	3.23	+6.0	1.28	2834
−1	5.62	3.52	+7.8	1.28	2834
0	6.11	3.82	9.5	1.27	2500
1	6.56	4.11	11.3	1.27	2489
2	7.05	4.42	13.1	1.26	2496
3	7.57	4.75	14.9	1.26	2493
4	8.13	5.10	16.8	1.25	2491
5	8.72	5.47	18.7	1.25	2498
6	9.35	5.87	20.7	1.24	2486
7	10.01	6.29	22.8	1.24	2484
8	10.72	6.74	25.0	1.23	2481
9	11.47	7.22	27.2	1.23	2479
10	12.27	7.73	29.5	1.22	2477
11	13.12	8.27	31.9	1.22	2475
12	14.01	8.84	34.4	1.21	2472
13	15.00	9.45	37.0	1.21	2470
14	15.97	10.10	39.5	1.21	2468
15	17.04	10.78	42.3	1.20	2465
16	18.17	11.51	45.2	1.20	2463
17	19.36	12.28	48.2	1.19	2460
18	20.62	13.10	51.3	1.19	2458
19	21.96	13.97	54.5	1.18	2456
20	23.37	14.88	57.9	1.18	2453
21	24.85	15.85	61.4	1.17	2451
22	26.42	16.88	65.0	1.17	2448

续表

干球温度 t (℃)	水蒸气压力 p_{bh} (10^2Pa)	含湿量 d_{bh} (g/kg)	饱和焓 h_{bh} (kJ/kg)	密度 ρ (kg/m³)	汽化热 r (kJ/kg)
23	28.08	17.97	68.8	1.16	2446
24	29.82	19.12	72.8	1.16	2444
25	31.67	20.34	76.9	1.15	2441
26	33.60	21.63	81.3	1.15	2439
27	35.64	22.99	85.8	1.14	2437
28	37.78	24.42	90.5	1.14	2434
29	40.04	25.94	95.4	1.14	2432
30	42.41	27.52	100.5	1.13	2430
31	44.91	29.25	106.0	1.13	2427
32	47.53	31.07	111.7	1.12	2425
33	50.29	32.94	117.6	1.12	2422
34	53.18	34.94	123.7	1.11	2420
35	56.22	37.05	130.2	1.11	2418
36	59.40	39.28	137.0	1.10	2415
37	62.74	41.64	144.2	1.10	2413
38	66.24	44.12	151.6	1.09	2411
39	69.91	46.75	159.5	1.08	2408
40	73.75	49.52	167.7	1.08	2406
41	77.77	52.45	176.4	1.08	2403
42	81.98	55.54	185.5	1.07	2401
43	86.39	58.82	195.0	1.07	2398
44	91.00	62.26	205.0	1.06	2396
45	95.82	65.92	218.6	1.05	2394
46	100.85	69.76	226.7	1.05	2391
47	106.12	73.84	238.4	1.04	2389
48	111.62	78.15	250.7	1.04	2386
49	117.36	82.70	263.6	1.03	2384
50	123.35	87.52	277.3	1.03	2382
51	128.60	92.62	291.7	1.02	2379
52	136.13	98.01	306.8	1.02	2377
53	142.93	103.72	322.9	1.01	2375
54	150.02	109.80	339.8	1.00	2372
55	157.41	116.19	357.7	1.00	2370
56	165.09	123.00	376.7	0.99	2367
57	173.12	130.23	396.8	0.99	2365
58	181.46	137.89	418.0	0.98	2363
59	190.15	146.04	440.6	0.97	2360
60	199.17	154.72	464.5	0.97	2358
65	250.10	207.44	609.2	0.93	2345
70	311.60	281.54	811.1	0.90	2333
75	385.50	390.20	1105.7	0.85	2320
80	473.60	559.61	1563.0	0.81	2309
85	578.00	851.90	2351.0	0.76	2295
90	701.10	1459.00	3983.0	0.70	2282
95	845.20	3396.00	9190.0	0.64	2269
100	1013.00			0.60	2257

$B = 0.1013\text{MPa}$ 干空气的热物理性质

t (℃)	ρ (kg/m³)	c_p [kJ/(kg·℃)]	$\lambda \times 10^2$ [W/(m·℃)]	$\alpha \times 10^6$ (m²/s)	$\mu \times 10^6$ (N·s/m²)	$\nu \times 10^6$ (m²/s)	Pr
−50	1.584	1.013	2.04	12.7	14.6	9.23	0.728
−40	1.515	1.013	2.12	13.8	15.2	10.04	0.728
−30	1.453	1.013	2.20	14.9	15.7	10.80	0.723
−20	1.395	1.009	2.28	16.2	16.2	11.61	0.716
−10	1.342	1.009	2.36	17.4	16.7	12.43	0.712
0	1.293	1.005	2.44	18.8	17.2	13.28	0.707
10	1.247	1.005	2.51	20.0	17.6	14.16	0.705
20	1.205	1.005	2.57	21.4	18.1	15.06	0.703
30	1.165	1.005	2.67	22.9	18.6	16.00	0.701
40	1.128	1.005	2.76	24.3	19.1	16.96	0.699
50	1.093	1.005	2.83	25.7	19.6	17.95	0.698
60	1.060	1.005	2.90	27.2	20.1	18.97	0.696
70	1.029	1.009	2.96	28.6	20.6	20.02	0.694
80	1.000	1.009	3.05	30.2	21.1	21.09	0.692
90	0.972	1.009	3.13	31.9	21.5	22.10	0.690
100	0.946	1.009	3.21	33.6	21.9	23.13	0.688
120	0.898	1.009	3.34	36.8	22.8	25.45	0.686
140	0.854	1.013	3.49	40.3	23.7	27.80	0.684
160	0.815	1.017	3.64	43.9	24.5	30.09	0.682
180	0.779	1.022	3.78	47.5	25.3	32.49	0.681
200	0.746	1.026	3.93	51.4	26.0	34.85	0.680
250	0.674	1.038	4.27	61.0	27.4	40.61	0.677
300	0.615	1.047	4.60	71.6	29.7	48.33	0.674
350	0.566	1.059	4.91	81.9	31.4	55.46	0.676
400	0.524	1.068	5.21	93.1	33.0	63.09	0.678
500	0.456	1.093	5.74	115.3	36.2	79.38	0.687
600	0.404	1.114	6.22	138.3	39.1	96.89	0.699
700	0.362	1.135	6.71	163.4	41.8	115.4	0.706
800	0.329	1.156	7.18	138.8	44.3	134.8	0.713
900	0.301	1.172	7.63	216.2	46.7	155.1	0.717
1000	0.277	1.185	8.07	245.9	49.0	177.1	0.719
1100	0.257	1.197	8.50	276.2	51.2	199.3	0.722
1200	0.239	1.210	9.15	316.5	53.5	233.7	0.724

饱和水的热物理性质

附录 3-2

t (℃)	$p \times 10^{-5}$ (Pa)	ρ (kg/m³)	h' (kJ/kg)	c_p [kJ/(kg·℃)]	$\lambda \times 10^2$ [W/(m·℃)]	$\alpha \times 10^8$ (m²/s)	$\mu \times 10^6$ [kg/(m·s)]	$\nu \times 10^6$ (m²/s)	$\beta \times 10^4$ (K⁻¹)	$\sigma \times 10^4$ (N/m)	Pr
0	0.00611	999.9	0	4.212	55.1	13.1	1788	1.789	−0.81	756.4	13.67
10	0.012270	999.7	42.04	4.191	57.4	13.7	1306	1.306	+0.87	741.6	9.52
20	0.02338	998.2	83.91	4.183	59.9	14.3	1004	1.006	2.09	726.9	7.02
30	0.04241	995.7	125.7	4.174	61.8	14.9	801.5	0.805	3.05	712.2	5.42
40	0.07375	992.2	167.5	4.174	63.5	15.3	653.3	0.659	3.86	696.5	4.31
50	0.12335	988.1	209.3	4.174	64.8	15.7	549.4	0.556	4.57	676.9	3.54
60	0.19920	983.1	251.1	4.179	65.9	16.0	469.9	0.478	5.22	662.2	2.99
70	0.3116	977.8	293.0	4.187	66.8	16.3	406.1	0.415	5.83	643.5	2.55
80	0.4736	971.8	355.0	4.195	67.4	16.6	355.1	0.365	6.40	625.9	2.21
90	0.7011	965.3	377.0	4.208	68.0	16.8	314.9	0.326	6.96	607.2	1.95
100	1.013	958.4	419.1	4.220	68.3	16.9	282.5	0.295	7.50	588.6	1.75
110	1.43	951.0	461.4	4.233	68.5	17.0	259.0	0.272	8.04	569.0	1.60
120	1.98	943.1	503.7	4.250	68.6	17.1	237.4	0.252	8.58	548.4	1.47
130	2.70	934.8	546.4	4.266	68.6	17.2	217.8	0.233	9.12	528.8	1.36
140	3.61	926.1	589.1	4.287	68.5	17.2	201.1	0.217	9.68	507.2	1.26
150	4.76	917.0	632.2	4.313	68.4	17.3	186.4	0.203	10.26	486.6	1.17
160	6.18	907.0	675.4	4.346	68.3	17.3	173.6	0.191	10.87	466.0	1.10
170	7.92	897.3	719.3	4.880	67.9	17.3	162.8	0.181	11.52	443.4	1.05
180	10.03	886.9	763.3	4.417	67.4	17.2	153.0	0.173	12.21	422.8	1.00
190	12.55	876.0	807.8	4.459	67.0	17.1	144.2	0.165	12.96	400.2	0.96
200	15.55	863.0	852.8	4.505	66.3	17.0	136.4	0.158	13.77	376.7	0.93
210	19.08	852.3	897.7	4.555	65.5	16.9	130.5	0.153	14.67	354.1	0.91
220	23.20	840.3	943.7	4.614	64.5	16.6	124.6	0.148	15.67	331.6	0.89
230	27.98	827.3	990.2	4.681	63.7	16.4	119.7	0.145	16.80	310.0	0.88
240	33.48	813.6	1037.5	4.756	62.8	16.2	114.8	0.141	18.08	285.5	0.87
250	39.78	799.0	1085.7	4.844	61.8	15.9	109.9	0.137	19.55	261.9	0.86
260	46.94	784.0	1135.7	4.949	60.5	15.6	105.9	0.135	21.27	237.4	0.87
270	55.05	767.9	1185.7	5.070	59.0	15.1	102.0	0.133	23.31	214.8	0.88
280	64.19	750.7	1236.8	5.230	57.4	14.6	98.1	0.131	25.79	191.3	0.90
290	74.45	732.3	1290.0	5.485	55.8	13.9	94.2	0.129	28.84	168.7	0.93
300	85.92	712.5	1344.9	5.736	54.0	13.2	91.2	0.128	32.73	144.2	0.97
310	98.70	691.1	1402.2	6.071	52.3	12.5	88.3	0.128	37.85	120.7	1.03
320	112.90	667.1	1462.1	6.574	50.6	11.5	85.3	0.128	44.91	98.10	1.11
330	128.65	640.2	1526.2	7.244	48.4	10.4	81.4	0.127	55.31	76.71	1.22
340	146.08	610.1	1594.8	8.165	45.7	9.17	77.5	0.127	72.10	56.70	1.39
350	165.37	574.4	1671.4	9.504	43.0	7.88	72.6	0.126	103.7	38.16	1.60
360	186.74	528.0	1761.5	13.984	39.5	5.36	66.7	0.126	182.9	20.21	2.35
370	210.53	450.5	1892.5	40.321	33.7	1.86	56.9	0.126	676.7	4.709	6.79

① β 值选自 Steam Tables in SI Units, 2nd Ed., Ed. by Grigull, U. et. al., Springer-Verlag, 1984。

各种不同材料的总正常辐射黑度 附录3-3

材料名称	t (℃)	ε	材料名称	t (℃)	ε
表面磨光的铝	225~575	0.039~0.057	经过磨光的商品锌99.1%	225~325	0.045~0.053
表面不光滑的铝	26	0.055			
在600℃时氧化后的铝	200~600	0.11~0.19	在400℃时氧化后的锌	400	0.11
表面磨光的铁	425~1020	0.144~0.377	有光泽的镀锌薄钢板	28	0.228
用金刚砂冷加工以后的铁	20	0.242	已经氧化的灰色镀锌薄钢板	24	0.276
氧化后的铁	100	0.736	石棉纸板	24	0.96
氧化后表面光滑的铁	125~525	0.78~0.82	石棉纸	40~370	0.93~0.945
未经加工处理的铸铁	925~1115	0.87~0.95	贴在金属板上的薄纸	19	0.924
表面磨光的钢铸件	770~1040	0.52~0.56	水	0~100	0.95~0.963
经过研磨后的钢板	940~1100	0.55~0.61	石膏	20	0.903
在600℃时氧化后的钢	200~600	0.80	刨光的橡木	20	0.895
表面有一层有光泽的氧化物的钢板	25	0.82	熔化后表面粗糙的石英	20	0.932
			表面粗糙但还不是很不平整的烧结普通砖	20	0.93
经过刮削加工的生铁	830~990	0.60~0.70			
在600℃时氧化后的生铁	200~600	0.64~0.78	表面粗糙而没有上过釉的硅砖	100	0.80
氧化铁	500~1200	0.85~0.95			
精密磨光的金	225~635	0.018~0.035	表面粗糙而上过釉的硅砖	1100	0.85
轧制后表面没有加工的黄铜板	22	0.06	上过釉的黏土耐火砖	1100	0.75
			耐火砖	—	0.8~0.9
轧制后表面用粗金刚砂加工过的黄铜板	22	0.20	涂在不光滑铁板上的白釉漆	23	0.906
无光泽的黄铜板	50~350	0.22	涂在铁板上的有光泽的黑漆	25	0.875
在600℃时氧化后的黄铜	200~600	0.61-0.59			
精密磨光的电解铜	80~115	0.018-0.023	无光泽的黑漆	40~95	0.96~0.98
刮亮的但还没有象镜子那样皎洁的商品铜	22	0.072	白漆	40~95	0.80~0.95
			涂在镀锡铁面上的黑色有光泽的虫漆	21	0.821
在600℃时氧化后的铜	200~600	0.57~0.87			
氧化铜	800~1100	0.66~0.54	黑色无光泽的虫漆	75~145	0.91
熔解铜	1075~1275	0.16~0.13	各种不同颜色的油质涂料	100	0.92~0.96
钼线	725~2600	0.096~0.292			
技术上用的经过磨光的纯镍	225~375	0.07~0.087	各种年代不同、含铝量不一样的铝质涂料	100	0.27~0.67
镀镍酸洗而未经磨光的铁	20	0.11	涂在不光滑板上的铝漆	20	0.39
			加热到325℃以后的铝质涂料	150~315	0.35
镍丝	185~1000	0.096~0.186			
在600℃时氧化后的镍	200~600	0.37~0.48	表面磨光的灰色大理石	22	0.931
氧化镍	650~1255	0.59~0.86	磨光的硬橡皮板	23	0.945
铬镍	125~1034	0.64~0.76	灰色的、不光滑的软橡皮（经过精制）	24	0.859
锡，光亮的镀锡薄钢板	25	0.043~0.064			
纯铂，磨光的铂片	225~625	0.054~0.104	平整的玻璃	22	0.937
铂带	925~1115	0.12~0.17	烟炱，发光的煤炱	95~270	0.952
铂线	25~1230	0.036~0.192	混有水玻璃的烟炱	100~185	0.959~0.947
铂丝	225~1375	0.037~0.182	粒径0.075mm或更大的灯烟炱	40~370	0.945
纯汞	0~100	0.09~0.12			
氧化后的灰色铅	25	0.281	油纸	21	0.910
在200℃时氧化后的铅	200	0.63	经过选洗后的煤（0.9%灰）	125~625	0.81~0.79
磨光的纯银	225~625	0.0198~0.0324			
铬	100~1000	0.08~0.26	碳丝	1040~1405	0.526
			上过釉的瓷器	22	0.924
			粗糙的石灰浆粉刷	10~88	0.91
			熔附在铁面上的白色珐琅	19	0.897

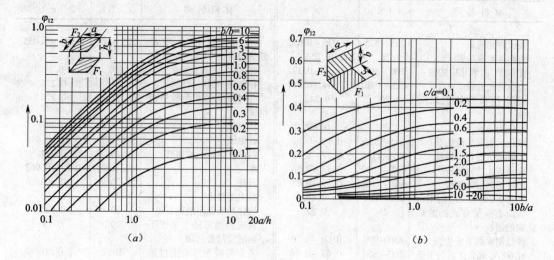

附录3-4 热辐射角系数图

(a) 平行长方形的角系数；(b) 两互相垂直的长方形的角系数

附录3-5 容积式换热器技术参数

卧式容积式换热器性能表　　　　　　表3-5-1

换热器型号	容积(L)	直径(mm)	总长度(mm)	接管管径(mm)			
				蒸气(热水)	回水	进水	出水
1	500	600	2100	50	50	80	80
2	700	700	2150	50	50	80	80
3	1000	800	2400	50	50	80	80
4	1500	900	3107	80	80	100	100
5	2000	1000	3344	80	80	100	100
6	3000	1200	3602	80	80	100	100
7	5000	1400	4123	80	80	100	100
8	8000	1800	4679	80	80	100	100
9	10000	2000	4995	100	100	125	125
10	15000	2200	5883	125	125	150	150

卧式容积式换热器换热面积

表 3-5-2

换热器型号	U形管束 型号	U形管束 管径×长度（mm）	U形管束 根数	换热面积（m²）
1、2、3		φ42×1620	2	0.86
			3	1.29
			4	1.72
1、2、3		φ42×1620	5	2.15
			6	2.58
2、3		φ42×1620	7	3.01
3		φ42×1870	5	2.50
			6	3.00
			7	3.50
			8	4.00
4	甲	φ38×2360	11	6.50
	乙		6	3.50
5	甲	φ38×2360	11	7.00
	乙		6	3.80
6	甲	φ38×2730	16	11.00
	乙		13	8.90
	丙		7	4.80
7	甲	φ38×3190	19	15.20
	乙		15	11.90
	丙		8	6.30
8	甲	φ38×3400	16	24.72
	乙		13	19.94
	丙		7	10.62
9	甲	φ38×3400	22	34.74
	乙		17	26.62
	丙		9	13.94
10	甲	φ45×4100	22	50.82
	乙		17	38.96
	丙		9	20.40

附录 3-6 螺旋板换热器技术参数

LL1 型螺旋板汽—水换热器换热器性能表　　表 3-6-1

型号	适用范围 循环水温差（℃）$t_进$　$t_出$	蒸汽的饱和压力 P_s (MPa)	计算换热面积 F (m²)	换热量 Q (kW)	蒸汽量 q_z (t/h)	循环水量 q (t/h)	汽侧压力降 ΔP_1 (MPa)	水侧压力降 ΔP_2 (MPa)
LL1-6-3	70~95℃	$0.25 < p_s \leq 0.6$	3.3	299	0.5	10.3	0.004	0.009
LL1-6-6			6.8	598	1.0	20.5	0.008	0.010
LL1-6-12			13.0	1196	2.0	41	0.011	0.012
LL1-6-25			26.7	2392	4.0	82	0.013	0.015
LL1-6-40			44.0	3587	6.0	123	0.029	0.032
LL1-6-60			59.5	4784	8.0	164	0.039	0.049
LL1-10-3		$0.6 < p_s \leq 1.0$	3.3	288	0.5	9.9	0.004	0.009
LL1-10-6			6.7	575	1.0	19.7	0.004	0.011
LL1-10-10			11.9	1150	2.0	39.4	0.005	0.012
LL1-10-20			18.8	2300	4.0	78.8	0.005	0.012
LL1-10-25			26.3	3452	6.0	115.5	0.009	0.024
LL1-16-15	70~110℃	$1.0 < p_s \leq 1.6$	15.0	2228	4.0	47.5	0.008	0.012
LL1-16-25			24.5	3342	6.0	71.3	0.009	0.012
LL1-16-30			30.7	4456	8.0	95.3	0.014	0.029
LL1-16-40			40.8	5569	10.0	119.1	0.023	0.039
LL1-16-50			49.0	6684	12.0	143	0.059	0.069

SS 型螺旋板水—水换热器性能表　　表 3-6-2

型号	换热面积 F (m²)	换热量 Q (kW)	设计压力 P (MPa)	一次水（130→80℃）流量 V_1 (m³/h)	一次水阻力降 ΔP_1 (MPa)	二次水（70→95℃）流量 V_2 (m³/h)	二次水阻力降 ΔP_2 (MPa)
SS 50-10	11.3	581.5	1.0	10.4	0.02	20.6	0.03
SS 100-10	24.5	1163	1.0	20.8	0.02	41.2	0.035
SS 150-10	36.6	1744.5	1.0	31.0	0.03	62.0	0.045
SS 200-10	50.4	2326	1.0	41.5	0.035	82.0	0.055
SS 250-10	61.0	2907.5	1.0	52.0	0.04	103.0	0.065
SS 50-16	11.3	581.5	1.6	10.4	0.02	20.6	0.035
SS 100-16	24.5	1163	1.6	20.8	0.02	41.2	0.040
SS150-16	36.6	1744.5	1.6	31.0	0.03	62.0	0.055
SS 200-16	50.4	2326	1.6	41.5	0.04	82.0	0.065
SS 250-16	61.1	2907.5	1.6	52.0	0.04	103.0	0.07

RR 型螺旋板卫生热水换热器性能表　　　　　　　　　　　表 3-6-3

型号	设计压力 (MPa)	浴水 10~50℃		热水 90~50℃	
		流量 (t/h)	阻力降 (MPa)	流量 (t/h)	阻力降 (MPa)
RR5	1.0	5	0.015	4.4	0.10
RR10	1.0	10	0.025	8.9	0.015
RR20	1.0	20	0.035	17.9	0.020

空调专用 KH 型螺旋板水—水换热器性能表　　　　　　　表 3-6-4

型号	换热面积 F (m^2)	换热量 Q (kW)	设计压力 P (MPa)	一次水（95→70℃）		二次水（50→60℃）	
				流量 V_1 (m^3/h)	阻力降 Δp_1 (MPa)	流量 V_2 (m^3/h)	阻力降 Δp_2 (MPa)
KH 50-10	581.5	13	1.0	20	0.015	50	0.035
KH 100-10	1163	26	1.0	40	0.025	100	0.045
KH 50-15	581.5	13	1.5	20	0.015	50	0.035
KH 100-15	1163	26	1.5	40	0.025	100	0.045

附录 3-7　板式换热器技术参数

表 3-7

参数 型号	换热面积（m^2）	传热系数 [W/(m^2·℃)]	设计温度（℃）	设计压力（MPa）	最大水处理流量（m^3/h）
BR 002	0.1~1.5	200~5000	≤120、150	1.6	4
BR 005	1~6	2800~6800	150	1.6	20
BR 01	1~8	3500~5800	204	1.6	35
BR 02	3~30	3500~5500	180	1.6	60
BR 035	10~50	3500~6100	150	1.6	110
BR 05	20~70	300~600	150	1.6	250
BR 08	80~200	2500~6200	150	1.6	450
BR 10	60~250	3500~5500	150	1.6	850
BR 20	200~360	3500~5500	150	1.6	1500

附录3-8 浮动盘管换热器技术参数

SFQ卧式贮存式浮动盘管换热器技术性能表　　表3-8-1

参数\型号	总容积（m³）	设计压力 壳程（MPa）	设计压力 管程（MPa）蒸汽/高温水	筒体直径 φ	总高 H（mm）	重量（kg）	传热面积（m²）	相应面积产水量 Q 热媒为饱和蒸汽产水量 Q_1（kg/h）	相应面积产水量 Q 热媒为高温水产水量 Q_2（kg/h）
SFQ-1.5-0.6	1.5	0.6	0.6/0.6	1200	1580	1896	4.15/6.64	3000/4800	1700/2800
SFQ-1.5-1.0		1.0	0.6/1.0		1584				
SFQ-1.5-1.6		1.6	0.6/1.6		1586				
SFQ-2-0.6	2	0.6	0.6/0.6	1200	1580	2079	4.98/8.3	3600/6400	1500/3500
SFQ-2-1.0		1.0	0.6/1.0		1584				
SFQ-2-1.6		1.6	0.6/1.6		1586				
SFQ-3-0.6	3	0.6	0.6/0.6	1200	1580	2442	5.81/9.96	4200/7250	2400/4200
SFQ-3-1.0		1.0	0.6/1.0		1584				
SFQ-3-1.6		1.6	0.6/1.6		1586				
SFQ-4-0.6	4	0.6	0.6/0.6	1600	1950	3204	6.64/9.96	4800/7250	2800/4200
SFQ-4-1.0		1.0	0.6/1.0		1954				
SFQ-4-1.6		1.6	0.6/1.6		1956				
SFQ-5-0.6	5	0.6	0.6/0.6	1600	1950	3215	8.3/11.62	6400/8200	3500/4900
SFQ-5-1.0		1.0	0.6/1.0		1954				
SFQ-5-1.6		1.6	0.6/1.6		1958				
SFQ-6-0.6	6	0.6	0.6/0.6	1800	2150	3962	9.96/13.28	7250/9700	4200/5500
SFQ-6-1.0		1.0	0.6/1.0		2154				
SFQ-6-1.6		1.6	0.6/1.6		2158				
SFQ-8-0.6	8	0.6	0.6/0.6	1800	2150	3970	11.62/16.6	8200/12080	4900/6900
SFQ-8-1.0		1.0	0.6/1.0		2154				
SFQ-8-1.6		1.6	0.6/1.6		2158				

SFL立式贮存式浮动盘管换热器技术性能表 表3-8-2

参数 型号	总容积 (m^3)	设计压力 壳程（MPa）	设计压力 管程（MPa）蒸汽/高温水	筒体直径 ϕ	筒体高度 H（mm）	重量（kg）	传热面积（m^2）	相应面积产水量 Q 热媒为饱和蒸汽产水量 Q_1(kg/h)	相应面积产水量 Q 热媒为高温水产水量 Q_2(kg/h)
SFL-1.5-0.6		0.6	0.6/0.6		1870	962			
SFL-1.5-1.0	1.5	1.0	0.6/1.0	1200	1874	1075	(5.81) 8.3	4200 6400	2700 3100
SFL-1.5-1.6		1.6	0.6/1.6		1878	1150			
SFL-2-0.6		0.6	0.6/0.6		2220	1120			
SFL-2-1.0	2	1.0	0.6/1.0	1200	2224	1166	(6.64) 9.96	4650 7250	2760 4143
SFL-2-1.6		1.6	0.6/1.6		2228	1197			
SFL-3-0.6		0.6	0.6/0.6		3027	1299			
SFL-3-1.0	3	1.0	0.6/1.0	1200	3031	1344	(8.3) 12.45	6400 9060	3100 5200
SFL-3-1.6		1.6	0.6/1.6		3035	1396			
SFL-4-0.6		0.6	0.6/0.6		2670	1596			
SFL-4-1.0	4	1.0	0.6/1.0	1600	2674	1677	(8.3) 11.62	6400 8300	3500 4800
SFL-4-1.6		1.6	0.6/1.6		2678	1709			
SFL-5-0.6		0.6	0.6/0.6		3070	1807			
SFL-5-1.0	5	1.0	0.6/1.0	1600	3074	1892	(9.96) 15.77	7300 1148	4100 6500
SFL-5-1.6		1.6	0.6/1.6		3078	1973			
SFL-6-0.6		0.6	0.6/0.6		3370	2229			
SFL-6-1.0	6	1.0	0.6/1.0	1800	3374	2346	(12.45) 18.26	9060 13290	5200 7600
SFL-6-1.6		1.6	0.6/1.6		3378	2422			
SFL-8-0.6		0.6	0.6/0.6		4200	2669			
SFL-8-1.0	8	1.0	0.6/1.0	1800	4204	2996	(14.44) 20.75	10500 15100	6000 8600
SFL-8-1.6		1.6	0.6/1.6		4208	3460			

参 考 文 献

1. 刘芙蓉，杨珊璧编. 热工理论基础. 北京：中国建筑工业出版社，1997
2. 邱信立，廉乐明，李力能编. 工程热力学. 北京：中国建筑工业出版社，1992
3. 同济大学，哈尔滨建筑工程学院，重庆建筑工程学院编. 工程热力学. 北京：中国建筑工业出版社，1979
4. 刘春泽主编. 热工学基础. 北京：机械工业出版社，2004
5. 蔡增基，龙天渝主编. 流体力学泵与风机. 第四版. 北京：中国建筑工业出版社，1999
6. 许玉望主编. 流体力学泵与风机. 北京：中国建筑工业出版社，1995
7. 黄儒钦. 水力学教程. 第2版. 成都：西安交通大学出版社，1998
8. 苏福临等主编. 流体力学泵与风机. 北京：中国建筑工业出版社，1985
9. （西德）H. D. 贝尔著. 工程热力学理论基础及工程应用. 杨东华等译. 北京：科学出版社，1983
10. 赵孝保主编. 工程流体力学. 南京：东南大学出版社，2004
11. 范惠民主编. 热工学基础. 北京：中国建筑工业出版社，1995
12. 余宁主编. 热工学与换热器. 北京：中国建筑工业出版社，2001
13. 刘鹤年主编. 流体力学. 北京：中国建筑工业出版社，2001
14. 廉乐明等编. 工程热力学. 北京：中国建筑工业出版社，2003
15. 傅秦生等编著. 热工基础与应用. 北京：机械工业出版社，2001
16. 范惠民主编. 热工学基础. 北京：中国建筑工业出版社，1995
17. 施明恒等编著. 工程热力学. 南京：东南大学出版社，2003
18. 张英主编. 工程热体力学. 北京：中国水利水电出版社，2002
19. 余宁主编. 热工学基础. 北京：中国建筑工业出版社，2005

全国建设行业中等职业教育推荐教材

（供热通风与空调专业）

书名	作者
识图基础与放样	汤敏
机电基础	王林根
流体力学与热工学	余宁
建筑构造	李莲　杨正民
建筑测量	李莲　王黎明
管道设备安装与测试	陆家才

全国中等职业教育技能型紧缺人才培养培训推荐教材

（建筑设备专业）

书名	作者
基本技能操作训练	张建成
工程测量实训	李莲
建筑给水排水系统安装	邢国清
采暖与供热管网系统安装	杜渐
通风与空调系统安装	余宁
冷热源系统安装	汤万龙
建筑供配电系统安装	杨其富
建筑电气照明系统安装	孙志杰
建筑弱电系统安装	梁嘉强
建筑电气控制系统安装	杨其富
安装工程造价与施工组织	张清

欲了解更多信息，请登陆中国建筑工业出版社网站：www.cabp.com.cn 查询。
在使用上述教材的过程中，若有何意见或建议，可发 Email 至：jiangongshe@163.com。